# N. BOURBA



# ÉLÉMENTS D
# MATHÉMATIQUE

N. BOURBAKI

# ÉLÉMENTS DE MATHÉMATIQUE

# ALGÈBRE

## Chapitre 9

Springer

Réimpression inchangée de l'édition originale de 1959


ISBN-10 3-540-35338-0 Springer Berlin Heidelberg New York
ISBN-13 978-3-540-35338-6 Springer Berlin Heidelberg New York



Springer est membre du Springer Science+Business Media
springer.com

Maquette de couverture: WMXDesign GmbH, Heidelberg
Imprimé sur papier non acide 41/3100/YL - 5 4 3 2 1 0 -

CHAPITRE IX

# *FORMES SESQUILINÉAIRES ET FORMES QUADRATIQUES*

*Sauf mention expresse du contraire, tous les anneaux considérés dans ce chapitre sont supposés admettre un élément unité noté* 1 ; *tous les modules sont supposés unitaires ; pour tout homomorphisme f d'un anneau* A *dans un anneau* B *on suppose que* $f(1) = 1$.

## § 1. Formes sesquilinéaires

### 1. *Applications bilinéaires.*

Dans ce nº l'on désigne par A et B deux anneaux, par E un A-module à gauche, par F un B-module à droite, et par G un (A, B)-*bimodule*, c'est-à-dire un groupe commutatif muni d'une structure de A-module à gauche et d'une structure de B-module à droite telles que l'on ait $(ag)b = a(gb)$ quels que soient $a \in A$, $b \in B$, $g \in G$.

Définition 1. — *On dit qu'une application* $\Phi$ *du produit* $E \times F$ *dans* G *est bilinéaire si elle satisfait aux conditions suivantes :*

(1) $\Phi(x + x', y) = \Phi(x, y) + \Phi(x', y)$ *quels que soient* $x \in E$, $x' \in E$, $y \in F$ ;

(2) $\Phi(x, y + y') = \Phi(x, y) + \Phi(x, y')$ *quels que soient* $x \in E$, $y \in F$, $y' \in F$ ;

(3) $\Phi(ax, y) = a\Phi(x, y)$ *quels que soient* $a \in A$, $x \in E$, $y \in F$ ;

(4) $\Phi(x, yb) = \Phi(x, y)\,b$ *quels que soient* $x \in E$, $y \in F$, $b \in B$.

Le produit tensoriel $E \otimes_{\mathbf{Z}} F$ est canoniquement muni d'une structure de (A, B)-bimodule caractérisée par $a(x \otimes y)b = ax \otimes yb$ (Chap. III, 2e éd., App. II, nº 3), et la donnée d'une application bilinéaire $\Phi$ de $E \times F$ dans G équivaut à celle d'une application $\Psi$ de $E \otimes_{\mathbf{Z}} F$ dans G qui soit un homomorphisme pour les structures de (A, B)-bimodules et qui vérifie $\Psi(x \otimes y) = \Phi(x, y)$ quels que soient $x \in E$ et $y \in F$.

Les conditions imposées à $\Phi$ par la définition 1 signifient que les applications partielles $d_\Phi(y) : x \to \Phi(x, y)$ et $s_\Phi(x) : y \to \Phi(x, y)$ sont respectivement une application A-linéaire de E dans G et une application B-linéaire de F dans G. Munissons le groupe commutatif $\mathcal{L}_A(E, G)$ (resp. $\mathcal{L}_B(F, G)$) de la structure de B-module à droite (resp. de A-module à gauche) définie par $ub(x) = u(x) . b$ ($u \in \mathcal{L}_A(E, G)$, $x \in E$, $b \in B$) (resp. $av(y) = a . v(y)$ ($a \in A$, $v \in \mathcal{L}_B(F, G)$, $y \in F$)). Alors les conditions (1) à (4) sont respectivement équivalentes à :

(1') $$s_\Phi(x + x') = s_\Phi(x) + s_\Phi(x')$$

(2') $$d_\Phi(y + y') = d_\Phi(y) + d_\Phi(y')$$

(3') $$s_\Phi(ax) = a . s_\Phi(x)$$

(4') $$d_\Phi(yb) = d_\Phi(y) . b,$$

quels que soient $x$, $x'$ dans E, $y, y'$ dans F, $a \in A$, $b \in B$ ; autrement dit, l'application $d_\Phi$ de F dans $\mathcal{L}_A(E, G)$ est B-*linéaire*, et l'application $s_\Phi$ de E dans $\mathcal{L}_B(F, G)$ est A-*linéaire*. On a, par définition

(5) $\Phi(x, y) = d_\Phi(y)(x) = s_\Phi(x)(y)$ quels que soient $x \in E, y \in F$.

DÉFINITION 2. — *Etant donnée une application bilinéaire* $\Phi$ *de* $E \times F$ *dans* G, *l'application* $d_\Phi$ *de* F *dans* $\mathcal{L}_A(E, G)$ (resp. *l'application* $s_\Phi$ *de* E *dans* $\mathcal{L}_B(F, G)$) *caractérisée par* (5) *est appelée l'application linéaire associée à droite* (resp. *à gauche*) *à* $\Phi$.

Inversement la donnée d'une application B-linéaire $d$ de F dans $\mathcal{L}_A(E, G)$ (resp. d'une application A-linéaire $s$ de E dans $\mathcal{L}_B(F, G)$) détermine de façon unique, par la formule

$$\Phi(x, y) = d(y)(x) \qquad (\text{resp. } \Phi(x, y) = s(x)(y))$$

une application bilinéaire $\Phi$ de $E \times F$ dans G, dont $d$ (resp. $s$) est l'application linéaire associée à droite (resp. à gauche).

Définition 3. — *Une application bilinéaire* $\Phi$ *de* $E \times F$ *dans* G *est dite dégénérée à droite* (resp. *à gauche*) *s'il existe un élément non nul* $y_0$ *de* F (resp. $x_0$ *de* E) *tel que* $\Phi(x, y_0) = 0$ *pour tout* $x \in E$ (resp. $\Phi(x_0, y) = 0$ *pour tout* $y \in F$). *On dit que* $\Phi$ *est dégénérée si elle est dégénérée à droite ou si elle est dégénérée à gauche.*

Pour que $\Phi$ soit non dégénérée à droite (resp. à gauche) il faut et il suffit que l'application linéaire associée à droite (resp. à gauche) à $\Phi$ soit *injective* ; dire que $\Phi$ est *non dégénérée* signifie donc que les applications linéaires associées $d_\Phi$ et $s_\Phi$ sont *toutes deux* injectives.

Soient $(e_i)_{i \in I}$ et $(f_k)_{k \in K}$ deux familles d'éléments de E et F, et soient $(a_i)_{i \in I}$ et $(b_k)_{k \in K}$ deux familles d'éléments de A et B nuls à l'exception d'un nombre fini d'entre eux. Il résulte des égalités (1) à (4), par récurrence sur le nombre des coefficients non nuls, que l'on a

$$\Phi(\sum_i a_i e_i, \sum_k f_k b_k) = \sum_{i,k} a_i \Phi(e_i, f_k) b_k. \tag{6}$$

Si $(e_i)$ et $(f_k)$ sont des systèmes de générateurs des modules E et F, $\Phi$ est donc complètement déterminée par les éléments $g_{ik} = \Phi(e_i, f_k)$. Si $(e_i)$ et $(f_k)$ sont des bases de E et F et que l'on se donne des éléments $g_{ik}$ de G ($i \in I$, $k \in K$), alors la formule

$$\Phi(\sum_i a_i e_i, \sum_k f_k b_k) = \sum_{i,k} a_i g_{ik} b_k \tag{6'}$$

définit une application de $E \times F$ dans G, qui est bilinéaire et qui vérifie $\Phi(e_i, f_k) = g_{ik}$. Lorsque $(e_i)$ et $(f_k)$ sont des bases finies, on dit que $(\Phi(e_i, f_k))$ est la *matrice de* $\Phi$ *par rapport à ces bases.*

Les applications bilinéaires de $E \times F$ dans G forment évidemment un *sous-groupe* du groupe additif des applications de $E \times F$ dans G. D'autre part soit $a$ (resp. $b$) un élément du *centre* de A (resp. B) ; alors l'application $a\Phi b$ de $E \times F$ dans G définie par $(a\Phi b)(x, y) = a \,.\, \Phi(x, y) \,.\, b$ est bilinéaire. L'ensemble des applications bilinéaires de $E \times F$ dans G est ainsi muni d'une structure de *bimodule* sur les centres de A et B.

Soient E′ (resp. F′) un A-module à gauche (resp. un B-module à droite), $u$ (resp. $v$) un homomorphisme de E dans E′ (resp. de F dans F′) et $\Phi'$ une application bilinéaire de $E' \times F'$ dans G. On appelle *image réciproque* de $\Phi'$ (relativement à $u$ et $v$) l'application bilinéaire $\Phi$ de $E \times F$ dans G définie par

$$\Phi(x, y) = \Phi'(u(x), v(y)) \qquad (x \in E,\ y \in F).$$

On vérifie aisément que l'on a

$$d_\Phi(y) = d_{\Phi'}(v(y)) \circ u \qquad \text{et} \qquad s_\Phi(x) = s_{\Phi'}(u(x)) \circ v$$

quels que soient $x \in E$, $y \in F$.

Soient $\Phi$ une application bilinéaire de $E \times F$ dans G, et $h$ un homomorphisme (pour les structures de (A, B)-bimodules) de G dans un autre (A, B)-bimodule G′. Alors $h \circ \Phi$ est une application bilinéaire de $E \times F$ dans G′.

## 2. *Applications sesquilinéaires.*

Dans ce n° l'on désigne, sauf mention expresse du contraire, par A et B deux anneaux, par E un A-module à gauche et par F un B-module *à gauche* ; l'on désigne par $b \to b^J$ ($b \in B$) un *antiautomorphisme* de B, c'est-à-dire une bijection de B sur lui-même qui vérifie $(b + c)^J = b^J + c^J$ et $(bc)^J = c^J b^J$ quels que soient $b$, $c$ dans B ; on écrira J′ au lieu de $J^{-1}$. On désigne par G un (A, B)-bimodule (n° 1).

Définition 4. — *On dit qu'une application* $\Phi$ *de* $E \times F$ *dans* G *est sesquilinéaire à droite pour* J *si elle satisfait aux conditions* (1), (2), (3) (déf. 1, n° 1) *ainsi qu'à*

(7) $\Phi(x, by) = \Phi(x, y) . b^J$ *quels que soient* $x \in E$, $y \in F$ *et* $b \in B$.

Si J est l'identité (ce qui exige que B soit *commutatif*), on retrouve la notion d'application bilinéaire.

Soient $(e_i)_{i \in I}$ et $(f_k)_{k \in K}$ deux familles d'éléments de E et F, et soient $(a_i)_{i \in I}$ et $(b_k)_{k \in K}$ des éléments de A et B nuls à l'exception d'un nombre fini d'entre eux. On a alors

(8) $$\Phi\Big(\sum_i a_i e_i, \sum_k b_k f_k\Big) = \sum_{i,k} a_i \Phi(e_i, f_k) b_k^J.$$

Comme dans le cas d'une application bilinéaire, les éléments $\Phi(e_i, f_k)$ déterminent $\Phi$ de façon unique lorsque $(e_i)$ et $(f_k)$ sont des systèmes de générateurs, et peuvent être pris arbitrairement lorsque $(e_i)$ et $(f_k)$ sont des bases de E et F ; lorsque $(e_i)$ et $(f_k)$ sont des bases finies, on dit que $(\Phi(e_i, f_k))$ est la *matrice de* $\Phi$ par rapport à ces bases.

Comme pour les applications bilinéaires, on définit sur l'ensemble des applications sesquilinéaires à droite (pour J) de $E \times F$ dans G une structure de bimodule sur les centres de A et B. On définit la notion d'image réciproque d'une application sesquilinéaire par la même formule que pour une application bilinéaire. Nous allons du reste voir que l'étude des applications sesquilinéaires peut se ramener à celle des applications bilinéaires.

DÉFINITION 5. — *Soient* B *un anneau*, F *un* B-*module à gauche* (resp. *à droite*) *et* J *un antiautomorphisme de* B. *On désigne par* $F^J$ *le* B-*module à droite* (resp. *à gauche*) *ayant même groupe additif sous-jacent que* F *et dans lequel la loi de composition externe est* $(b, y) \rightarrow b^{J'}y$ (resp. $(b, y) \rightarrow yb^{J'}$) $(b \in B,\ y \in F,\ J' = J^{-1})$.

Avec les notations de la définition 5, une application linéaire de $F^J$ dans un B-module à droite (resp. à gauche) H s'identifie donc à une application **Z**-linéaire $u$ de F dans H vérifiant

$$u(by) = u(y)b^J \qquad (\text{resp. } u(yb) = b^J u(y)) \qquad (b \in B,\ y \in F).$$

L'application $u$ de F dans H est une application *semi-linéaire* de F dans H relative à J (chap. II, App. I, n° 1), si l'on considère J comme un isomorphisme de l'anneau $B^0$ opposé de B sur B, et F comme un $B^0$-module à droite (resp. à gauche).

De même une application sesquilinéaire à droite $\Phi$ (pour J) de $E \times F$ dans G, où F est un B-module à gauche, s'identifie à une application bilinéaire de $E \times F^J$ dans G ; si cette dernière est *dégénérée à droite* (resp. *dégénérée à gauche*, *non dégénérée*), on dit que $\Phi$ est *dégénérée à droite* (resp. *dégénérée à gauche*, *non dégénérée*).

*Remarque.* — Soient A et B deux anneaux, $J_1$ un antiautomorphisme de A, M un A-module à droite, N un B-module à droite et G un (A, B)-bimodule. On dit qu'une application $\Phi$ de $M \times N$ dans G est *sesquilinéaire à gauche pour* $J_1$ si elle est **Z**-bilinéaire et si elle vérifie

$$(9) \quad \Phi(xa, yb) = a^{J_1}\Phi(x, y)b \qquad (x \in M, y \in N, a \in A, b \in B).$$

Une telle application s'identifie à une application bilinéaire de $M^{J_1} \times N$ dans G. Nous laisserons souvent au lecteur le soin de transposer aux applications sesquilinéaires à gauche les définitions et propriétés données pour les applications sesquilinéaires à droite ; lorsque nous parlerons d'application sesquilinéaire (sans préciser), il s'agira d'une application sesquilinéaire *à droite.*

### 3. *Orthogonalité. Sommes directes d'applications bilinéaires ou sesquilinéaires.*

Dans ce n°, A et B désignent des anneaux, E un A-module à gauche, F un B-module à droite (resp. à gauche), G un (A, B)-bimodule, et $\Phi$ une application bilinéaire (resp. sesquilinéaire pour un antiautomorphisme donné J de B) de $E \times F$ dans G.

DÉFINITION 6. — *Deux éléments* $x \in E$ *et* $y \in F$ *sont dits orthogonaux par rapport à* $\Phi$ *si* $\Phi(x, y) = 0$. *Deux parties* $E' \subset E$ *et* $F' \subset F$ *sont dites orthogonales si, quels que soient* $x \in E'$ *et* $y \in F'$, $x$ *et* $y$ *sont orthogonaux. L'ensemble des éléments de* E (resp. F) *orthogonaux à un sous-module donné* N *de* F (*resp.* M *de* E) *est un sous-module de* E (resp. F), *qu'on appelle le sous-module totalement orthogonal* (ou simplement *orthogonal*) *à* N (resp. M), *et qu'on note* $N^0$ (resp. $M^0$).

Soient H et H' deux sous-modules de E ou de F. On a $H \subset (H^0)^0$ (que l'on note $H^{00}$) ; si $H \subset H'$, on a $H'^0 \supset H^0$. Il en résulte que l'on a $H^0 \supset (H^{00})^0$ et $H^0 \subset (H^0)^{00}$ ; en posant

$$H^{000} = (H^{00})^0 = (H^0)^{00} = ((H^0)^0)^0,$$

on a donc $H^0 = H^{000}$.

Pour que l'application $\Phi$ soit dégénérée (n° 1, déf. 3) il faut et il suffit que l'un au moins des deux sous-modules $E^0$, $F^0$ soit $\neq \{0\}$. Il est clair que $\Phi(x, y)$ ne change pas lorsqu'on ajoute à $x$ (resp. $y$)

un élément de $F^0$ (resp. $E^0$), et $\Phi$ définit donc par passage au quotient une application bilinéaire (ou sesquilinéaire) sur $(E/F^0) \times (F/E^0)$ ; celle-ci est visiblement non dégénérée ; on l'appelle *l'application bilinéaire* (ou *sesquilinéaire*) *non dégénérée associée à* $\Phi$.

Soient $(E_i)_{i \in I}$ une famille de A-modules à gauche, $(F_i)_{i \in I}$ une famille de B-modules à droite (resp. à gauche), $\Phi_i$ une application bilinéaire (resp. sesquilinéaire à droite pour J) de $E_i \times F_i$ dans G. Notons E (resp. F) le module somme directe des $E_i$ (resp. $F_i$). On voit aussitôt que l'application $\Phi$ de $E \times F$ dans G définie par

$$\Phi((x_i), (y_i)) = \sum_i \Phi_i(x_i, y_i) \qquad (x_i \in E_i,\ y_i \in F_i) \tag{10}$$

(somme qui a un sens puisque ses termes sont nuls à l'exception d'un nombre fini d'entre eux) est bilinéaire (resp. sesquilinéaire à droite pour J). On l'appelle la *somme directe des applications* $\Phi_i$. Il est clair que $E_i$ est orthogonal à $F_j$ par rapport à $\Phi$ pour $i \neq j$. Réciproquement, soit $\Phi$ une application bilinéaire ou sesquilinéaire de $E \times F$ dans G, et supposons que E soit somme directe de sous-modules $(E_i)_{i \in I}$ et F somme directe de sous-modules $(F_i)_{i \in I}$ tels que $E_i$ soit orthogonal à $F_j$ pour $i \neq j$ ; alors $\Phi$ est la somme directe de ses restrictions aux produits $E_i \times F_i$ $(i \in I)$.

Pour que $\Phi$ soit non dégénérée, il faut et il suffit que chacune des $\Phi_i$ le soit ; dans ces conditions, le sous-module orthogonal à $E_i$ est $\sum_{j \neq i} F_j$.

## 4. *Changement d'anneaux de base.*

Dans ce n°, l'on désigne par A, B, A′, B′ quatre anneaux, par $h$ et $h'$ des homomorphismes de A dans A′ et de B dans B′ respectivement, par G un (A, B)-bimodule, par G′ un (A′, B′)-bimodule, et par $u$ un homomorphisme du groupe abélien sous-jacent à G dans le groupe abélien sous-jacent à G′, vérifiant

$$u(agb) = h(a)u(g)h'(b) \quad (a \in A,\ g \in G,\ b \in B). \tag{11}$$

Soit E (resp. F) un A-module à gauche (resp. un B-module à droite). Rappelons (Chap. III, 2e éd., App. II, n° 10) que, si l'on considère A' (resp. B') comme un A-module à droite (resp. B-module à gauche), le produit tensoriel $E' = A' \otimes_A E$ (resp. $F' = F \otimes_B B'$) est muni d'une structure de A'-module à gauche (resp. B'-module à droite) définie par

$$a'_1(a' \otimes x) = (a'_1 a') \otimes x \qquad (a', a'_1 \in A', x \in E) \tag{12}$$
$$\text{(resp. } (y \otimes b')b'_1 = y \otimes (b'b'_1) \qquad (b', b'_1 \in B', y \in F)).$$

Proposition 1. — *Soient* E *un* A-*module à gauche et* F *un* B-*module à droite* ; *posons* $E' = A' \otimes_A E$ *et* $F' = F \otimes_B B'$. *Pour toute application bilinéaire* $\Phi$ *de* $E \times F$ *dans* G, *il existe une application bilinéaire* $\Phi'$ *et une seule de* $E' \times F'$ *dans* G' *telle que l'on ait*

$$\Phi'(a' \otimes x, y \otimes b') = a' . u(\Phi(x, y)) . b' \tag{13}$$

*quels que soient* $a' \in A'$, $b' \in B'$, $x \in E$, $y \in F$.

L'unicité de $\Phi'$ résulte du fait que les éléments $a' \otimes x$ et $y \otimes b'$ engendrent E' et F' respectivement. Pour en démontrer l'existence, considérons l'application

$$m : (a', x, y, b') \to a' . u(\Phi(x, y)) . b'$$

de $A' \times E \times F \times B'$ dans G ; elle est évidemment **Z**-multilinéaire, et elle vérifie

$$m(a', ax, y, b') = m(a'h(a), x, y, b')$$

et

$$m(a', x, yb, b') = m(a', x, y, h'(b)b')$$
$$(a \in A, b \in B, a' \in A', b' \in B', x \in E, y \in F).$$

Il existe donc une application **Z**-bilinéaire $\Phi'$ de $E' \times F'$ dans G' vérifiant (13) (Chap. III, 2e éd., App. II, nº 1, prop. 2). Cette relation et la définition des structures de modules de E' et F' par (12) montrent que $\Phi'$ est bilinéaire, ce qui termine la démonstration.

Les hypothèses et notations étant celles de la proposition 1, étudions maintenant les *applications linéaires associées* à $\Phi$ et à $\Phi'$ (nº 1, déf. 2). Pour cela nous allons d'abord définir un homomorphisme canonique de $\mathscr{L}_A(E, G)$ dans $\mathscr{L}_{A'}(E', G')$. Pour tout $\varphi \in \mathscr{L}_A(E, G)$ l'application $(a', x) \to a' . u(\varphi(x))$ de $A' \times E$ dans G' est **Z**-bilinéaire, et, vu (11), applique $(a'h(a), x)$ et $(a', ax)$ $(a \in A)$ sur le même élément de G' ; elle définit donc (chap. III, 2e éd.,

App. II, n^os 1 et 10) une application $k(v)$ de $E' = A' \otimes_A E$ dans $G'$ telle que $k(v)(a' \otimes x) = a'.u(v(x))$, et qui, vu (12), est $A'$-linéaire. En outre l'on déduit immédiatement de (12) que l'application $v \to k(v)$ de $\mathcal{L}_A(E, G)$ dans $\mathcal{L}_{A'}(E', G')$ vérifie $k(vb) = k(v)h'(b)$ pour tout $b \in B$. Notons $i$ l'application canonique $y \to y \otimes 1$ de F dans $F'$. Alors le *diagramme*

$$\begin{array}{ccc} F & \xrightarrow{d_\Phi} & \mathcal{L}_A(E, G) \\ \downarrow i & & \downarrow k \\ F' & \xrightarrow{d_{\Phi'}} & \mathcal{L}_{A'}(E', G') \end{array} \tag{14}$$

(où $d_\Phi$ et $d_{\Phi'}$ désignent les applications linéaires associées à droite à $\Phi$ et $\Phi'$) *est commutatif*. En effet, pour $x \in E$, $y \in F$ et $a' \in A'$, on a $d_{\Phi'}(i(y))(a' \otimes x) = \Phi'(a' \otimes x, y \otimes 1) = a'.u(\Phi(x, y)) = a'.u(d_\Phi(y)(x))$, c'est-à-dire $d_{\Phi'}(i(y))(a' \otimes x) = k(d_\Phi(y))(a' \otimes x)$. On a une relation de commutation analogue pour les applications linéaires $s_\Phi$ et $s_{\Phi'}$ associées à gauche à $\Phi$ et $\Phi'$.

Proposition 2. — *Supposons que* B *et* B′ *soient munis d'anti-automorphismes* J *et* I *tels que*

$$h'(b^J) = h'(b)^I \qquad \textit{pour tout } b \in B. \tag{15}$$

*Soient* E *un* A-*module à gauche et* F *un* B-*module à gauche ; posons* $E' = A' \otimes_A E$ *et* $F' = B' \otimes_B F$. *Pour toute application sesquilinéaire* (*pour* J) $\Phi$ *de* $E \times F$ *dans* G, *il existe une application sesquilinéaire* (*pour* I) $\Phi'$ *et une seule de* $E' \times F'$ *dans* $G'$ *telle que*

$$\Phi'(a' \otimes x, b' \otimes y) = a'.u(\Phi(x, y)).b'^I \tag{16}$$

*quels que soient* $a' \in A'$, $b' \in B'$, $x \in E$, $y \in F$.

L'unicité de $\Phi'$ résulte du fait que les produits tensoriels $a' \otimes x$ et $b' \otimes y$ engendrent $E'$ et $F'$ respectivement. Pour en établir l'existence, considérons l'application

$$m : (a, x, b', y) \to a'.u(\Phi(x, y)).b'^I$$

de $A' \times E \times B' \times F$ dans $G'$. Elle est évidemment **Z**-multilinéaire, et, compte tenu de (11) et (15), vérifie $m(a', ax, b', y) = m(a'h(a), x, b', y)$ et $m(a', x, b', by) = a'.u(\Phi(x, y)).h'(b^J)b'^I = m(a', x, b'h'(b), y)$ $(a \in A, b \in B, a' \in A', b' \in B', x \in E, y \in F)$. Il existe donc une application **Z**-bilinéaire $\Phi'$ de $E' \times F'$ dans $G'$

vérifiant (16) (chap. III, 2e éd., App. II, nº 1, prop. 2). Cette relation, ainsi que la définition des structures de modules de E′ et F′ par (12), montrent, compte tenu de (15), que Φ′ est sesquilinéaire pour I, ce qui achève la démonstration.

Les exemples les plus importants de (A′, B′)-bimodules G′, munis d'applications **Z**-linéaires $u$ de G dans G′ vérifiant (11), sont les suivants :

1) On prend pour G′ le produit tensoriel $A' \otimes_A G \otimes_B B'$ (chap. III, 2e éd., App. II, nº 9) et pour $u$ l'application

$$g \to 1 \otimes g \otimes 1 \qquad (g \in G)$$

de G dans G′. Le couple (G′, $u$) ainsi défini est visiblement *universel* dans le sens suivant : pour tout (A′, B′)-bimodule $G'_1$ et toute application **Z**-linéaire $u_1$ de G dans $G'_1$ vérifiant l'analogue de (11), il existe une application **Z**-linéaire $f$ et une seule de G′ dans $G'_1$ telle que $f(a'g'b') = a'f(g')b'$ ($a' \in A'$, $g' \in G'$, $b' \in B'$ ; autrement dit $f$ est un homomorphisme pour les structures de bimodules de G′ et $G'_1$) et que $u_1 = f \circ u$.

2) Lorsque A = B = G (la structure de (A, A)-bimodule de A étant définie par les homothéties à gauche et à droite), A′ = B′, et $h = h'$ on peut prendre pour G′ l'anneau A′ et pour $u$ l'homomorphisme $h$ de A dans A′.

3) Supposons que l'on ait A = B, A′ = B′, $h = h'$, que les anneaux A et A′ soient *commutatifs*, et que la structure de A-module à gauche de G coïncide avec sa structure de A-module à droite. On peut alors prendre pour G′ le produit tensoriel $A' \otimes_A G$ (la structure de A′-module à droite de G′ coïncidant avec sa structure de A′-module à gauche) et pour $u$ l'application $g \to 1 \otimes g$ ($g \in G$) de G dans G′. Nous dirons alors que l'application bilinéaire (resp. sesquilinéaire) Φ′ définie par la prop. 1 (resp. prop. 2) est obtenue à partir de Φ *par extension de l'anneau de base*, ou *par extension des scalaires*.

Ce qui suit est valable aussi bien pour les applications bilinéaires que pour les applications sesquilinéaires ; les hypothèses et notations sont celles de la prop. 1 (resp. prop. 2). Étant donné un sous-module M de E ou F, on désignera par M′ le sous-module de E′ ou F′ engendré par l'image canonique de M.

Proposition 3. — *Les hypothèses et notations étant celles de la prop.* 1 (resp. *prop.* 2) *supposons de plus que* A, B, A′, B′ *soient des corps et que les applications* $\alpha$ *et* $\beta$ *de* $A' \otimes_A G$ *et* $G \otimes_B B'$ *dans* G′ *caractérisées par* $\alpha(a' \otimes g) = a'u(g)$ *et* $\beta(g \otimes b') = u(g)b'$ $(a' \in A'$, $b' \in B'$, $g \in G)$ *soient injectives. Soient* M *un sous-espace de* E *et* N *un sous-espace de* F. *Alors le sous-espace* $(M')^0$ *de* F′ *orthogonal à* M′ *par rapport à* $\Phi'$ *est égal à* $(M^0)'$, *et, de même, on a* $(N')^0 = (N^0)'$.

En effet les inclusions $(M^0)' \subset (M')^0$ et $(N^0)' \subset (N')^0$ sont évidentes (et d'ailleurs vraies sans hypothèses sur A, B, A′, B′, $\alpha$ ni $\beta$). Nous allons démontrer l'inclusion $(M')^0 \subset (M^0)'$ ; nous laissons au lecteur la vérification de l'inclusion $(N')^0 \subset (N^0)'$, qui est tout à fait analogue. Soit $y'$ un élément de $(M')^0$. On peut écrire

$$y' = \sum_{i=1}^{s} y_i \otimes b'_i \qquad (\text{resp. } y' = \sum_{i=1}^{s} b'_i \otimes y_i)$$

où $y_i \in F$ $(1 \leqslant i \leqslant s)$, et où les $b'_i$ sont des éléments de B′ qui sont linéairement indépendants sur B pour la structure de B-module à gauche (resp. à droite) de B′. Soient $x \in M$ et $x' = 1 \otimes x \in M'$. On a

$$0 = \Phi'(x', y') = \sum_i u(\Phi(x, y_i))b'_i = \beta(\sum_i \Phi(x, y_i) \otimes b'_i)$$

$$(\text{resp. } 0 = \Phi'(x', y') = \sum_i u(\Phi(x, y_i))b'^{\mathrm{I}}_i = \beta(\sum_i \Phi(x, y_i) \otimes b'^{\mathrm{I}}_i).$$

Comme $\beta$ est injective et que les $b'_i$ (resp. les $b'^{\mathrm{I}}_i$, compte tenu de (15)) sont linéairement indépendants sur B pour la structure de B-module à gauche de B′, ceci entraîne $\Phi(x, y_i) = 0$ pour $i = 1, \ldots, s$. Comme cette dernière relation est vraie pour tout $x \in M$, on a $y_i \in M^0$ pour $i = 1, \ldots, s$, d'où $y' \in (M^0)'$. CQFD.

Corollaire. — *Les hypothèses et notations étant celles de la prop.* 3, *pour que* $\Phi'$ *soit non dégénérée, il faut et il suffit que* $\Phi$ *soit non dégénérée.*

En effet, d'après la prop. 3, on a $(F')^0 = (F^0)'$ et $(E')^0 = (E^0)'$. D'autre part, pour que $\Phi$ (resp. $\Phi'$) soit non dégénérée, il faut et il suffit que l'on ait $F^0 = E^0 = \{0\}$ (resp. $(F')^0 = (E')^0 = \{0\}$).

*Remarque.* — Supposons que A, B, A′ et B′ soient des corps. Alors, pour les bimodules G′ définis dans les trois exemples ci-dessus, les applications $\alpha$ et $\beta$ sont injectives, comme il résulte aussitôt du chap. III, 2e éd., App. II, nº 6.

### 5. *Quelques identités.*

Dans ce nº, l'on désigne par A un anneau muni d'un antiautomorphisme J, par E un A-module à gauche, par G un (A, A)-bimodule, et par $\Phi$ une application sesquilinéaire (à droite) pour J de E $\times$ E dans G. On pose $Q(x) = \Phi(x, x)$ $(x \in E)$. On a évidemment

$$Q(x + y) = Q(x) + \Phi(x, y) + \Phi(y, x) + Q(y) \tag{17}$$

$$Q(x - y) = Q(x) - \Phi(x, y) - \Phi(y, x) + Q(y) \tag{18}$$

quels que soient $x$, $y$ dans E. D'où, par soustraction,

$$2(\Phi(x, y) + \Phi(y, x)) = Q(x + y) - Q(x - y). \tag{19}$$

Soit $a$ un élément de A ; en remplaçant $y$ par $ay$ dans (19), il vient

$$2(\Phi(x, y)a^J + a\Phi(y, x)) = Q(x + ay) - Q(x - ay). \tag{20}$$

On tire de (19) et (20), en multipliant (19) par $a$ (à gauche) et en soustrayant :

$$\begin{aligned} 2(a\Phi(x, y) - \Phi(x, y)a^J) \\ = aQ(x + y) - aQ(x - y) - Q(x + ay) + Q(x - ay). \end{aligned} \tag{21}$$

Supposons en particulier que A soit une *extension quadratique* K($i$) d'un anneau commutatif K, avec $i^2 = -1$ (chap. II, § 7, nº 7), que J soit le K-automorphisme $u + iv \to u - iv$ ($u$, $v$ dans K) de A, et que les structures de A-module à gauche et de A-module à droite de G coïncident. En faisant $a = i$ dans (21), on obtient

$$4\Phi(x, y) = Q(x + y) - Q(x - y) + iQ(x + iy) - iQ(x - iy). \tag{22}$$

### 6. *Formes bilinéaires et sesquilinéaires. Rang.*

Dans ce nº, l'on désigne par A un anneau (resp. un anneau muni d'un antiautomorphisme J), par E un A-module à gauche, et par F un A-module à droite (resp. à gauche). On munit A de la structure de (A, A)-bimodule définie par les homothéties à gauche et les homothéties à droite. Dans ce cas une application bilinéaire (resp. sesquilinéaire à droite pour J) de $E \times F$ dans le bimodule A s'appelle une *forme bilinéaire* (resp. *sesquilinéaire à droite pour* J) *sur* $E \times F$.

Lorsque $E = F$ (ce qui implique qu'il s'agit d'une forme sesquilinéaire), on dit souvent qu'une forme sesquilinéaire sur $E \times F$ est une *forme sesquilinéaire sur* E.

Étant donnés deux A-modules à gauche E et E', et deux formes $\Phi$ et $\Phi'$ sesquilinéaires pour J sur E et E' respectivement, on dit que $\Phi$ et $\Phi'$ sont *équivalentes* s'il existe un isomorphisme $u$ du A-module E sur le A-module E' tel que $\Phi'(u(x), u(y)) = \Phi(x, y)$ quels que soient $x$, $y$ dans E ; alors $\Phi$ est l'image réciproque de $\Phi'$ relativement à $u$ et $u$, et $\Phi'$ est l'image réciproque de $\Phi$ relativement à $u^{-1}$ et $u^{-1}$ (n° 2).

Soit $\Phi$ une forme bilinéaire sur $E \times F$ (F désignant un A-module à droite). Les applications linéaires $s_\Phi$ et $d_\Phi$ associées à $\Phi$ (n° 1, déf. 2) sont alors des applications de E dans le *dual* $F^*$ de F, et de F dans le dual $E^*$ de E.

On a donc par définition

$$\Phi(x, y) = \langle x, d_\Phi(y) \rangle = \langle y, s_\Phi(x) \rangle. \tag{23}$$

Nous allons maintenant définir les applications linéaires associées à une forme sesquilinéaire. Soient J un antiautomorphisme de A et $\Phi$ une forme sesquilinéaire (à droite) pour J sur $E \times F$ (F désignant un A-module à gauche) ; posons $J' = J^{-1}$. L'application $\Phi'$ de $F \times E$ dans A définie par

$$\Phi'(y, x) = \Phi(x, y)^{J'} \qquad (x \in E,\ y \in F)$$

est, comme on le voit facilement, une forme sesquilinéaire (à droite) pour J' sur $F \times E$. D'après le n° 2 (déf. 5) les formes sesquilinéaires $\Phi$ et $\Phi'$ s'identifient respectivement à des formes bilinéaires sur $E \times F^J$ et sur $F \times E^{J'}$. Les applications $d_\Phi$ et $d_{\Phi'}$ associées à ces dernières sont appelées *les applications associées à droite et à gauche à la forme sesquilinéaire* $\Phi$, et sont notées $d_\Phi$ et $s_\Phi$. On a donc, par définition :

$$(24) \qquad \Phi(x, y) = \langle x, d_\Phi(y) \rangle = \langle y, s_\Phi(x) \rangle^{J} \qquad (x \in E, y \in F).$$

Ainsi $d_\Phi$ (resp. $s_\Phi$) est une application linéaire de $F^{J}$ dans $E^*$ (resp. de $E^{J'}$ dans $F^*$), ou encore une application semi-linéaire de F dans $E^*$ (resp. de E dans $F^*$) relative à J (resp. J') si l'on considère J (resp. J') comme un isomorphisme de l'anneau $A^0$ (opposé de A) sur A, et F (resp. E) comme un $A^0$-module à droite.

La formule (24) et la déf. 6 du nº 3 entraînent aussitôt que pour tout sous-module N de F (resp. M de E), on a

$$(25) \qquad N^0 = \overset{-1}{s_\Phi}(N') \qquad (\text{resp. } M^0 = \overset{-1}{d_\Phi}(M'))$$

où N' (resp. M') est le sous-module du dual $F^*$ de F (resp. du dual $E^*$ de E) *orthogonal* à N (resp. M) (chap. II, § 4, nº 2).

PROPOSITION 4. — *Supposons que* A *soit un corps, et soit* $\Phi$ *une forme bilinéaire* (resp. *sesquilinéaire pour* J) *sur* $E \times F$ ; *pour que* $E/F^0$ *soit de dimension finie, il faut et il suffit que* $F/E^0$ *soit de dimension finie, et ces dimensions sont alors égales.*

En effet, soit $\Phi_1$ la forme non dégénérée associée à $\Phi$, sur $(E/F^0) \times (F/E^0)$ (nº 3). Supposons que $E/F^0$ soit de dimension finie $n$ ; comme l'application linéaire $d_{\Phi_1}$ de $F/E^0$ (resp. $(F/E^0)^{J}$) dans $(E/F^0)^*$ est injective, $F/E^0$ est de dimension finie $n' \leqslant n$ ; en considérant $s_{\Phi_1}$, on voit de même que $n \leqslant n'$.

COROLLAIRE 1. — *On suppose que* A *est un corps et que* $\Phi$ *est non dégénérée. Pour qu'un sous-espace* M *de* E *soit de dimension finie, il faut et il suffit que* $M^0$ *soit de codimension finie dans* F, *et on a alors* $\operatorname{codim} M^0 = \dim M$, *et* $M^{00} = M$.

Comme $F^0 = \{0\}$, les deux premières assertions résultent de la prop. 4 appliquée à la restriction de $\Phi$ à $M \times F$. En outre, $M^0$ est l'orthogonal de $M^{00}$, donc $M^{00}$ est de dimension finie égale à $\operatorname{codim} M^0 = \dim M$ ; mais comme $M^{00} \supset M$, on a $M^{00} = M$.

COROLLAIRE 2. — *Les hypothèses étant celles du cor. 1, soient* M, N *deux sous-espaces de* E ; *on a alors* $(M + N)^0 = M^0 \cap N^0$ ; *si de plus* M *et* N *sont de dimension finie, on a* $(M \cap N)^0 = M^0 + N^0$.

La première assertion est triviale. Supposons M et N de dimension finie, et soit $G = M^0 + N^0$ ; on a $G^0 = M^{00} \cap N^{00} = M \cap N$ d'après le cor. 1 ; la prop. 4 appliquée à la restriction de $\Phi$ à $M \times G$ montre alors (puisque $M^0 \subset G$ et $G^0 \subset M$) que l'on a $\dim M/(M \cap N) = \dim G/M^0 = \operatorname{codim} M^0 - \operatorname{codim} G$, et comme $\operatorname{codim} M^0 = \dim M$, on en déduit $\dim (M \cap N) = \operatorname{codim} G$. Mais on a aussi $\dim (M \cap N) = \operatorname{codim} (M \cap N)^0$ d'après le cor. 1, et comme $G \subset G^{00} = (M \cap N)^0$ on a $G = (M \cap N)^0$.

La prop. 4 permet de poser la définition suivante :

DÉFINITION 7. — *Soient* A *un corps* (resp. *un corps muni d'un antiautomorphisme* J), E *un espace vectoriel à gauche sur* A, F *un espace vectoriel à droite* (resp. *à gauche*) *sur* A, *et* $\Phi$ *une forme bilinéaire* (resp. *sesquilinéaire pour* J) *sur* $E \times F$. *Supposons que* $E/F^0$ *et* $F/E^0$ *soient de dimension finie sur* A. *On appelle rang de* $\Phi$ *la dimension* (*finie*) *commune des espaces vectoriels* $E/F^0$ *et* $F/E^0$.

Lorsque $E/F^0$ et $F/E^0$ sont de dimension infinie, on dit que $\Phi$ est de rang infini.

PROPOSITION 5. — *Les hypothèses et notations étant celles de la déf.* 7, *les applications linéaires* $s_\Phi$ *et* $d_\Phi$ *associées à* $\Phi$ *ont même rang, et ce rang est égal au rang de la forme* $\Phi$.

En effet le noyau de l'application $d_\Phi$ de F dans $E^*$ est évidemment $E^0$, donc son rang est égal à la dimension de $F/E^0$. De même le rang de $s_\Phi$ est égal à la dimension de $E/F^0$.

PROPOSITION 6. — *Les hypothèses et notations étant celles de la déf.* 7, *supposons de plus que* E *et* F *aient même dimension finie. Alors les conditions suivantes sont équivalentes* :

*a*) $d_\Phi$ *est injective* ;

*b*) $d_\Phi$ *est surjective* ;

*c*) $s_\Phi$ *est injective* ;

*d*) $s_\Phi$ *est surjective* ;

*e*) $\Phi$ *est non dégénérée.*

En effet, comme E, F, $E^*$ et $F^*$ ont même dimension finie, *a*) et *b*) sont équivalentes, ainsi que *c*) et *d*) (chap. II, § 3, nº 4). Comme $s_\Phi$ et $d_\Phi$ ont même rang (prop. 5), *a*) et *c*) sont équivalentes. Comme *e*) équivaut à la relation $E^0 = F^0 = \{0\}$, elle équivaut à la conjonction de *a*) et *c*), d'où l'équivalence des conditions énoncées.

Corollaire. — *Les hypothèses et notations étant celles de la déf.* 7, *on suppose de plus que* E *est de dimension finie et que* $\Phi$ *est non dégénérée. Alors on a* dim E = dim F *et, pour toute base* $(e_i)$ $(1 \leqslant i \leqslant \dim E)$ *de* E, *il existe une base* $(f_i)$ *de* F *telle que* $\Phi(e_i, f_k) = \delta_{ik}$ $(i, k = 1, \ldots, \dim E)$.

En effet, comme $\Phi$ est non dégénérée, on a $E^0 = F^0 = \{0\}$, d'où dim E = dim F (prop. 4). Il s'ensuit (prop. 6) que $d_\Phi$ est un isomorphisme de F (resp. $F^J$) sur $E^*$ ; donc, si $(e_i^*)$ est la base duale de $(e_i)$, les éléments $f_i = d_\Phi^{-1}(e_i^*)$ forment une base de F qui, vu la formule (23) (resp. la formule (24)), vérifie $\Phi(e_i, f_k) = \delta_{ik}$.

Il est immédiat que, dans ce corollaire, on peut échanger les rôles de E et de F, en remplaçant $d_\Phi$ par $s_\Phi$ dans la démonstration.

*Remarque.* — Soient A un anneau muni d'un antiautomorphisme J, M et N des A-modules *à droite*, et $\Phi$ une forme sesquilinéaire *à gauche* pour J sur M × N (nº 2, *Remarque*) ; elle vérifie donc l'égalité

$$\Phi(xa, xa') = a^J\Phi(x, y)a' \qquad (a, a' \in A, x \in M, y \in N).$$

L'application $\Phi'$ de N × M dans A définie par $\Phi'(y, x) = \Phi(x, y)^{J'}$ (où $J' = J^{-1}$) est une forme sesquilinéaire à gauche pour $J'$, et $\Phi$ et $\Phi'$ s'identifient à des formes bilinéaires sur $M^J \times N$ et $N^{J'} \times M$ respectivement. Les applications $s_\Phi$ et $s_{\Phi'}$ associées à ces formes bilinéaires sont appelées les applications associées à gauche et à droite à la forme sesquilinéaire $\Phi$, et sont notées $s_\Phi$ et $d_\Phi$. On a donc, par définition

$$(26) \qquad \Phi(x, y) = \langle y, s_\Phi(x)\rangle = \langle x, d_\Phi(y)\rangle^J \qquad (x \in M, y \in N),$$

et $s_\Phi$ (resp. $d_\Phi$) est une application linéaire de $M^J$ dans $N^*$ (resp.

de $N^{J'}$ dans $M^*$). On énoncerait et démontrerait facilement les analogues, pour le cas envisagé ici, de la déf. 7 et des prop. 4, 5, 6.

### 7. *Forme inverse d'une forme bilinéaire ou sesquilinéaire.*

Soient A un anneau, E un A-module à gauche, F un A-module à droite et $\Phi$ une forme bilinéaire sur $E \times F$. On suppose ici que les applications associées à $\Phi$, qui seront notées $s$ et $d$, sont *bijectives*. Alors l'application produit $(s, d)$ est une bijection de $E \times F$ sur $F^* \times E^*$, et définit, par transport de structure, une forme bilinéaire $\hat{\Phi}$ sur $F^* \times E^*$. Celle-ci vérifie donc

$$\begin{aligned} (27) \quad \hat{\Phi}(y', x') &= \Phi(s^{-1}(y'), d^{-1}(x')) \\ &= \langle s^{-1}(y'), x' \rangle = \langle d^{-1}(x'), y' \rangle \qquad (x' \in E^*, y' \in F^*). \end{aligned}$$

DÉFINITION 8. — *Soit $\Phi$ une forme bilinéaire sur $E \times F$ dont les applications associées $s$ et $d$ sont bijectives. La forme bilinéaire $\hat{\Phi}$ sur $F^* \times E^*$ définie par* (27) *s'appelle la forme inverse de $\Phi$.*

Soient maintenant $\hat{s}$ et $\hat{d}$ les applications linéaires de $F^*$ dans $E^{**}$ et de $E^*$ dans $F^{**}$ associées à gauche et à droite à $\hat{\Phi}$. Comme, pour $x' \in E^*$ et $y' \in F^*$, on a par définition

$$\hat{\Phi}(y', x') = \langle y', \hat{d}(x') \rangle = \langle x', \hat{s}(y') \rangle$$

on voit, en comparant avec (27), que la forme linéaire $\hat{d}(x')$ sur $F^*$ est égale à celle définie par l'élément $d^{-1}(x')$ de F. Il en résulte que l'application composée $\hat{d} \circ d$ est l'application canonique de F dans son bidual $F^{**}$, et que celle-ci est *bijective* puisque $d$ et $\hat{d}$ (cette dernière par transport de structure) sont bijectives ; donc, si l'on identifie canoniquement F à $F^{**}$, on a $\hat{d} = d^{-1}$. De même E s'identifie canoniquement à $E^{**}$, l'application canonique de E dans $E^{**}$ est $\hat{s} \circ s$, et l'on a $\hat{s} = s^{-1}$. Il résulte de ceci que la forme inverse de $\hat{\Phi}$ est $\Phi$.

Considérons maintenant un anneau A muni d'un antiautomorphisme J, deux A-modules à gauche E et F, et une forme sesquilinéaire à droite $\Phi$ pour J sur $E \times F$ telle que les applications associées à $\Phi$, qui seront notées $s$ et $d$, soient *bijectives*. Définissons une application $\hat{\Phi}$ de $F^* \times E^*$ dans A par la première équation (27). Cette application vérifie, d'après (24) (nº 6), la relation

$$(28) \quad \hat{\Phi}(y', x') = \langle s^{-1}(y'), x' \rangle = \langle d^{-1}(x'), y' \rangle^{J} \qquad (x' \in E^*, y' \in F^*).$$

L'application $\hat{\Phi}$ est évidemment **Z**-bilinéaire ; en outre, on a, pour $a$, $b$ dans A, $x' \in E^*$ et $y' \in F^*$, et en vertu des définitions de $s$ et $d$,

$$\hat{\Phi}(y'a, x'b) = \Phi(a^J s^{-1}(y'), b^{J'} d^{-1}(x')) = a^J \hat{\Phi}(y', x') b\,;$$

donc $\hat{\Phi}$ est une *forme sesquilinéaire à gauche* pour J (nº 2) sur $F^* \times E^*$.

Définition 9. — *Soit* $\Phi$ *une forme sesquilinéaire à droite pour* J *sur* $E \times F$, *dont les applications associées* $s$ *et* $d$ *sont bijectives. La forme sesquilinéaire à gauche* $\hat{\Phi}$ *pour* J *sur* $F^* \times E^*$ *s'appelle la forme inverse de* $\Phi$.

Nous laissons au lecteur le soin de définir et d'étudier la forme inverse d'une forme sesquilinéaire à gauche. Cette forme inverse est une forme sesquilinéaire à droite.

Soient $\hat{s}$ et $\hat{d}$ les applications associées à $\hat{\Phi}$ ; d'après (26) (nº 6) on a

$$(29) \qquad \hat{\Phi}(y', x') = \langle y', \hat{d}(x') \rangle^{J} = \langle x', \hat{s}(y') \rangle.$$

Du fait que $s$ est bijective, et de l'égalité $\langle s^{-1}(y'), x' \rangle = \langle y', \hat{d}(x') \rangle^{J}$ qui résulte de (28) et (29), on déduit que $\hat{d}$ est bijective ; donc $\hat{d} \circ d$ est bijective. Or l'égalité $\langle d^{-1}(x'), y' \rangle = \langle y', \hat{d}(x') \rangle$, qui résulte de (28) et (29), montre que $\hat{d} \circ d$ est l'application canonique de F dans son bidual $F^{**}$. On voit de même que $\hat{s}$ est bijective et que $\hat{s} \circ s$ est l'application canonique de E dans $E^{**}$. Donc, si l'on identifie $E^{**}$ à E et $F^{**}$ à F au moyen de ces applications canoniques, on a $\hat{s} = s^{-1}$, $\hat{d} = d^{-1}$, et $\Phi$ est la forme inverse de $\hat{\Phi}$.

Avec les mêmes notations et hypothèses soit $a$ un élément inversible du centre de A. Alors les applications associées à la forme $a\Phi$ sont, d'après (23) (resp. (24)) égales à $a.d$ et $a.s$ (resp. $a^{J'}.s$), donc sont bijectives. Il résulte ainsi de (27) que la forme inverse de $a\Phi$ est $a^{-1}\hat{\Phi}$ (resp. $(a^{J'})^{-1}\hat{\Phi}$).

### 8. *Adjoint d'un homomorphisme.*

Dans ce n°, l'on désigne par A un anneau (resp. un anneau muni d'un antiautomorphisme J), par E et E′ deux A-modules à gauche, par F et F′ deux A-modules à droite (resp. à gauche), et par $\Phi$ et $\Phi'$ deux formes bilinéaires (resp. sesquilinéaires pour J) sur $E \times F$ et $E' \times F'$ respectivement. On suppose que $\Phi$ est *non dégénérée*, autrement dit (n° 1) que les applications linéaires $d_\Phi$ et $s_\Phi$ associées à $\Phi$ sont *injectives*.

Étant donné un homomorphisme $u$ de E dans E′, considérons l'ensemble $F'_1$ des éléments $y'$ de F′ tels qu'il existe $y \in F$ pour lequel on ait $d_{\Phi'}(y') \circ u = d_\Phi(y)$, c'est-à-dire $\Phi'(u(x), y') = \Phi(x, y)$ pour tout $x \in E$. Il est clair que $F'_1$ est un sous-module de F′. Comme $d_\Phi$ est injective, il existe, pour tout $y' \in F'_1$, un élément $y$ de F et un seul tel que $\Phi'(u(x), y') = \Phi(x, y)$. L'application $y' \to y$ de $F'_1$ dans F ainsi définie est A-linéaire ; en la notant $u^*$, on a, pour tout $x \in E$ et tout $y \in F'_1$

$$\Phi'(u(x), y') = \Phi(x, u^*(y')). \tag{30}$$

DÉFINITION 10. — *Les hypothèses et notations étant comme précédemment, on dit que l'homomorphisme $u^*$ de $F'_1$ dans F vérifiant* (30) *est l'adjoint à gauche de $u$, et que $F'_1$ est le sous-module de définition de $u^*$.*

On définit de même l'adjoint à droite d'un homomorphisme $v$ de F dans F′ par la formule

$$\Phi'(x', v(y)) = \Phi(v^*(x'), y) \qquad (x' \in E'_1,\ y \in F), \tag{31}$$

où $E'_1$ désigne le sous-module de E′ défini de façon analogue à $F'_1$.

*Remarque.* — Si l'adjoint à gauche $u^*$ de $u : E \to E'$ est partout défini, et si $s_{\Phi'}$ et $d_{\Phi'}$ sont injectives, la formule (30) montre que $u$ est l'adioint à droite de $u^*$.

On déduit de (30) que, si $u_1$ et $u_2$ sont deux homomorphismes de E dans E′ admettant des adjoints partout définis, et si $c$ est un élément du centre de A, on a

$$(32)\quad \begin{cases} (u_1 + u_2)^* = u_1^* + u_2^*\,;\ 1^* = 1\,; \\ (cu_1)^* = c\,.\,u_1^* \quad \text{lorsque } \Phi \text{ et } \Phi' \text{ sont bilinéaires}\,; \\ (cu_1)^* = c^{J'}.\,u_1^* \quad \text{lorsque } \Phi \text{ et } \Phi' \text{ sont sesquilinéaires.} \end{cases}$$

De plus, si E″ est un troisième A-module à gauche, F″ un troisième A-module à droite (resp. à gauche), Φ″ une forme bilinéaire (resp. sesquilinéaire pour J) sur E″ × F″, et si $u'$ est un homomorphisme de E′ dans E″ admettant un adjoint (à gauche) partout défini, on a

$$(33)\qquad (u' \circ u)^* = u^* \circ u'^*.$$

En particulier, si $u$ est un *isomorphisme* de E sur E′, et si les adjoints $u^*$ et $(u^{-1})^*$ sont partout définis, $u^*$ est un isomorphisme de F′ sur F, et l'on a $(u^*)^{-1} = (u^{-1})^*$. Propriétés analogues pour les adjoints à droite.

Proposition 7. — *Avec les mêmes notations que précédemment, on suppose que* $d_\Phi$ *est bijective. Alors tout homomorphisme* $u$ *de* E *dans* E′ *admet un adjoint à gauche partout défini, et l'on a* $u^* = (d_\Phi)^{-1} \circ {}^t u \circ d_{\Phi'}$.

En effet, comme $d_\Phi$ est bijective, on a, avec les notations du début du n°, $F'_1 = F'$, et $u^*$ est donc partout défini. D'autre part (30) équivaut à

$$\langle u(x), d_{\Phi'}(y')\rangle = \langle x, (d_\Phi \circ u^*)(y')\rangle \qquad (x \in E,\ y' \in F')\,;$$

or $\langle d_{\Phi'}(y'), u(x)\rangle = \langle {}^t u(d_{\Phi'}(y')), x\rangle$ ; on a donc ${}^t u(d_{\Phi'}(y')) = d_\Phi(u^*(y'))$ pour tout $y' \in F'$, d'où ${}^t u \circ d_{\Phi'} = d_\Phi \circ u^*$, et par conséquent l'expression annoncée de $u^*$. CQFD.

*Remarque*. — Lorsque $s_\Phi$ est bijective, tout homomorphisme $v$ de F dans F′ admet un adjoint à droite partout défini, et on a

$$(34)\qquad v^* = (s_\Phi)^{-1} \circ {}^t v \circ s_{\Phi'}.$$

Proposition 8. — *Avec les mêmes notations que précédemment, on suppose que* $s_\Phi$ *et* $d_\Phi$ *sont bijectives. Soient* $u$ *et* $v$ *des isomorphismes de* E *sur* E′ *et de* F *sur* F′ *respectivement. Alors, pour que* $\Phi$ *soit l'image réciproque de* $\Phi'$ *relativement à* $u$ *et* $v$ *(c'est-à-dire pour que l'on ait* $\Phi(x, y) = \Phi'(u(x), v(y))$ *quels que soient* $x \in \mathrm{E}$, $y \in \mathrm{F}$), *il faut et il suffit que l'on ait* $u^{-1} = v^*$ *et* $v^{-1} = u^*$.

En effet $\Phi'(u(x), v(y)) = \Phi(x, y)$ s'écrit aussi $\Phi(x, u^*(v(y))) = \Phi(x, y)$. Si ceci a lieu quels que soient $x \in \mathrm{E}$ et $y \in \mathrm{F}$, on a $u^* \circ v = 1$ puisque $\Phi$ est non dégénérée. On a donc aussi $v^* \circ u = 1$ d'après (33). La réciproque est immédiate.

Corollaire. — *Soient* A *un anneau muni d'un antiautomorphisme* J, E *un* A*-module à gauche,* $\Phi$ *une forme sesquilinéaire pour* J *sur* E × E *dont les applications associées sont bijectives, et* $u$ *un automorphisme du* A*-module* E. *Pour que* $u$ *laisse* $\Phi$ *invariante (c'est-à-dire pour que l'on ait* $\Phi(u(x), u(y)) = \Phi(x, y)$ *quels que soient* $x$, $y$ *dans* E), *il faut et il suffit que les deux adjoints de* $u$ *soient égaux et que l'on ait* $u^* = u^{-1}$.

Ceci résulte aussitôt de la prop. 8.

*Remarque.* — Sous les hypothèses du cor. de la prop. 8, supposons de plus que A soit un corps et que E soit de dimension finie sur A. Soient $w$ un endomorphisme de E, $w_1$ et $w_2$ ses adjoints à droite et à gauche. Chacune des conditions $ww_1 = 1$, $ww_2 = 1$, $w_1w = 1$, $w_2w = 1$ entraîne que $w$ est un automorphisme de E laissant $\Phi$ invariante, et que $w_1 = w_2$.

## 9. *Produits tensoriels et puissances extérieures de formes sesquilinéaires.*

Dans ce n°, on désigne par A un anneau *commutatif*. Une forme bilinéaire sur un produit de deux A-modules est donc un cas particulier de forme sesquilinéaire. On désignera par J un automorphisme de A, et par J′ son inverse.

Soient $\mathrm{E}_i$ $(i = 1, \ldots, m)$ des A-modules. L'application

$$(x_1, \ldots, x_m) \to x_1 \otimes \cdots \otimes x_m$$

de $\prod_{i=1}^{m} \mathrm{E}_i^{\mathrm{J}}$ dans $\left(\bigotimes_{i=1}^{m} \mathrm{E}_i\right)^{\mathrm{J}}$ $(x_i \in \mathrm{E}_i^{\mathrm{J}})$ (cf. déf. 5, n° 2) est évidemment A-multilinéaire ; elle définit donc (chap. III, § 1, n° 7) une application A-linéaire $f$ de $\bigotimes_i E_i^J$ dans $(\bigotimes_i E_i)^J$ ; cette application transforme $x_1 \otimes \cdots \otimes x_m$ (où les signes $\otimes$ désignent les produits tensoriels dans $\bigotimes_i E_i^J$) en $x_1 \otimes \cdots \otimes x_m$ (où les signes $\otimes$ désignent les produits tensoriels dans $(\bigotimes_i E_i)^J$). Donc $f$ est un isomorphisme de $\bigotimes_i E_i^J$ sur $(\bigotimes_i E_i)^J$. Nous identifierons ces deux modules au moyen de cet isomorphisme.

De même soit E un A-module. L'application

$$(x_1, \ldots, x_m) \to x_1 \wedge \ldots \wedge x_m$$

de $(E^J)^m$ dans $(\bigwedge^m E)^J$ est évidemment A-multilinéaire et alternée. Elle définit donc une application A-linéaire $f$ de $\bigwedge^m E^J$ dans $(\bigwedge^m E)^J$, qui est évidemment un isomorphisme. Nous identifierons $\bigwedge^m E^J$ et $(\bigwedge^m E)^J$ au moyen de cet isomorphisme.

Soit $x'$ un élément du dual $E^*$ de E. L'application $x \to \langle x, x' \rangle^J$ $(x \in E)$ est un élément $x'^J$ de $(E^J)^*$, et il est immédiat que $x' \to x'^J$ est une bijection $g$ de $E^*$ sur $(E^J)^*$ vérifiant $g(ax') = a^J g(x')$ pour tout $a \in A$. Par suite l'application composée de $g$ et de l'application identique de $(E^*)^J$ sur $E^*$ est un isomorphisme de $(E^*)^J$ sur $(E^J)^*$. Nous identifierons ces modules au moyen de cet isomorphisme, et nous les noterons $E_J^*$.

Soient $E_i$, $F_i$ $(i = 1, \ldots, m)$ des A-modules, et $\Phi_i$ $(i = 1, \ldots, m)$ une forme sesquilinéaire pour J sur $E_i \times F_i$. L'application

$$(x_1, \ldots, x_m, y_1, \ldots, y_m) \to \Phi_1(x_1, y_1)\Phi_2(x_2, y_2) \ldots \Phi_m(x_m, y_m)$$

$(x_i \in E_i, y_i \in F_i, i = 1, \ldots, m)$ est une application A-multilinéaire de $E_1 \times \cdots \times E_m \times F_1^J \times \cdots \times F_m^J$ dans A, et définit donc une forme bilinéaire sur $(\bigotimes_i E_i) \times (\bigotimes_i F_i^J)$ (chap. III, § 1, nº 7). Puisque le deuxième facteur a été identifié à $(\bigotimes_i F_i)^J$, on a donc défini une forme sesquilinéaire $\Phi$ pour J sur $(\bigotimes_i E_i) \times (\bigotimes_i F_i)$. Celle-ci est caractérisée par

$$\Phi(x_1 \otimes \cdots \otimes x_m, y_1 \otimes \cdots \otimes y_m) = \prod_{i=1}^{m} \Phi_i(x_i, y_i) \quad (x_i \in E_i, y_i \in F_i). \tag{35}$$

DÉFINITION 11. — *Etant donnés des A-modules* $E_i$, $F_i$ $(i = 1, \ldots, m)$ *et, pour chaque* $i$, *une forme sesquilinéaire* $\Phi_i$ *pour* J *sur* $E_i \times F_i$, *la forme sesquilinéaire* $\Phi$ *pour* J *sur* $(\bigotimes_i E_i) \times (\bigotimes_i F_i)$ *caractérisée par* (35) *est appelée le produit tensoriel des formes sesquilinéaires* $\Phi_i$.

Dans le cas où les $E_i$ et les $F_i$ sont égaux à un même module E, et où les $\Phi_i$ sont égales à une même forme $\Psi$, on dit que $\Phi$ est *l'extension de* $\Psi$ *à* $\overset{m}{\bigotimes} E$.

Les notations étant celles de la déf. 11, étudions les *applications associées* à $\Phi$. On tire de la formule (24) (n° 6) et de (35) la relation

$$\Phi(x_1 \otimes \cdots \otimes x_m, y_1 \otimes \cdots \otimes y_m) = \prod_{i=1}^{m} \langle x_i, d_{\Phi_i}(y_i) \rangle = \prod_{i=1}^{m} \langle y_i, s_{\Phi_i}(x_i) \rangle^{J}.$$

On a donc :

$$s_\Phi = j_s \circ (s_{\Phi_1} \otimes \cdots \otimes s_{\Phi_m}), \qquad d_\Phi = j_d \circ (d_{\Phi_1} \otimes \cdots \otimes d_{\Phi_m}) \tag{36}$$

où $j_s$ (resp. $j_d$) désigne l'application canonique de $\bigotimes_i F_i^*$ dans $(\bigotimes_i F_i)^*$ (resp. de $\bigotimes_i E_i^*$ dans $(\bigotimes_i E_i)^*$) (chap. III, § 1, nos 4 et 7).

PROPOSITION 9. — *Soient* A *un corps commutatif muni d'un automorphisme* J, $E_i$, $F_i$ *des espaces vectoriels de dimension finie sur* A, *et* $\Phi_i$ *une forme sesquilinéaire pour* J *sur* $E_i \times F_i$ $(1 \leqslant i \leqslant m)$. *Si les formes* $\Phi_i$ *sont non dégénérées, il en est de même de leur produit tensoriel* $\Phi$. *Dans ce cas la forme inverse* $\widehat{\Phi}$ *de* $\Phi$ *est le produit tensoriel des formes inverses* $\widehat{\Phi}_i$.

En effet, comme A est un corps, il résulte des prop. 6 et 7 du chap. III, § 1, n° 3 qu'un produit tensoriel d'applications linéaires injectives (resp. surjectives) de A-modules est une application linéaire injective (resp. surjective). Comme les $s_{\Phi_i}$ sont bijectives par hypothèse (prop. 6, n° 6), il en est donc de même de leur produit tensoriel. D'autre part l'application canonique $j_s$ de $\bigotimes_i F_i^*$ dans $(\bigotimes_i F_i)^*$ est bijective (chap. III, § 1, n° 5, prop. 11). Donc, en vertu de (36), $s_\Phi$ est bijective, et ceci établit notre première assertion (prop. 6, n° 6). De même $d_\Phi$ est bijective.

Dans la seconde assertion nous avons implicitement identifié $\bigotimes_i F_i^*$ à $(\bigotimes_i F_i)^*$ et $\bigotimes_i E_i^*$ à $(\bigotimes_i E_i)^*$ au moyen des applications $j_s$ et $j_d$, qui sont ici des isomorphismes. Les formes inverses citées dans l'énoncé existent puisque les $s_{\Phi_i}$, les $d_{\Phi_i}$, $s_\Phi$ et $d_\Phi$ sont bijectives (nº 7). Posons alors $x' = x'_1 \otimes \cdots \otimes x'_m$, $y' = y'_1 \otimes \cdots \otimes y'_m$ ($x'_i \in E_i^*$, $y'_i \in F_i^*$, $i = 1, \ldots, m$). Par définition des formes inverses, et vu (36), on a

$$\begin{aligned}\widehat{\Phi}(j_s(y'), j_d(x')) &= \Phi(s_{\Phi_1}^{-1}(y'_1) \otimes \cdots \otimes s_{\Phi_m}^{-1}(y'_m), d_{\Phi_1}^{-1}(x'_1) \otimes \cdots \otimes d_{\Phi_m}^{-1}(x'_m)) \\ &= \prod_{i=1}^m \Phi_i(s_{\Phi_i}^{-1}(y'_i), d_{\Phi_i}^{-1}(x'_i)) = \prod_{i=1}^m \widehat{\Phi}_i(y'_i, x'_i),\end{aligned}$$

d'où notre seconde assertion.

C. Q. F. D.

Soient E et F deux modules sur l'anneau commutatif A, et $\Phi$ une forme sesquilinéaire pour J sur $E \times F$. L'application

$$(x_1, \ldots, x_m, y_1, \ldots, y_m) \to \det(\Phi(x_i, y_k)) \quad (x_i \in E, y_i \in F, i = 1, \ldots, m)$$

de $E^m \times (F^J)^m$ dans A est A-multilinéaire. Elle définit donc une forme bilinéaire $\Phi'$ sur $(\bigotimes^m E) \times (\bigotimes^m F^J)$ caractérisée par

$$\Phi'(x_1 \otimes \cdots \otimes x_m, y_1 \otimes \cdots \otimes y_m) = \det(\Phi(x_i, y_k)).$$

Comme le premier membre est nul lorsque $x_i = x_k$ ou que $y_i = y_k$ ($i \neq k$), $\Phi'$ définit, par passage aux quotients, une forme bilinéaire sur $(\bigwedge^m E) \times (\bigwedge^m F^J)$, ou encore, puisque $\bigwedge^m F^J$ s'identifie à $(\bigwedge^m F)^J$, une forme $\Phi_{(m)}$ sesquilinéaire pour J sur $(\bigwedge^m E) \times (\bigwedge^m F)$. Celle-ci est caractérisée par

$$(37) \quad \left\{\begin{aligned} &\Phi_{(m)}(x_1 \wedge \ldots \wedge x_m, y_1 \wedge \ldots \wedge y_m) = \det(\Phi(x_i, y_k)) \\ &\qquad (x_i \in E, y_i \in F, i = 1, \ldots, m).\end{aligned}\right.$$

Définition 12. — *Etant donnés deux* A-*modules* E, F *et une forme* $\Phi$ *sesquilinéaire pour* J *sur* $E \times F$, *la forme* $\Phi_{(m)}$ *sesquilinéaire pour* J *sur* $(\bigwedge^m E) \times (\bigwedge^m F)$ *caractérisée par* (37) *s'appelle l'extension de* $\Phi$ *aux m-ièmes puissances extérieures.*

Les notations étant celles de la déf. 12, étudions les *applications associées* à $\Phi_{(m)}$. On tire de la formule (24) (n° 6) et de (37) les relations

$$\Phi_{(m)}(x_1 \wedge \ldots \wedge x_m, y_1 \wedge \ldots \wedge y_m) = \det(\langle x_i, d_\Phi(y_k)\rangle)$$
$$= \det(\langle y_i, s_\Phi(x_k)\rangle^J).$$

On a donc

$$(38) \qquad s_{\Phi_{(m)}} = k_s \circ (\overset{m}{\bigwedge} s_\Phi), \qquad d_{\Phi_m} = k_d \circ (\overset{m}{\bigwedge} d_\Phi),$$

où $k_s$ (resp. $k_d$) désigne l'application canonique de $\overset{m}{\bigwedge} F^*$ dans $(\overset{m}{\bigwedge} F)^*$ (resp. de $\overset{m}{\bigwedge} E^*$ dans $(\overset{m}{\bigwedge} E)^*$) (cf. chap. III, § 8, n° 2).

Proposition 10. — *Soient* A *un corps commutatif muni d'un automorphisme* J, E *et* F *deux espaces vectoriels de dimension finie sur* A, *et* $\Phi$ *une forme sesquilinéaire pour* J *sur* E $\times$ F. *Si* $\Phi$ *est non dégénérée, alors son extension* $\Phi_{(m)}$ *aux m-ièmes puissances extérieures est non dégénérée, et la forme inverse de* $\Phi_{(m)}$ *est l'extension aux m-ièmes puissances extérieures de la forme inverse* $\widehat{\Phi}$ *de* $\Phi$.

En effet, comme $s_\Phi$ et $d_\Phi$ sont bijectives par hypothèse (prop. 6, n° 6), il en est de même de leurs puissances extérieures (chap. III, § 5, n° 7). D'autre part les applications canoniques $k_s$ et $k_d$ sont bijectives (chap. III, § 8, n° 2, th. 1). Donc, en vertu de (38), $s_{\Phi_{(m)}}$ et $d_{\Phi_{(m)}}$ sont bijectives, ce qui démontre que $\Phi_{(m)}$ est non dégénérée (prop. 6, n° 6). Dans la seconde assertion nous avons implicitement identifié $\overset{m}{\bigwedge} F^*$ à $(\overset{m}{\bigwedge} F)^*$ et $\overset{m}{\bigwedge} E^*$ à $(\overset{m}{\bigwedge} E)^*$ au moyen des applications $k_s$ et $k_d$, qui sont ici des isomorphismes (*loc. cit.*). Les formes inverses considérées dans l'énoncé existent puisque $s_\Phi$, $d_\Phi$, $s_{\Phi_{(m)}}$ et $d_{\Phi_{(m)}}$ sont bijectives (n° 7). Posons alors $x' = x'_1 \wedge \ldots \wedge x'_m$ et $y' = y'_1 \wedge \ldots \wedge y'_m$ ($x'_i \in E^*$, $y'_i \in F^*$, $i = 1, \ldots, m$). Par définition des formes inverses (n° 7) et vu (38), on a

$$\widehat{\Phi}_{(m)}(k_s(y'), k_d(x')) = \Phi_{(m)}(s_\Phi^{-1}(y'_1) \wedge \ldots \wedge s_\Phi^{-1}(y'_m), d_\Phi^{-1}(x'_1) \wedge \ldots \wedge d_\Phi^{-1}(x'_m))$$
$$= \det(\Phi(s_\Phi^{-1}(y'_i), d_\Phi^{-1}(x'_k))) = \det(\widehat{\Phi}(y'_i, x'_k))$$

d'où notre seconde assertion.

*Remarque.* — Soient E un A-module *libre*, et θ l'isomorphisme canonique de $\bigwedge^m E$ sur le sous-module des tenseurs antisymétrisés d'ordre $m$ (chap. III, § 5, n° 6, prop. 6). Soient Φ une forme sesquilinéaire sur E, $\Phi_{(m)}$ l'extension de Φ à $\bigwedge^m E$, et Θ la forme sesquilinéaire sur $\bigwedge^m E$ qui est l'image réciproque par θ de l'extension de Φ à $\bigotimes^m E$. D'après la définition de θ et de l'antisymétrisé d'un tenseur, et d'après (35), on a

$$\Theta(x_1 \wedge \ldots \wedge x_m, y_1 \wedge \ldots \wedge y_m) = \sum_{\sigma, \tau} \varepsilon_\sigma \varepsilon_\tau \Phi(x_{\sigma(1)}, y_{\tau(1)}) \ldots \Phi(x_{\sigma(m)}, y_{\tau(m)})$$

où σ et τ parcourent le groupe symétrique $\mathfrak{S}_m$. D'après la formule de calcul des déterminants et la formule (37), cette expression peut s'écrire

$$\sum_{\tau \in \mathfrak{S}_m} \varepsilon_\tau \det(\Phi(x_i, y_{\tau(k)})) = m!\det(\Phi(x_i, y_k))\,;$$

autrement dit, on a $\Theta = m!\,\Phi_{(m)}$.

## *10. Calculs matriciels.*

Nous nous proposons, dans le présent n°, d'assouplir le calcul matriciel introduit au chap. II, § 6, et de l'appliquer à traduire certains résultats démontrés dans ce paragraphe.

I. — Soient I et K deux ensembles finis d'indices, H un ensemble non vide, et $M = (m_{ik})_{(i,k) \in \mathrm{I} \times \mathrm{K}}$ une matrice sur H (chap. II, § 6, n° 1, déf. 1).

On appelle *transposée* de $M$, et on note ${}^tM$, la matrice $(m'_{ki})_{(k,i) \in \mathrm{K} \times \mathrm{I}}$ vérifiant $m'_{ki} = m_{ik}$ $((i, k) \in \mathrm{I} \times \mathrm{K})$. On a évidemment

$$(39) \qquad {}^t({}^tM) = M.$$

Ceci généralise la notion introduite au chap. II, § 6, n° 6.

Supposons que H soit un groupe commutatif (noté additivement). L'ensemble des matrices sur H ayant I et K pour ensembles d'indices admet une structure de groupe commutatif, puisque c'est l'ensemble des applications de I × K dans H. Ce groupe est noté additivement.

Soient H′, H″ deux ensembles non vides, H un groupe commutatif (noté additivement) et $f : (h', h'') \to h'h''$ une application de $H' \times H''$ dans H. Etant données deux matrices

$$M' = (m'_{ik})_{(i,k)\in I\times K}, \qquad M'' = (m''_{kl})_{(k,l)\in K\times L}$$

sur H′ et H″ respectivement, telles que l'ensemble K des indices des colonnes de $M'$ soit égal à l'ensemble des indices de lignes de $M''$, on appelle *produit* de $M'$ et $M''$ (suivant $f$) et on note $M'M''$ la matrice

$$(40) \qquad M'.M'' = (\sum_{k\in K} m'_{ik}m''_{kl})_{(i,l)\in I\times L}$$

sur H. Ceci généralise la notion introduite au chap. II, § 6, n° 4. Si $H' = H'' = H$ et si H est un anneau, le produit $M'M''$ sera, sauf mention expresse du contraire, calculé « dans H », c'est-à-dire suivant l'application $(x, y) \to xy$. Lorsque H′ et H″ sont des groupes commutatifs (notés additivement) et que $f$ est bilinéaire, on a

$$(41) \qquad \begin{cases} (M' + M'_1)M'' = M'M'' + M'_1M'', \\ M'(M'' + M''_1) = M'M'' + M'M''_1, \end{cases}$$

où $M'$, $M'_1$ sont des matrices sur H′, $M''$, $M''_1$ des matrices sur H″, et où les sommes et produits écrits sont supposés définis. Soient $M'$, $M''$ des matrices sur les ensembles H′, H″, et $f^0$ l'application de $H'' \times H'$ dans H définie par $(h'', h') \to h'\,h''$ ; alors on a

$$(42) \qquad {}^t(M'M'') = {}^tM''.{}^tM'$$

où le produit dans le premier (resp. second) membre est calculé suivant $f$ (resp. $f^0$).

Dans le cas où $H' = H'' = H$ est un anneau, on retrouve la formule (12) du chap. II, § 6, n° 6.

Soient A un anneau, J un antiautomorphisme de A. Pour toute matrice $M = (m_{ik})$ sur A, nous noterons $M^J$ la matrice $(m^J_{ik})$. Soient $M_1$, $M_2$ deux matrices sur A telle que $M_1M_2$ soit défini. Comme J est un isomorphisme de A sur l'anneau opposé $A^0$, on a $(M_1M_2)^J = M^J_1.M^J_2$ où le premier (resp. second) membre est calculé dans A (resp. $A^0$). Vu (42) et (39), ceci donne

$$(43) \qquad (M_1M_2)^J = {}^t({}^tM^J_2.{}^tM^J_1)$$

où les *deux* membres sont calculés dans A.

Soient $H_1$, $H_2$, $H_3$, $H_{12}$, $H_{23}$ et H des groupes commutatifs (notés additivement), $f_{12} : H_1 \times H_2 \rightarrow H_{12}$, $f_{23} : H_2 \times H_3 \rightarrow H_{23}$, $f_3 : H_{12} \times H_3 \rightarrow H$, $f_1 : H_1 \times H_{23} \rightarrow H$ des applications, et soient $M_1$, $M_2$, $M_3$ des matrices sur $H_1$, $H_2$, $H_3$ respectivement. Si $f_3(f_{12}(x_1, x_2), x_3) = f_1(x_1, f_{23}(x_2, x_3))$ quels que soient les $x_i \in H_i$ $(i = 1, 2, 3)$, alors les produits $(M_1M_2)M_3$ et $M_1(M_2M_3)$ (calculés suivant $f_{12}$, $f_3$, $f_{23}$ et $f_1$), s'ils sont définis, sont égaux ; on les notera $M_1M_2M_3$. Lorsque $H_1 = H_2 = H_3 = H_{12} = H_{23} = H$, que H est un anneau, et que $f_{12}$, $f_{23}$, $f_3$, $f_1$ sont égales à l'application $(x, y) \rightarrow xy$, la condition précédente exprime l'associativité de cette dernière, et est donc vérifiée. On fera des conventions analogues pour les produits de plus de trois facteurs.

Soient A, B deux anneaux, $M = (m_{ik})_{(i,k)\in I\times K}$ et $M' = (m'_{ik})_{(i,k)\in I\times K}$ deux matrices sur un (A, B)-bimodule G (n° 1). Si, pour toute matrice à une ligne $L = (a_i)_{i\in I}$ à éléments dans A et toute matrice à une colonne $C = (b_k)_{k\in K}$ à éléments dans B, on a $L.M.C = L.M'.C$ (les produits étant calculés suivant les applications qui définissent la structure de (A, B)-bimodule de G), alors les matrices $M$ et $M'$ *sont égales*. En effet, si l'on prend $a_i = 1$, $a_s = 0$ pour $s \neq i$, $b_k = 1$, $b_t = 0$ pour $t \neq k$, les matrices $L.M.C$ et $L.M'.C$, qui sont des matrices scalaires, sont respectivement égales à $m_{ik}$ et $m'_{ik}$.

II. — On considère un anneau A et un A-module (à droite ou à gauche) E, admettant une base finie $(e_i)_{i\in I}$. Pour tout élément $x$ de E, on appelle *matrice de $x$ par rapport à la base* $(e_i)$, et on note $M(x)$ ou $\mathbf{x}$, la matrice à une colonne formée des composantes $x_i$ $(i \in I)$ de $x$ par rapport à $(e_i)$ (cf. chap. II, § 6, n° 4) ; dans les calculs il sera commode, afin de rappeler que l'indice $i$ est un indice de ligne, de lui adjoindre un indice de colonne susceptible d'une seule valeur, et d'écrire $(x_{i0})$ la matrice $M(x)$.

Considérons maintenant deux A-modules (à gauche ou à droite) E et F, ayant des bases finies $(e_i)_{i\in I}$ et $(f_k)_{k\in K}$ respectivement ; soit $(f_k^*)$ la base de $F^*$ duale de $(f_k)$. Nous allons définir la matrice, par rapport à ces bases, d'une application $u$ de E dans F dans les quatre cas suivants :

(D) E et F sont des modules à droite, $u$ est A-linéaire ;

(G) E et F sont des modules à gauche, $u$ est A-linéaire ;

(GD) E est un module à gauche, F un module à droite, A est muni d'un antiautomorphisme J, $u$ est **Z**-linéaire et vérifie $u(ax) = u(x)a^J$ ($a \in A$, $x \in E$) (autrement dit $u$ est une application A-linéaire de $E^J$ dans F (n° 2, déf. 5)).

(DG) E est un A-module à droite, F un A-module à gauche, A est muni d'un autiautomorphisme J, $u$ est **Z**-linéaire et vérifie $u(xa) = a^J u(x)$ ($x \in E$, $a \in A$) (autrement dit $u$ est une application A-linéaire de $E^J$ dans F).

Dans chacun de ces quatre cas, *la matrice de l'application u* est, par définition, la matrice $(u_{ki})_{(k,i)\in K\times I}$ telle que

(44) $$u_{ki} = \langle u(e_i), f_k^* \rangle.$$

Cette définition coïncide, dans le cas (D), avec celle donnée au chap. II, § 6, n° 3. Dans ces conditions la matrice $M(u(x))$ de l'image d'un élément $x$ de E est donnée par les formules suivantes :

(45 D) $$M(u(x)) = M(u).M(x)$$
(45 G) $${}^tM(u(x)) = {}^tM(x).{}^tM(u)$$
(45 GD) $$M(u(x)) = M(u).M(x)^J$$
(45 DG) $${}^tM(u(x)) = {}^tM(x)^J.{}^tM(u).$$

Vérifions, par exemple (45 DG), les autres vérifications étant analogues et un peu plus faciles. Posons $x = \sum\limits_i e_i x_{io}$, $u(x) = \sum\limits_k y_{ko} f_k$ ; on a $u(x) = u(\sum\limits_i e_i x_{io}) = \sum\limits_i x_{io}^J u(e_i) = \sum\limits_{i,k} x_{io}^J u_{ki} f_k$ ; d'où $y_{ko} = \sum\limits_i x_{io}^J u_{ki}$ ; afin de mettre les deux indices $i$ à côté l'un de l'autre, considérons les matrices transposées ${}^tM(x) = (x'_{oi})$ où $x'_{oi} = x_{io}$, et ${}^tM(u) = (u'_{ik})$ où $u'_{ik} = u_{ki}$ ; on a alors $y_{ko} = \sum\limits_i x'^J_{oi} u'_{ik}$ ; comme le second membre est l'élément d'indice $k$ de la matrice à une ligne ${}^tM(x)^J.{}^tM(u)$, la formule (45 DG) est vérifiée.

*Remarques.* — 1) Lorsque A est commutatif, (45 G) se ramène à (45 D), et (45 DG) à (45 GD), au moyen de la formule ${}^t(M'M'') = {}^tM''.{}^tM'$ (cf. (42)), où les deux membres sont ici calculés dans A.

2) Soient E, F, G trois modules à gauche ayant des bases finies, et $u : E \to F$, $v : F \to G$ des applications A-linéaires. Il résulte de (45 G) que l'on a

(46) $${}^tM(v \circ u) = {}^tM(u).{}^tM(v).$$

En effet, on a, quel que soit $x \in \mathrm{E}$,

$$\begin{aligned} {}^tM(x).{}^tM(v \circ u) &= {}^tM(v(u(x))) = {}^tM(u(x)).{}^tM(v) \\ &= {}^tM(x).{}^tM(u).{}^tM(v), \end{aligned}$$

d'où (46).

Rappelons que, dans le cas des modules à droite, on a

$$M(v \circ u) = M(v)M(u).$$

III. — On désigne désormais par A un anneau, par B un anneau (resp. un anneau muni d'un antiautomorphisme J, pour lequel on pose $\mathrm{J}' = \mathrm{J}^{-1}$), par E un A-module à gauche ayant une base finie $(e_i)_{i \in \mathrm{I}}$, et par F un B-module à droite (resp. à gauche) ayant une base finie $(f_k)_{k \in \mathrm{K}}$. On note $(e_i^*)$ et $(f_k^*)$ les bases duales de $\mathrm{E}^*$ et $\mathrm{F}^*$. Sauf mention expresse du contraire les matrices considérées sont prises par rapport à ces bases.

Soient G un (A, B)-bimodule (n° 1), $\Phi$ une application bilinéaire (resp. sesquilinéaire à droite pour J) de $\mathrm{E} \times \mathrm{F}$ dans G, et $R = (\Phi(e_i, f_k))$ la matrice de $\Phi$. Alors, pour $x \in \mathrm{E}$ et $y \in \mathrm{F}$, la formule (6) du n° 1 (resp. (8) du n° 2), s'écrit, moyennant les conventions ci-dessus,

$$(47) \quad \Phi(x, y) = {}^tM(x).R.M(y) \qquad (\text{resp. } \Phi(x, y) = {}^tM(x).R.M(y)^{\mathrm{J}}),$$

où les produits sont calculés suivant les applications qui définissent la structure de (A, B)-bimodule de G ; en particulier, si $\mathrm{A} = \mathrm{B} = \mathrm{G}$ (auquel cas $\Phi$ est une forme), les produits sont calculés dans A.

Soient E′ un A-module à gauche ayant une base finie $(e'_s)_{s \in \mathrm{S}}$, F′ un A-module à droite (resp. à gauche) ayant une base finie $(f'_t)_{t \in \mathrm{T}}$, $u : \mathrm{E} \to \mathrm{E}'$ et $v : \mathrm{F} \to \mathrm{F}'$ des applications A-linéaires, et $\Phi'$ une application bilinéaire (resp. sesquilinéaire à droite pour J) de $\mathrm{E}' \times \mathrm{F}'$ dans G. Notons $\Phi$ l'*image réciproque* de $\Phi'$ (relativement à $u$ et $v$), $U$, $V$, $R$, $R'$ les matrices de $u$, $v$, $\Phi$, $\Phi'$ par rapport aux bases considérées. On a alors

$$(48) \qquad R = {}^tU.R'.V \qquad (\text{resp. } R = {}^tU.R'.V^{\mathrm{J}}),$$

les produits étant calculés comme dans (47). En effet, quels que soient $x \in E$ et $y \in F$, on a par définition $\Phi(x, y) = \Phi'(u(x), v(y))$, d'où, d'après (47),

$$\begin{aligned} {}^tM(x).R.M(y) &= {}^tM(u(x)).R'.M(v(y)) \\ (\text{resp. } {}^tM(x).R.M(y)^J &= {}^tM(u(x)).R'.M(v(y))^J); \end{aligned}$$

d'après (45 G) et (45 D) (resp. (45 G)) et (43) on en déduit

$$\begin{aligned} {}^tM(x).R.M(y) &= {}^tM(x).{}^tU.R'.V.M(y) \\ (\text{resp. } {}^tM(x).R.M(y)^J &= {}^tM(x).{}^tU.R'.{}^t({}^tM(y).{}^tV)^J \\ &= {}^tM(x).{}^tU.R'.V^J.M(y)^J); \end{aligned}$$

ceci démontre notre assertion.

IV. — On suppose ici que les anneaux A et B sont égaux, et on désigne par $\Phi$ une forme bilinéaire (resp. sesquilinéaire à droite pour J) sur $E \times F$, et par $R$ sa matrice. Calculons les matrices des *applications $s_\Phi$ et $d_\Phi$ associées* à $\Phi$, que nous noterons $s$ et $d$ pour alléger. Comme on a $\Phi(x, y) = \langle y, s(x) \rangle = \langle x, d(y) \rangle$ d'après (23), n° 6 (resp. $\Phi(x, y) = \langle x, d(y) \rangle = \langle y, s(x) \rangle^J$ d'après (24), n° 6), on a $\Phi(e_i, f_k) = \langle f_k, s(e_i) \rangle = \langle e_i, d(f_k) \rangle$ (resp. $\Phi(e_i, f_k) = \langle e_i, d(f_k) \rangle = \langle f_k, s(e_i) \rangle^J$), d'où, d'après (44) et puisque $(e_i)$ est la base duale de $(e_i^*)$ et $(f_k)$ la base duale de $(f_k^*)$ :

(49) $M(d) = R, \ M(s) = {}^tR \qquad (\text{resp. } M(d) = R, \ M(s) = {}^tR^{J'}).$

*Remarques.* — 1) Lorsque A est un corps, les applications linéaires $s$ et $d$ ont même rang. Nous voyons ici que leurs matrices $M(s)$ et $M(d)$ ont même rang ; en effet, une matrice sur A et sa transposée ont même rang (chap. II, § 6, n° 7, prop. 3) et, lorsque $\Phi$ est sesquilinéaire, l'égalité des rangs de $R$ sur A et de ${}^tR$ sur $A^0$ (*ibid.*) et le fait que J′ est un isomorphisme de $A^0$ sur A, entraînent l'égalité des rangs de $R$ et de ${}^tR^J$ sur A.

2) Si M et N sont des A-modules à droite ayant des bases finies $(m_i)$ et $(n_k)$, $\Phi$ une forme sesquilinéaire à gauche pour J sur $M \times N$ (n° 6, *Remarque*), $s$ et $d$ ses applications associées, et $R = (\Phi(m_i, n_k))$ sa matrice, les formules (26) du n° 6 montrent que l'on a

$$M(d) = R^{J'}, \qquad M(s) = {}^tR.$$

Supposons maintenant que les applications $s$ et $d$ associées à $\Phi$ sont bijectives et calculons la matrice $\hat{R}$ de la *forme inverse* de $\Phi$

(n° 7). Lorsque $\Phi$ est bilinéaire, $\Phi$ est l'image réciproque de $\hat{\Phi}$ relativement aux applications linéaires $s : E \rightarrow F^*$ et $d : F \rightarrow E^*$ ; on a donc, en vertu de (48) et (49), $R = R.\hat{R}.R$, d'où, puisque $R$ est inversible ($d$ étant bijective), $\hat{R} = R^{-1}$. Cette formule s'étend au cas ou $\Phi$ est sesquilinéaire, car, si l'on considère $\Phi$ comme une forme bilinéaire sur $E \times F^J$, et si l'on identifie $(F^J)^*$ à $(F^*)^J$ (cf. n° 9), la forme inverse de cette forme bilinéaire coïncide avec $\hat{\Phi}$ considérée comme forme bilinéaire sur $(F^*)^J \times E^*$. Dans les deux cas *la matrice de la forme inverse de* $\Phi$ *est l'inverse de la matrice de* $\Phi$.

Soient enfin $E'$ un A-module à gauche, $F'$ un A-module à droite (resp. à gauche), admettant tous deux des bases finies $(e'_s)$ et $(f'_t)$ ; soit $\Phi'$ une forme bilinéaire (resp. sesquilinéaire pour J) sur $E' \times F'$, et soit $R'$ sa matrice. Supposons $s_\Phi$ et $d_\Phi$ bijectives. Soient $u : E \rightarrow E'$ et $v : F \rightarrow F'$ des applications linéaires, $u^* : F' \rightarrow F$ et $v^* : E' \rightarrow E$ leurs *adjointes* (n° 8, prop. 7) ; notons $U$, $V$, $U^*$, $V^*$ les matrices de $u$, $v$, $u^*$, $v^*$ par rapport aux bases données. On a alors

$$(50) \qquad U^* = R^{-1}.{}^tU.R', \quad {}^tV^* = R'.V.R^{-1}$$
$$(\text{resp. } U^{*J} = R^{-1}.{}^tU.R', {}^tV^* = R'.V^J.R^{-1}).$$

En effet, quels que soient $x \in E$ et $y \in F'$, on a $\Phi'(u(x), y) = \Phi(x, u^*(y))$ (n° 8, déf. 10). D'où, lorsque $\Phi$ est bilinéaire, en vertu de (47), ${}^tM(u(x)).R'.M(y) = {}^tM(x).R.M(u^*(y))$ ; ceci donne, en vertu de (45 G) et (45 D), ${}^tM(x).{}^tU.R'.M(y) = {}^tM(x).R.U^*.M(y)$, d'où ${}^tU.R' = R.U^*$ et la première formule annoncée puisque, $d$ étant bijective, $R$ est inversible. Lorsque $\Phi$ est sesquilinéaire (47) et (45 G) donnent ${}^tM(x).{}^tU.R'.M(y)^J = {}^tM(x).R.{}^t({}^tM(y).{}^tU^*)^J$; or, d'après (43), on a $({}^tM(y).{}^tU^*)^J = {}^t({}^tU^{*J}.{}^tM(y)^J)$, d'où ${}^t({}^tM(y).{}^tU^*)^J = U^{*J}.M(y)^J$ ; il vient donc ${}^tM(x).{}^tU.R'.M(y)^J = {}^tM(x).R.U^{*J}.M(y)^J$, d'où ${}^tU.R' = R.U^{*J}$, et $U^{*J} = R^{-1}.{}^tU.R'$. La vérification des formules pour $V^*$ est analogue.

*Exercices.* — 1) Soient A un corps commutatif, E un espace vectoriel sur A admettant une base infinie dénombrable $(e_n)_{n \geqslant 1}$. On définit une forme bilinéaire $\Phi$ sur E en posant $\Phi(e_{i+1}, e_i) = 1$ pour $i \geqslant 1$, $\Phi(e_k, e_j) = 0$ pour $k \neq j + 1$ et $j \geqslant 1$. Montrer que l'application linéaire $d_\Phi$ associée à droite à $\Phi$ est injective, mais que l'application linéaire $s_\Phi$ associée à gauche à $\Phi$ n'est pas injective.

2) Soit E le **Z**-module somme directe de **Z** et de **Z**/(2), et soit E* son dual (isomorphe à **Z**). Montrer que la forme bilinéaire $(x, x') \to \langle x, x' \rangle$ sur E $\times$ E* est telle que l'application linéaire associée à droite est injective, mais non l'application linéaire associée à gauche.

3) Donner un exemple de forme bilinéaire $\Phi$ définie sur un produit E $\times$ F de deux espaces vectoriels, telle que $d_\Phi$ soit bijective, $s_\Phi$ injective mais non bijective (prendre E de dimension infinie et F égal au dual E* de E ; cf. chap. II, § 5, exerc. 3).

4) Soient A un anneau muni d'un antiautomorphisme J, E un A-module à gauche, G un (A, A)-bimodule et $\Phi$ une application de E $\times$ E dans G, sesquilinéaire à droite pour J. Démontrer l'identité (où $Q(x) = \Phi(x, x)$) :

$$2\Phi(x, y)(\mu^J\lambda^J - \lambda^J\mu^J) = Q(x - \mu\lambda y) - Q(x + \mu\lambda y) + \mu Q(x + \lambda y)$$
$$- \mu Q(x - \lambda y) + Q(x + \mu y)\lambda^J - Q(x - \mu y)\lambda^J + \mu Q(x - y)\lambda^J - \mu Q(x + y)\lambda^J.$$

5) Soient K un corps commutatif de caractéristique 2, A une extension quadratique séparable de K ; on a A = K($\theta$), où $\theta$ est racine d'un polynôme irréductible $X^2 + X + \beta$ de K[X] et le K-automorphisme J de A, distinct de l'identité, est tel que $\theta^J = \theta + 1$ (chap. V, § 11, exerc. 8). Montrer que si E et G sont des espaces vectoriels sur A, $\Phi$ une application sesquilinéaire (pour J) de E $\times$ E dans G, on a, en posant $Q(x) = \Phi(x, x)$,

$$\Phi(x, y) = Q(\theta x + y) - \beta Q(x) - Q(y) - (\theta + 1)(Q(x + y) - Q(x) - Q(y)).$$

6) Soient A un corps, E un espace vectoriel sur A, $\Phi$ une forme sesquilinéaire sur E, $u$ un endomorphisme de E.

*a*) Pour qu'il existe un endomorphisme $u^*$ et un seul de E tel que $\Phi(u(x), y) = \Phi(x, u^*(y))$ pour $x$, $y$ dans E, il faut et il suffit que $d_\Phi$ soit injective et que ${}^t u(d_\Phi(E)) \subset d_\Phi(E)$.

*b*) Donner un exemple où E est de dimension infinie et $d_\Phi$ injective, mais où ${}^t u(d_\Phi(E))$ n'est pas contenu dans $d_\Phi(E)$.

7) Soient E, $E_1$ deux A-modules, $\Phi$ (resp. $\Phi_1$) une forme sesquilinéaire sur E (resp. $E_1$). On suppose que $\Phi_1$ est non dégénérée et qu'il existe un élément $\alpha \in A$ et une bijection $u$ de E sur $E_1$ telle que $\Phi_1(u(x), u(y)) = \Phi(x, y)\alpha$ quels que soient $x$, $y$ dans E. Montrer que : 1° $\Phi$ est non dégénérée ; 2° $u$ est *linéaire* ; 3° si $E_1$ est un A-module fidèle, il en est de même de E, et $\alpha$ n'est pas diviseur de 0 à droite dans A ; 4° si $\Phi_1$ prend des valeurs dans A qui ne sont pas diviseurs à gauche de 0, il en est de même de $\Phi$.

¶ 8) Soient A un corps, $E_1$, $E_2$ deux espaces vectoriels non réduits à 0 sur A, $\Phi_1$ (resp. $\Phi_2$) une forme sesquilinéaire non dégénérée sur $E_1$ (resp. $E_2$) pour un antiautomorphisme $J_1$ (resp. $J_2$) de A. Soit $u$ une application linéaire de $E_1$ *sur* $E_2$ telle que la relation $\Phi_1(x, y) = 0$ entraîne $\Phi_2(u(x), u(y)) = 0$.

*a*) Montrer que $u$ est une bijection de $E_1$ sur $E_2$. (Si $\overset{-1}{u}(0)$ n'était pas réduit à 0, montrer qu'il existerait dans $E_1$ deux vecteurs $a$, $b$ tels que $u(a) \neq 0$, $u(b) = 0$ et $\Phi_1(a, b) \neq 0$ ; si H est l'hyperplan des $x \in E_1$ tels que $\Phi_1(a, x) = 0$, remarquer que l'on aurait $u(H) = E_2$).

*b*) Montrer que si $\dim E_1 \geqslant 2$, il existe $\alpha \in A$ tel que l'on ait $\Phi_2(u(x), u(y)) = \Phi_1(x,y)\alpha$ quels que soient $x, y$ dans $E_1$. (Pour tout $y \in E_1$, montrer qu'il existe un élément $m(y) \in A$ tel que $\Phi_2(u(x), u(y)) = \Phi_1(x, y)m(y)$ pour tout $x \in E_1$, et que si $y$ et $y'$ sont linéairement indépendants dans $E_1$, on a $m(y + y') = m(y) = m(y')$).

9) Soient A un corps, E, F deux espaces vectoriels à gauche sur A, $\Phi$ une forme sesquilinéaire non dégénérée sur $E \times F$ pour un antiautomorphisme J de A.

*a*) Soient M un sous-espace de E, N un sous-espace de F tels que $N \supset M^0$ et $M \supset N^0$. Montrer que si l'un des espaces $N/M^0$, $M/N^0$ est de dimension finie, il en est de même de l'autre, et les dimensions de ces deux espaces sont égales.

*b*) Soient M, M′ deux sous-espaces de E tels que $M^{00} = M$ et que M′ soit de dimension finie ; montrer que l'on a $(M \cap M')^0 = M^0 + M'^0$ et $(M + M')^{00} = M + M'$. (En appliquant *a*) aux sous-espaces M′ et $M^0 + M'^0$, montrer que $\dim (M \cap M') = \operatorname{codim} (M^0 + M'^0)$ ; en appliquant *a*) aux sous-espaces $M + M'$ et $M^0$, montrer que

$$\dim ((M + M')^{00}/M) = \dim ((M + M')/M)).$$

*c*) Si $E = F$ et si M est un sous-espace de E tel que $E = M^0 + M^{00}$, montrer que E est somme directe de $M^0$ et $M^{00}$.

*d*) Soit E un espace vectoriel sur un corps commutatif A admettant une base infinie dénombrable $(e_n)_{n \geqslant 0}$, et soit $\Phi$ la forme bilinéaire symétrique sur E telle que $\Phi(e_n, e_n) = 1$ pour tout $n$, $\Phi(e_i, e_j) = 0$ pour $i \geqslant 1$, $j \geqslant 1$ et $i \neq j$, et $\Phi(e_0, e_n) = 1$ pour tout $n \geqslant 1$. Montrer que $\Phi$ est non dégénérée. Soit M (resp. N) le sous-espace de E engendré par les $e_{2k}$ (resp. $e_{2k-1}$) pour $k \geqslant 1$, et soit $H = M + N$, qui est un hyperplan dans E. Montrer que l'on a $M^0 = N$, $N^0 = M$, $H^{00} = E \neq H$, $(M \cap N)^0 \neq M^0 + N^0$ et $(M + N)^{00} \neq M + N$, bien que $M^{00} = M$, $N^{00} = N$ ; si L est le sous-espace de dimension 2 engendré par $e_0$ et $e_1$, on a $(L \cap H)^0 \neq L^0 + H^0$.

¶ 10) Soient E, E′ deux espaces vectoriels à gauche sur des corps A, A′ respectivement, de dimension $\geqslant 3$ ; soit $\mathfrak{F}(E)$ (resp. $\mathfrak{F}(E')$) l'ensemble réticulé (pour la relation d'inclusion) formé des sous-espaces de dimension finie de E (resp. E′).

*a*) Soit $p$ une application de $\mathfrak{F}(E)$ dans $\mathfrak{F}(E')$ telle que pour tout $M \in \mathfrak{F}(E)$, $\dim p(M) = \dim M$, et que pour tout couple (M, N) d'éléments de $\mathfrak{F}(E)$, $p(M + N) = p(M) + p(N)$. Montrer que $p$ est injective ; si $p$ est bijective, il existe une application semi-linéaire bijective $u$ de E dans E′ telle que l'on ait $u(M) = p(M)$ pour tout $M \in \mathfrak{F}(E)$ (utiliser l'exerc. 10 du chap. II, 2e éd., App. III).

*b*) Donner un exemple où $A' = A$ est commutatif, $E' = E$ est de dimension finie, et où il existe une application $p$ de $\mathfrak{F}(E)$ dans lui-même, telle que $\dim p(M) = \dim M$, $p(M + N) = p(M) + p(N)$, $p(M \cap N) = p(M) \cap p(N)$, mais il n'existe aucune application semi-linéaire injective $u$ de E dans lui-même telle que $u(M) = p(M)$ pour $M \in \mathfrak{F}(E)$. (Considérer le cas où il existe un surcorps A″ de A de degré fini et isomorphe à A, par exemple $A = \mathbf{F}_p(X)$, où $p$ est premier ; $E'' = A'' \otimes_A E$ est alors un espace vectoriel de même dimension sur A″ que E sur A ; considérer l'application $M \to A'' \otimes_A M$).

*c*) On suppose $A' = A$. Soit $\omega$ une application bijective de $\mathfrak{F}(E)$ sur l'ensemble $\mathfrak{F}'(E')$ des sous-espaces de codimension finie de E′, telle que $\operatorname{codim} \omega(M) = \dim M$, et $\omega(M + N) = \omega(M) \cap \omega(N)$. Montrer qu'il existe une forme sesquilinéaire $\Phi$ sur $E \times E'$, non dégénérée à droite, et telle que $\omega(M) = M^0$ pour tout $M \in \mathfrak{F}(E)$. (Utiliser le th. 1 du chap. II, § 4, n° 6).

¶ 11) *a*) Soit A un anneau artinien à gauche et à droite (chap. VIII, § 2, n° 3). Montrer que les conditions suivantes sont équivalentes : 1° l'annulateur à droite (resp. à gauche) de tout idéal à gauche (resp. à droite) $\neq A$ n'est pas réduit à 0 ; 2° le dual de tout A-module à gauche (resp. à droite) simple n'est pas réduit à 0 ; 3° le dual de tout A-module à gauche (resp. à droite) de type fini n'est pas réduit à 0. On dit qu'un anneau A satisfait à la condition $(N_s)$ (resp. $(N_d)$) s'il vérifie ces conditions pour les A-modules à gauche (resp. à droite).

*b*) Soient A un anneau artinien à gauche et à droite satisfaisant à la condition $(N_d)$, E (resp. F) un A-module *libre* à gauche (resp. à droite), ayant une base dénombrable sur A, $\Phi$ une forme bilinéaire sur $E \times F$ telle que $s_\Phi$ soit injective. Soit M un sous-module libre de E ; montrer qu'il existe un sous-module libre N de F et une base $(e_n)$ (resp. $(f_n)$) de M (resp. N) telles que $\Phi(e_i, f_j) = \delta_{ij}$ ; on peut en outre prendre pour $e_1$ un élément libre quelconque de M. (Remarquer que si $x$ est un élément libre de M, l'image de F par l'application $y \to \Phi(x, y)$ est l'anneau A tout entier ; procéder ensuite par récurrence pour construire les bases $(e_n)$ et $(f_n)$). En déduire que si la base $(e_n)$ de M est finie, E est somme directe de M et de $N^0$, et que l'on a $M^{00} = M$.

*c*) On garde les hypothèses de *b*), et on suppose en outre que A satisfait à la condition $(N_s)$ et que $d_\Phi$ est injective. Montrer alors qu'il existe une base $(e_n)$ dans E et une base $(f_n)$ dans F telles que $\Phi(e_i, f_j) = \delta_{ij}$. (Utiliser *b*) en déterminant par récurrence alternativement $e_n$ et $f_n$).

*12) Soient E un espace hilbertien réel de type dénombrable, $\Phi(x, y)$ le produit scalaire dans E. Montrer qu'il n'existe pas de système de deux bases algébriques $(e_\lambda)$, $(f_\mu)$ de l'espace vectoriel E sur **R** telles que l'on ait $\Phi(e_\lambda, f_\mu) = \delta_{\lambda\mu}$ pour tout couple d'indices. (Remarquer d'abord que l'ensemble d'indices de ces bases aurait la puissance du continu (*Esp. vect. top.*, chap. II, § 3, exerc. 15) ; considérer ensuite une base orthonormale (dénombrable) $(a_n)$ de E et remarquer que le sous-espace engendré par les $a_n$ est contenu dans le sous-espace engendré par une sous-famille dénombrable de $(e_\lambda)$).*

## § 2. Discriminant d'une forme sesquilinéaire

*Dans tout ce paragraphe*, A *désigne un anneau* commutatif, J *un automorphisme de* A *et* E *un* A-*module* libre *de dimension* finie *n*.

DÉFINITION 1. — *Etant donnée une forme* $\Phi$ *sesquilinéaire pour* J *sur* E *et un système* $S = (x_1, \ldots, x_n)$ *de* $n$ *éléments de* E, *on appelle discriminant de* $\Phi$ *par rapport à ce système, et on note* $D_\Phi(x_1, \ldots, x_n)$ *ou* $D_\Phi(S)$, *l'élément* $\det(\Phi(x_i, x_j))$ *de* A.

Si $(e_1, \ldots, e_n)$ est une *base* de E, le discriminant de $\Phi$ par rapport à cette base n'est autre que le déterminant de la matrice de $\Phi$ par rapport à cette base.

Il résulte de la définition de l'extension de $\Phi$ à $\bigwedge^n E$ (§ 1, nº 9) que l'on a

$$(1) \qquad D_\Phi(x_1, \ldots, x_n) = \Phi_{(n)}(x_1 \wedge \ldots \wedge x_n, x_1 \wedge \ldots \wedge x_n),$$

où $\Phi_{(n)}$ désigne l'extension de $\Phi$ à $\bigwedge^n E$. Pour toute permutation $\sigma \in \mathfrak{S}_n$, on a donc

$$D_\Phi(x_{\sigma(1)}, \ldots, x_{\sigma(n)}) = D_\Phi(x_1, x_2, \ldots, x_n).$$

*Exemple.* — Soit B une *algèbre* sur l'anneau A, telle que B soit un A-module libre de dimension finie $n$. Alors l'application $(x, y) \rightarrow \mathrm{Tr}_{B/A}(xy)$ (chap. VIII, § 12, nº 2) est une forme bilinéaire sur B. Etant donné un système $(x_1, \ldots, x_n)$ de $n$ éléments de B, le discriminant de cette forme par rapport à ce système s'appelle le *discriminant du système* $(x_1, \ldots, x_n)$ *sur* A, et se note $D_{B/A}(x_1, \ldots, x_n)$. On a ainsi

$$(2) \qquad D_{B/A}(x_1, \ldots, x_n) = \det(\mathrm{Tr}_{B/A}(x_i x_j)).$$

*Remarque.* — Soient $(e_1, \ldots, e_n)$ une base de B sur A, et $e_i e_j = \sum_{k=1}^{n} c_{ijk} e_k$ $(c_{ijk} \in A)$ la table de multiplication de cette base (chap. II, § 7, nº 2). Comme la matrice de l'endomorphisme A-linéaire $x \rightarrow e_k x$ de B par rapport à $(e_r)$ est $(c_{ksr})$, on a $\mathrm{Tr}_{B/A}(e_k) = \sum_{r=1}^{n} c_{krr}$, d'où $\mathrm{Tr}_{B/A}(e_i e_j) = \sum_{k,r} c_{ijk} c_{krr}$. Il en résulte que l'on a

$$(3) \qquad D_{B/A}(e_1, \ldots, e_n) = \det_{i,j}\Big(\sum_{k,r} c_{ijk} c_{krr}\Big).$$

PROPOSITION 1. — *Soient* $\Phi$ *une forme sesquilinéaire pour* J *sur* E, $(x_1, \ldots, x_n)$ *un système de* $n$ *éléments de* E, *et* $(a_{ij})_{(i,j=1,\ldots,n)}$ *une famille de* $n^2$ *éléments de* A ; *posons* $y_j = \sum_{i=1}^{n} a_{ji} x_i$. *On a alors*

$$D_\Phi(y_1, \ldots, y_n) = \det(a_{ij}) . \det(a_{ij})^J . D_\Phi(x_1, \ldots, x_n).$$

En effet, comme $\Phi$ est une forme sesquilinéaire, on a $\Phi(y_i, y_j) = \sum_{k,m} a_{ik}\Phi(x_k, x_m)a_{jm}^{\mathrm{J}}$. Donc, si l'on note $A$ la matrice $(a_{ij})$, la matrice $(\Phi(y_i, y_j))$ est égale à $A.(\Phi(x_i, x_j)).{}^tA^{\mathrm{J}}$. Comme $\det({}^tA) = \det(A)$, et que $\det(A^{\mathrm{J}}) = \det(A)^{\mathrm{J}}$, notre assertion est démontrée.

En particulier, si $(e_i)$ et $(e'_i)$ sont deux bases de E, D et D′ les discriminants de $\Phi$ par rapport à ces bases, et $a$ le déterminant de la matrice de passage de la base $(e_i)$ à la base $(e'_i)$, on a

$$\text{(4)} \qquad \mathrm{D}' = aa^{\mathrm{J}}\mathrm{D}.$$

Il résulte de la prop. 1 que, si $(e_i)$ est une base de E et $(x_i)$ un système quelconque de $n$ éléments de E, $\mathrm{D}_\Phi(e_1, \ldots, e_n)$ *divise* $\mathrm{D}_\Phi(x_1, \ldots, x_n)$. En particulier les discriminants de $\Phi$ par rapport à deux bases quelconques de E engendrent le même idéal principal de A.

Soient $(\mathrm{E}_i)_{i\in\mathrm{I}}$ une famille finie de A-modules libres de dimensions finies, $\Phi_i$ une forme sesquilinéaire pour J sur $\mathrm{E}_i$, et $\mathrm{B}_i$ une base de $\mathrm{E}_i$. Si $\Phi$ désigne la *somme directe* des $\Phi_i$ (§ 1, nº 3) et B la base de $\prod_{i\in\mathrm{I}} \mathrm{E}_i$ obtenue par réunion des $\mathrm{B}_i$, on a évidemment

$$\text{(5)} \qquad \mathrm{D}_\Phi(\mathrm{B}) = \prod_{i\in\mathrm{I}} \mathrm{D}_{\Phi_i}(\mathrm{B}_i).$$

Soient $\Phi$ une forme sesquilinéaire pour J sur E, $h$ un homomorphisme de A dans un anneau commutatif A′, $\Phi'$ la forme sesquilinéaire sur $\mathrm{A}' \otimes_{\mathrm{A}} \mathrm{E}$ obtenue par extension de $\Phi$ (§ 1, nº 4) et $(x_1, \ldots, x_n)$ un système quelconque d'éléments de E. Comme $\mathrm{A}' \otimes_{\mathrm{A}} \mathrm{E}$ est un A′-module libre, $\mathrm{D}_{\Phi'}(1 \otimes x_1, \ldots, 1 \otimes x_n)$ est défini, et on a évidemment

$$\text{(6)} \qquad \mathrm{D}_{\Phi'}(1 \otimes x_1, \ldots, 1 \otimes x_n) = h(\mathrm{D}_\Phi(x_1, \ldots, x_n)).$$

*Exemple.* — Soient B une algèbre sur A qui soit un A-module libre de dimension finie $n$, $(x_1, \ldots, x_n)$ une base de B sur A, et $\mathfrak{m}$ un idéal de A. Si l'on note $h$ l'homomorphisme canonique de B sur $\mathrm{B}/\mathfrak{m}\mathrm{B}$, $(h(x_1), \ldots, h(x_n))$ est une base de $\mathrm{B}/\mathfrak{m}\mathrm{B}$ sur $\mathrm{A}/\mathfrak{m}$ (chap. I, § 6, nº 5, prop. 5), et $\mathrm{B}/\mathfrak{m}\mathrm{B}$ est isomorphe à $(\mathrm{A}/\mathfrak{m}) \otimes_{\mathrm{A}} \mathrm{B}$. On a donc

$$\mathrm{D}_{(\mathrm{B}/\mathfrak{m}\mathrm{B})/(\mathrm{A}/\mathfrak{m})}(h(x_1), \ldots, h(x_n) = h(\mathrm{D}_{\mathrm{B}/\mathrm{A}}(x_1, \ldots, x_n)).$$

Proposition 2. — *On suppose que* A *est intègre. Soient* $\Phi$ *une forme sesquilinéaire pour* J *sur* E *et* $(e_1, \ldots, e_n)$ *une base de* E, *telles que* $D_\Phi(e_1, e_2, \ldots, e_n) \neq 0$.

a) *Pour qu'un système* $(x_1, \ldots, x_n)$ *de* $n$ *éléments de* E *soit libre, il faut et il suffit que* $D_\Phi(x_1, \ldots, x_n)$ *soit* $\neq 0$.

b) *Pour qu'un système* $(x_1, \ldots, x_n)$ *de* $n$ *éléments de* E *soit une base de* E, *il faut et il suffit que* $D_\Phi(x_1, \ldots, x_n)$ *et* $D_\Phi(e_1, \ldots, e_n)$ *soient des éléments associés dans* A (cf. chap. VI, § 1, nº 5).

Posons $x_j = \sum_{i=1}^{n} a_{ji} e_i$ $(a_{ji} \in A)$. Démontrons d'abord *a*). Si $D_\Phi(x_1, \ldots, x_n) = 0$, on a $\det(a_{ji}) . \det(a_{ji})^J = 0$ (prop. 1) puisque $D_\Phi(e_1, \ldots, e_n) \neq 0$ et que A est intègre ; on a donc $\det(a_{ji}) = 0$, et les vecteurs $x_j$ sont linéairement dépendants (chap. III, § 7, nº 1, th. 1, appliqué à l'espace vectoriel $K \otimes_A E$, où K désigne le corps des fractions de A). Réciproquement, si ces vecteurs sont linéairement dépendants on a $\det(a_{ji}) = 0$ (*ibid.*), d'où $D_\Phi(x_1, \ldots, x_n) = 0$ (prop. 1).

Démontrons maintenant *b*). Si $D_\Phi(x_1, \ldots, x_n)$ et $D_\Phi(e_1, \ldots, e_n)$ sont associés dans A, la prop. 1 montre que $\det(a_{ij}) . \det(a_{ij})^J$ est inversible dans A. Ainsi $\det(a_{ij})$ est lui aussi inversible dans A ; donc la matrice $(a_{ij})$ sur A est inversible (chap. III, § 6, nº 5, th. 2), et l'endomorphisme $g$ de E défini par $g(e_i) = x_i$ $(i = 1, \ldots, n)$ est un automorphisme ; par conséquent $(x_1, \ldots, x_n)$ est une base de E. La réciproque résulte aussitôt de la prop. 1.

Proposition 3. — *Soient* $\Phi$ *une forme sesquilinéaire pour* J *sur* E, *et* S *une base de* E. *Les conditions suivantes sont équivalentes* :

a) *L'application* $s_\Phi$ *de* E *dans* E* *associée à* $\Phi$ *est bijective.*

b) *L'application* $d_\Phi$ *de* E *dans* E* *associée à* $\Phi$ *est bijective.*

c) *L'élément* $D_\Phi(S)$ *est inversible dans* A.

En effet la condition *c*) exprime que la matrice de $\Phi$ par rapport à S est inversible (chap. III, § 6, nº 5, th. 2). Donc *c*) est équivalente à *a*) (§ 1, nº 10) ; de même *c*) est équivalente à *b*).

Proposition 4. — *On suppose* A *intègre. Soit* S *une base de* E. *Une condition nécessaire et suffisante pour qu'une forme sesquilinéaire* $\Phi$ *sur* E *soit non dégénérée est que l'on ait* $D_\Phi(S) \neq 0$.

Soit en effet K le corps des fractions de A, et soit $\Phi'$ l'extension de $\Phi$ au K-espace vectoriel $K \otimes_A E$ ; identifions E à une partie de cet espace vectoriel. La relation $D_\Phi(S) \neq 0$ est alors équivalente à $D_{\Phi'}(S) \neq 0$ (formule (6)), qui elle-même exprime que $s_{\Phi'}$ est bijective (prop. 3), c'est-à-dire que $\Phi'$ est non dégénérée (§ 1, nº 6, prop. 6). Or, pour tout $x \in K \otimes_A E$, il existe $a \in A$ tel que $ax \in E$ ; par suite, pour que $\Phi$ soit dégénérée, il faut et il suffit que $\Phi'$ le soit. Ceci démontre notre assertion.

Proposition 5. — *Soient* A *un corps*, B *une algèbre* commutative *de dimension finie n sur* A, *et* S *une base de* B. *Pour que* B *soit séparable* (chap. VIII, § 7, nº 5, déf. 1) *il faut et il suffit que l'on ait* $D_{B/A}(S) \neq 0$.

Soient en effet A' la clôture algébrique de A, et B' l'algèbre $A' \otimes_A B$ sur A'. Si B est séparable, B' est semi-simple (chap. VIII, § 7, nº 5, cor. de la prop. 7) et est donc composée directe de $n$ corps isomorphes à A' (chap. VIII, § 6, nº 4, cor. de la prop. 9). Si S' désigne la base canonique de B' (identifiée à $A'^n$), on a $D_{B'/A'}(S') = 1$, d'où $D_{B'/A'}(S) \neq 0$ (prop. 1) et $D_{B/A}(S) \neq 0$ (formule (6)).

Réciproquement supposons que l'on ait $D_{B/A}(S) \neq 0$. Pour montrer que B est séparable, il suffit de montrer que B' est semi-simple, c'est-à-dire qu'elle n'admet pas d'élément nilpotent $\neq 0$. Or, si $x'$ était un élément nilpotent non nul de B', on pourrait le prendre comme premier élément d'une base S' de B', et on aurait alors $Tr_{B'/A'}(x'y') = 0$ pour tout $y' \in S'$ puisqu'un endomorphisme nilpotent a ses valeurs propres nulles (chap. VII, § 5, nº 3, cor. 3 de la prop. 8), donc une trace nulle. Il en résulterait que $D_{B'/A'}(S') = 0$, d'où $D_{B'/A'}(S) = 0$ (prop. 1) et $D_{B/A}(S) = 0$ (formule (6)), contrairement à l'hypothèse.

*Remarque.* — Supposons que B soit un *surcorps* de A. Soient $S = (x_1, \ldots, x_n)$ une base de B, et $(s_1, \ldots, s_n)$ les A-isomorphismes de B dans la clôture algébrique A' de A (chaque $s_j$ étant répété $[B : A]_i$ fois). Rappelons que, pour tout $z \in B$, on a $Tr_{B/A}(z) = \sum_{j=1}^{n} s_j(z)$ (chap. VIII, § 12, nº 2, prop. 4).

Il résulte alors de la formule de multiplication des déterminants que l'on a

$$(\det(s_j(x_i)))^2 = D_{B/A}(x_1, \ldots, x_n). \tag{7}$$

Cette formule montre que la proposition 5 généralise la condition de séparabilité donnée au chap. V, § 7, n° 2, *Remarque.*

PROPOSITION 6. — *Soient* $\Phi$ *une forme* A-*bilinéaire sur* E, *et* K *un sous-anneau de* A *tel que* A *soit un* K-*module libre de dimension finie* $q$. *Si* $(e_i)_{i=1,\ldots,n}$ *est une base de* E *sur* A *et* $(a_j)_{j=1,\ldots,q}$ *une base de* A *sur* K, *alors* $(a_je_i)$ *est une base de* E *sur* K. *L'application* $\Phi'$ *de* E $\times$ E *dans* K *définie par* $\Phi'(x, y) = \mathrm{Tr}_{A/K}(\Phi(x, y))$ *est une forme* K-*bilinéaire sur* E, *et on a*

$$D_{\Phi'}(a_je_i) = N_{A/K}(D_\Phi(e_1, \ldots, e_n)).(D_{A/K}(a_1, \ldots, a_q))^n. \tag{8}$$

Les deux premières assertions étant évidentes, il suffit de démontrer (7). Par définition le premier membre est le déterminant de l'endomorphisme K-linéaire $u$ de E défini par

$$u(a_je_i) = \sum_{r,s} \mathrm{Tr}_{A/K}(a_ja_r\Phi(e_i, e_s))a_re_s.$$

Considérons l'endomorphisme A-linéaire $v$ de E défini par $v(e_i) = \sum_s \Phi(e_i, e_s)e_s$, et l'endomorphisme K-linéaire $w$ de E défini par $w(a_je_i) = (\sum_r \mathrm{Tr}_{A/K}(a_ja_r)a_r)e_i$. On a

$$w(v(a_je_i)) = w(\sum_s a_j\Phi(e_i, e_s)e_s) = \sum_{r,s} \mathrm{Tr}_{A/K}(a_j\Phi(e_i, e_s)a_r)a_re_s$$

puisque $w(ae_s) = \sum_r \mathrm{Tr}_{A/K}(aa_r)a_re_s$ pour tout $a \in A$ ; ainsi $u$ est l'application composée $w \circ v$. Donc, en notant $v_K$ l'application $v$ considérée comme application K-linéaire, on a $\det(u) = \det(v_K)\det(w)$. Or on a $\det(v_K) = N_{A/K}(\det(v))$ (chap. VIII, § 12, n° 2, prop. 7), et il est clair que $\det(v) = D_\Phi(e_1, \ldots, e_n)$. D'autre part, comme chacun des A-modules $Ae_i$ ($i = 1, \ldots, n$) est stable pour $w$, et que le déterminant de la restriction de $w$ à $Ae_i$ est $\det(\mathrm{Tr}_{A/K}(a_ja_r)) = D_{A/K}(a_1, \ldots, a_q)$, on a $\det(w) = (D_{A/K}(a_1, \ldots, a_q))^n$. La formule (8) se réduit donc à $\det(u) = \det(v_K)\det(w)$, formule démontrée ci-dessus.

COROLLAIRE (« Formule de transitivité des discriminants »). — *Soient* K *un anneau commutatif*, A *une algèbre commutative admettant une base finie* $(a_j)_{j=1,\dots,q}$ *sur* K, *et* E *une algèbre sur* A *admettant une base finie* $(e_i)_{i=1,\dots,n}$. *Alors* $(a_je_i)$ *est une base de* E *sur* K, *et on a*

$$D_{E/K}(a_je_i) = N_{A/K}(D_{E/A}(e_1,\dots,e_n)).(D_{A/K}(a_1,\dots,a_q))^n.$$

En effet, si l'on pose $\Phi(x, y) = \mathrm{Tr}_{E/A}(xy)$, la forme K-bilinéaire $\Phi'$ de la prop. 6 est $\Phi'(x, y) = \mathrm{Tr}_{E/K}(xy)$ d'après la formule de transitivité des traces (Chap. VIII, § 12, n° 2, cor. de la prop. 7).

*Exercices.* — 1) Soit A une algèbre de rang fini sur un corps commutatif K, ayant un élément unité.

*a*) Montrer que si le radical de A n'est pas nul, la forme bilinéaire $(x, y) \rightarrow \mathrm{Tr}_{A/K}(xy)$ sur A est dégénérée.

*b*) On suppose que K est de caractéristique 0. Montrer que si A est une algèbre de matrices $\mathbf{M}_n(K)$, S la base canonique de A sur K, on a $D_{A/K}(S) \neq 0$.

*c*) Déduire de *a*) et *b*) que, pour qu'une algèbre A de rang fini sur un corps K de caractéristique 0 soit absolument semi-simple, il faut et il suffit que la forme bilinéaire $(x, y) \rightarrow \mathrm{Tr}_{A/K}(xy)$ soit non dégénérée (ou, ce qui revient au même, que $D_{A/K}(S) \neq 0$ pour toute base S de A sur K).

¶ 2) Soient B un anneau, A un sous-anneau de B contenant l'élément unité de B ; B est donc un (A, A)-*bimodule* ; on désigne par ${}^sB$ (resp. ${}^dB$) l'ensemble B considéré comme A-module à gauche (resp. à droite), par ${}^sB^*$ (resp. ${}^dB^*$) le A-module à droite (resp. à gauche) dual de ${}^sB$ (resp. ${}^dB$). Pour tout $x' \in {}^sB^*$ et tout $b \in B$, $x \rightarrow \langle xb, x' \rangle$ est une forme A-linéaire sur ${}^sB$, donc un élément de ${}^sB^*$ qu'on désigne par $bx'$ ; l'application $(b, x') \rightarrow bx'$ définit sur ${}^sB^*$ une structure de B-module à gauche (cf. chap. III, 2e éd., App. II, n° 7).

*a*) Soit $\varphi$ un homomorphisme du (A, A)-bimodule B dans le (A, A)-bimodule A ; pour que l'application A-bilinéaire $\Phi : (x, y) \rightarrow \varphi(xy)$ de ${}^sB \times {}^dB$ dans A soit non dégénérée, il faut et il suffit que $\overset{-1}{\varphi}(0)$ ne contienne aucun idéal (à gauche ou à droite) de B distinct de $\{0\}$. On dit alors que $\varphi$ est un homomorphisme *frobeniusien* de B dans A.

*b*) Soit $\varphi$ un homomorphisme frobeniusien de B dans A ; montrer que l'application $d_\Phi$ associée à droite à $\Phi$ est un isomorphisme du B-module à gauche $B_s$ sur un sous-module du B-module à gauche ${}^sB^*$. Montrer que $d_\Phi$ est bijectif dans chacun des deux cas suivants : 1° A est un anneau artinien à gauche et à droite satisfaisant aux conditions $(N_s)$ et $(N_d)$ (§ 1, exerc. 11), et ${}^sB$ et ${}^dB$ sont des A-modules libres de longueurs finies (utiliser l'exerc. 11 *b*) du § 1) ; 2° A est un anneau artinien commutatif et involutif (chap. VIII, § 3, exerc. 11), contenu dans le centre de B, et ${}^{s}$B est un A-module de longueur finie (utiliser l'exerc. 11 du chap. VIII, § 3).

*c*) Réciproquement, montrer que si $B_s$ et ${}^{s}B^*$ sont isomorphes, il existe un homomorphisme frobeniusien de B dans A lorsqu'on est dans l'un des deux cas considérés dans *b*) et que ${}^{s}$B et ${}^{d}$B ont même longueur (utiliser l'exerc. 11 *b*) du § 1).

*d*) Avec les hypothèses et notations de *a*), montrer que l'annulateur à droite (resp. à gauche) d'un idéal à gauche $\mathfrak{l}$ (resp. d'un idéal à droite $\mathfrak{r}$) de B, est l'orthogonal $\mathfrak{l}^0$ (resp. $\mathfrak{r}^0$) pour la forme $\Phi$ du sous-module $\mathfrak{l}$ (resp. $\mathfrak{r}$) de ${}^{s}$B (resp. ${}^{d}$B).

*e*) Soit $\varphi$ un homomorphisme frobeniusien de B dans A. Montrer que si A est un anneau artinien involutif (chap. VIII, § 3, exerc. 11) il en est de même de B, lorsqu'on suppose en outre que l'une ou l'autre des conditions de *b*) est vérifiée (utiliser *b*) et *d*)).

¶ 3) Soient A un corps commutatif, B une algèbre de rang fini sur A, ayant un élément unité.

*a*) Pour que B soit une algèbre frobeniusienne, il faut et il suffit qu'il existe un homomorphisme frobeniusien de B dans A (exerc. 2). (Utiliser l'exerc. 2 *c*) et *e*) ci-dessus, et l'exerc. 6 *b*) du chap. VIII, § 13).

*b*) Soit $\varphi$ un homomorphisme frobeniusien de B dans A ; toute forme A-linéaire sur B peut alors s'écrire d'une seule manière $x \to \varphi(b'x)$ (resp. $x \to \varphi(xb'')$) où $b'$ et $b''$ appartiennent à B ; pour que cette forme soit un homomorphisme frobeniusien, il faut et il suffit que $b'$ (resp. $b''$) soit inversible dans B.

*c*) Pour tout $x \in$ B, soit $x^\sigma$ l'unique élément (cf. *b*)) tel que $\varphi(xy) = \varphi(yx^\sigma)$ pour tout $y \in$ B. Montrer que $x \to x^\sigma$ est un A-automorphisme de B. On dit que l'algèbre frobeniusienne B est *symétrique* si $\sigma$ est un automorphisme intérieur de B ; il y a alors un homomorphisme frobeniusien de B dans A pour lequel $\sigma$ est l'identité (cf. *b*)). Il revient au même de dire que les (B, B)-bimodules B et ${}^{s}B^* = {}^{d}B^*$ (qu'on écrit B*) sont isomorphes (exerc. 2 *c*)).

*d*) Soient E un B-module à gauche de longueur finie, E' son dual, E'* le dual de E' considéré comme espace vectoriel sur A ; E'* est muni d'une structure de B-module à gauche en posant, pour $x' \in E'$, $x'' \in E'^*$, $b \in B$, $\langle x', bx'' \rangle = \langle x'b, x'' \rangle$ (chap. III, 2e éd., App. II, n° 7). Pour tout $x \in E$, soit $f_E(x)$ (ou simplement $f(x)$) l'élément de E'* tel que $\langle x', f(x) \rangle = \varphi(\langle x, x' \rangle)$ pour tout $x' \in E'$ ; montrer que $f$ est une bijection semi-linéaire pour l'automorphisme $\sigma$, du B-module à gauche E sur le B-module à gauche E'* (utiliser l'exerc. 10 du chap. VIII, § 4). Pour $E = B_s$, on a (avec les notations de l'exerc. 2 *b*)) $d_\Phi(x^\sigma) = f_{B_s}(x)$ pour tout $x \in B$.

4) *a*) Soit G un groupe fini. Montrer que l'algèbre B du groupe G sur un corps commutatif quelconque A est une algèbre frobeniusienne symétrique (exerc. 3). (Considérer l'application $\varphi$ de B dans A qui, à tout élément $x = \sum_{s \in G} \xi_s . s$, associe $\varphi(x) = \xi_e$, $e$ désignant l'élément neutre de G).

*b*) Soient E un espace vectoriel de dimension finie $n$ sur un corps commutatif A, et B l'algèbre extérieure $\bigwedge E$. Montrer que B est une algèbre frobeniusienne. (Si $(e_i)_{1 \leqslant i \leqslant n}$ est une base de E, considérer l'application qui à tout élément $x$ de B associe le coefficient de $e_1 \wedge e_2 \wedge \ldots \wedge e_n$ dans l'expression de $x$ à l'aide de la base de B correspondant à $(e_i)$). Pour que l'algèbre frobeniusienne B soit symétrique, il faut et il suffit que $n$ soit pair ou A de caractéristique 2.

¶ 5) *a*) Montrer que le produit tensoriel de deux algèbres frobeniusiennes (resp. frobeniusiennes et symétriques) de rang fini sur un corps commutatif K est une algèbre frobeniusienne (resp. frobeniusienne et symétrique) (cf. § 1, n° 9, prop. 9).

*b*) Soient B une algèbre de rang fini sur K, L une extension de K de degré fini sur K. Montrer que si l'algèbre $B_{(L)} = B \otimes_K L$ sur L est frobeniusienne (resp. frobeniusienne et symétrique), il en est de même de B. (Utiliser les exerc. 2 *c*) et 3 *c*) ci-dessus et l'exerc. 2 du chap. VIII, § 2).

6) Montrer que toute algèbre absolument semi-simple B de rang fini sur un corps commutatif A est une algèbre frobeniusienne symétrique. (Se ramener au cas où B est simple ; utiliser l'exerc. 5 *b*) ci-dessus, ainsi que la prop. 9 du chap. VIII, § 12, n° 3).

## § 3. Formes hermitiennes et formes quadratiques

*Dans toute la suite de ce Chapitre, on désigne, sauf mention expresse du contraire, par* A *un anneau et par* E *un* A*-module à gauche. On suppose* A *muni d'un antiautomorphisme involutif* J, *noté* $\alpha \rightarrow \bar{\alpha}$ ; *on a donc* $\overline{(\alpha + \beta)} = \bar{\alpha} + \bar{\beta}$, $\overline{(\alpha\beta)} = \bar{\beta} . \bar{\alpha}$ *et* $\bar{\bar{\alpha}} = \alpha$ *quels que soient* $\alpha$, $\beta$ *dans* A. *Sauf mention expresse du contraire, les formes sesquilinéaires considérées sont sesquilinéaires à droite* (§ 1, n° 2, déf. 4) *pour cet antiautomorphisme.*

### 1. *Formes hermitiennes et* ε*-hermitiennes.*

DÉFINITION 1. — *Soit* ε *un élément du centre de* A. *Une forme sesquilinéaire* Φ *sur* E *telle que l'on ait* $\Phi(x, y) = \varepsilon\overline{\Phi(y, x)}$ *quel que soient* $x$ *et* $y$ *dans* E *s'appelle une forme* ε*-hermitienne. Une forme* 1*-hermitienne* (resp. (– 1)*-hermitienne*) *est dite hermitienne* (resp. *antihermitienne*).

Lorsque J est l'identité (ce qui implique que A est commutatif) une forme hermitienne (resp. antihermitienne) (pour J) n'est autre qu'une forme bilinéaire *symétrique* (resp. *antisymétrique*) (chap. III, § 5, n° 1, déf. 2). Rappelons qu'une forme bilinéaire alternée (chap. III, § 5, n° 2, déf. 4) est antisymétrique ; la réciproque est vraie si, dans A, la relation $2a = 0$ entraîne $a = 0$.

La relation d'*orthogonalité* (§ 1, n° 3) par rapport à une forme $\varepsilon$-hermitienne est évidemment *symétrique* (cf. exerc. 1).

Si $\alpha$ est un élément inversible de A, l'application $T : \lambda \rightarrow \alpha^{-1}\bar{\lambda}\alpha$ est un antiautomorphisme de A, et l'on vérifie aisément que la forme $\Phi\alpha$ est sesquilinéaire par rapport à T. Si, de plus, on a $\alpha = \bar{\alpha}$, alors T est involutif, et, si $\Phi$ est $\varepsilon$-hermitienne, $\Phi\alpha$ l'est aussi ; en effet on a

$$(\lambda^{T})^{T} = \alpha^{-1}\overline{(\alpha^{-1}\bar{\lambda}\alpha)}\alpha = \alpha^{-1}\bar{\alpha}\lambda\bar{\alpha}^{-1}\alpha = \lambda$$
$$\Phi(y, x)\alpha = \varepsilon\overline{\Phi(x, y)}\alpha = \varepsilon(\Phi(x, y)\alpha)^{T}.$$

En particulier, lorsque A est un corps, les éléments $\alpha$ du centre de A tels que $\bar{\alpha} = \alpha$ forment un sous-corps K de A, et les formes $\varepsilon$-hermitiennes sur E (pour J) forment un espace vectoriel sur K.

*Remarques.* — 1) Si $\Phi$ est une forme $\varepsilon$-hermitienne sur E, on a $\Phi(x, y) = \varepsilon\Phi(x, y)\bar{\varepsilon}$ quels que soient $x$, $y$ dans E. Donc, si $\Phi$ prend des valeurs inversibles, on a $\varepsilon\bar{\varepsilon} = 1$.

2) S'il existe un élément inversible $i$ du centre de A tel que $\bar{i} = i\varepsilon$, alors, pour que $\Phi$ soit $\varepsilon$-hermitienne, il faut et il suffit que $i\Phi$ soit hermitienne.

L'application $(y, x) \rightarrow \overline{\Phi(x, y)}$ étant sesquilinéaire pour J, pour que $\Phi$ soit $\varepsilon$-hermitienne, il faut et il suffit que l'on ait $\Phi(y, x) = \varepsilon\overline{\Phi(x, y)}$ lorsque $x$ et $y$ parcourent un système de générateurs de E. En particulier, si E admet une base finie $(e_i)_{1 \leqslant i \leqslant n}$, pour qu'une forme sesquilinéaire $\Phi$ sur E soit $\varepsilon$-hermitienne, il faut et il suffit que sa matrice $R = (\rho_{ij}) = (\Phi(e_i, e_j))$ vérifie les relations $\rho_{ji} = \varepsilon\overline{\rho_{ij}}$ quels que soient $i$, $j$, c'est-à-dire ${}^tR = \varepsilon\bar{R}$ ; une matrice $R$ possédant cette propriété est dite $\varepsilon$-*hermitienne*. Lorsque $\varepsilon = 1$ (resp. $-1$) on dit que $R$ est *hermitienne* (resp. *antihermitienne*) relativement à l'antiautomorphisme J. Lorsque J est l'identité (donc A commutatif), une matrice hermitienne (resp. antihermitienne) $R$ est telle que ${}^tR = R$ (resp. ${}^tR = -R$) ; on dit alors que $R$ est une matrice *symétrique* (resp. *antisymétrique*). Pour que $\Phi$ soit une forme alternée, il faut et il suffit que sa matrice soit antisymétrique et, en outre, que les termes diagonaux de $R$ soient tous nuls ; une matrice possédant ces propriétés est dite *alternée.*

Soit $\Phi$ une forme sesquilinéaire sur E, et soient $s_\Phi$ et $d_\Phi$ les applications de E dans E* associées à $\Phi$ à gauche et à droite (§ 1, n° 6). Pour que $\Phi$ soit $\varepsilon$-hermitienne, il faut et il suffit que $\langle x, s_\Phi(y)\rangle = \bar{\varepsilon}\langle x, d_\Phi(y)\rangle$ quels que soient les éléments $x$, $y$ de E, donc que $s_\Phi = \bar{\varepsilon} d_\Phi$, ou encore que $\langle x, d_\Phi(y)\rangle = \varepsilon\langle x, s_\Phi(y)\rangle$, donc que $d_\Phi = \varepsilon s_\Phi$.

Soit $\Phi$ une forme $\varepsilon$-hermitienne telle que l'application $d_\Phi$ de E dans E* associée à droite à $\Phi$ soit bijective. Pour tout endomorphisme $u$ de E on a alors

(1) $$u^{**} = \varepsilon\bar{\varepsilon}u.$$

En effet, quels que soient les éléments $x$ et $y$ de E, on a

$$\begin{aligned}\Phi(x, u^{**}(y)) &= \Phi(u^*(x), y) = \varepsilon\overline{\Phi(y, u^*(x))} = \varepsilon\overline{\Phi(u(y), x)}\\ &= \varepsilon\Phi(x, u(y))\bar{\varepsilon} = \Phi(x, \varepsilon\bar{\varepsilon}u(y))\end{aligned}$$

donc $u^{**}(x) = \varepsilon\bar{\varepsilon}u(x)$ puisque $\Phi$ est non dégénérée.

Si $\Phi$ est une forme $\varepsilon$-hermitienne telle que les applications $s_\Phi$ et $d_\Phi$ soient bijectives, alors la *forme inverse* $\hat{\Phi}$ de $\Phi$ (§ 1, n° 7) *est une forme* $\bar{\varepsilon}$-hermitienne. En effet, en posant $s = s_\Phi$, $d = d_\Phi$ pour abréger, on déduit de $d = \varepsilon s$ que $s^{-1} = \bar{\varepsilon}d^{-1}$, $s$ étant semi-linéaire. Par suite, quels que soient $u$, $v$ dans E, on a

$$\hat{\Phi}(u, v) = \Phi(s^{-1}(u), d^{-1}(v)) = \bar{\varepsilon}\Phi(d^{-1}(u), d^{-1}(v)),$$

d'où $$\hat{\Phi}(v, u) = \bar{\varepsilon}\varepsilon\overline{\Phi(d^{-1}(u), d^{-1}(v))} = \bar{\varepsilon}\overline{\hat{\Phi}(u, v)},$$

puisque, $\varepsilon$ est dans le centre de A.

Enfin, lorsque l'anneau A est commutatif, les prolongements canoniques d'une forme $\varepsilon$-hermitienne $\Phi$ aux puissances tensorielle et extérieure $\overset{p}{\bigotimes}$E et $\overset{p}{\bigwedge}$E de E sont des formes $\varepsilon^p$-hermitiennes, comme il résulte aussitôt des formules (35) et (37) du § 1, n° 9.

## 2. *Modules sur une extension quadratique.*

Soit K un anneau commutatif. On prend pour A l'extension quadratique $A = K(i)$ avec $i^2 = -1$, et pour J l'automorphisme

$\lambda + i\mu \to \lambda - i\mu$ ($\lambda \in K$, $\mu \in K$) (chap. II, § 7, nº 7). Si E est un A-module, nous noterons $E_0$ le K-module déduit de E par restriction de l'anneau des scalaires, et par $j$ l'automorphisme $x \to ix$ de $E_0$ ; on a évidemment $j^2 = -I$, où I est l'application identique de $E_0$. Inversement soit $E_0$ un K-module et soit $j$ un automorphisme de $E_0$ tel que $j^2 = -I$ ; l'application $\lambda + i\mu \to \lambda I + \mu j$ est évidemment un homomorphisme de A dans l'anneau $\mathcal{L}(E_0)$ des endomorphismes de $E_0$ ; on a donc défini sur $E_0$ une structure de A-module, pour laquelle on a

$$(\lambda + i\mu)x = \lambda x + \mu j(x) \qquad (x \in E_0,\ \lambda \in K,\ \mu \in K). \tag{2}$$

Si E' est un autre A-module, $E'_0$ le K-module sous-jacent à E', $j'$ l'automorphisme $x' \to ix'$ de $E'_0$, alors les applications A-linéaires $f$ de E dans E' ne sont autres que les applications K-linéaires de $E_0$ dans $E'_0$ telles que $f \circ j = j' \circ f$. En particulier, si l'on note $E^*$ et $(E_0)^*$ les duals respectifs de E et $E_0$, et si $f_1$ et $f_2$ sont deux applications de E dans K, pour que l'application $x \to f_1(x) + if_2(x)$ de E dans A soit A-linéaire, il faut et il suffit que $f_1$ et $f_2$ soient dans $(E_0)^*$ et que l'on ait $f_1 \circ j + i(f_2 \circ j) = if_1 - f_2$, c'est-à-dire $f_1 = f_2 \circ j$ et $f_1 \circ j = -f_2$. Comme $j$ est un automorphisme de $E_0$ et que $j^2 = -I$, ces deux conditions sont équivalentes. En éliminant $f_1$ ou $f_2$, on voit que les formules

$$f(x) = f_1(x) - if_1(j(x)) \tag{3}$$

$$f(x) = f_2(j(x)) + if_2(x) \tag{4}$$

($x \in E$, $f \in E^*$, $f_1 \in (E_0)^*$, $f_2 \in (E_0)^*$) établissent deux correspondances biunivoques entre $E^*$ et $(E_0)^*$.

### 3. *Formes bilinéaires associées à une forme hermitienne.*

Nous supposons encore ici que l'anneau A est l'*extension quadratique* $A = K(i)$ (où $i^2 = -1$) d'un anneau commutatif K, et que J est l'automorphisme $\lambda + i\mu \to \lambda - i\mu$ de A ($\lambda \in K$, $\mu \in K$). Soient E et E' deux A-modules, $E_0$ et $E'_0$ les K-modules sous-jacents à E et E', $j$ et $j'$ les automorphismes $x \to ix$ et $x' \to ix'$ de E et E' (cf. nº 2). Une forme K-bilinéaire $f$ sur $E_0 \times E'_0$ sera dite *invariante par j et j'* si l'on a

$$f(j(x), j'(x')) = f(x, x') \tag{5}$$

pour $x \in E_0$ et $x' \in E'_0$. Remplaçant $x$ par $j(x)$, on voit que cette condition équivaut à

$$f(x, j'(x')) = -f(j(x), x') \tag{6}$$

quels que soient $x \in E_0$ et $x' \in E'_0$.

Proposition 1. — *Soit* $\Phi_1$ (resp. $\Phi_2$) *une forme* K-*bilinéaire sur* $E_0 \times E'_0$, *invariante par* $j$ *et* $j'$. *L'application qui à* $\Phi_1$ (resp. $\Phi_2$) *fait correspondre l'application* $\Phi$ *de* $E \times E'$ *dans* A *définie par*

$$\Phi(x, x') = \Phi_1(x, x') + i\Phi_1(x, j'(x')) \tag{7}$$

$$(\text{resp. } \Phi(x, x') = -\Phi_2(x, j'(x')) + i\Phi_2(x, x')) \tag{8}$$

($x \in E$, $x' \in E$), *est un isomorphisme du* K-*espace vectoriel des formes* K-*bilinéaires sur* $E_0 \times E'_0$ *invariantes par* $j$ *et* $j'$ *sur le* K-*espace vectoriel des formes sesquilinéaires sur* $E \times E'$. *Supposons de plus* $E = E'$ ; *pour que* $\Phi$ *soit hermitienne, il faut et il suffit que* $\Phi_1$ *soit symétrique* (resp. *que* $\Phi_2$ *soit antisymétrique*) (cf. exerc. 4).

En effet toute application $\Phi$ de $E \times E'$ dans A s'écrit, d'une manière et d'une seule, sous la forme $\Phi = \Phi_1 + i\Phi_2$, où $\Phi_1$ et $\Phi_2$ sont des applications de $E \times E'$ dans K. Pour que l'application partielle $x \to \Phi(x, x')$ soit A-linéaire, il faut et il suffit, d'après la formule (3) (resp. (4)) du n° 2, que $\Phi_1$ (resp. $\Phi_2$) soit K-linéaire en $x$ et que l'on ait

$$\Phi(x, x') = \Phi_1(x, x') - i\Phi_1(j(x), x') \tag{9}$$

$$(\text{resp. } \Phi(x, x') = \Phi_2(j(x), x') + i\Phi_2(x, x')). \tag{10}$$

De même, pour que $\overline{\Phi(x, x')}$ soit A-linéaire en $x'$, il faut et il suffit que $\Phi_1$ (resp. $\Phi_2$) soit K-linéaire en $x'$ et que l'on ait

$$\Phi(x, x') = \Phi_1(x, x') + i\Phi_1(x, j'(x')) \tag{11}$$

$$(\text{resp. } \Phi(x, x') = -\Phi_2(x, j'(x')) + i\Phi_2(x, x')). \tag{12}$$

Il en résulte immédiatement que, pour que $\Phi$ soit sesquilinéaire, il faut et il suffit qu'elle s'écrive sous l'une ou l'autre formes (9) et (11) (resp. (10) et (12)) avec $\Phi_1$ (resp. $\Phi_2$) K-bilinéaire invariante par $j$ et $j'$.

Il résulte de ceci que, pour qu'une forme sesquilinéaire $\Phi = \Phi_1 + i\Phi_2$ soit nulle, il faut et il suffit que $\Phi_1$ (resp. $\Phi_2$) soit nulle. Or, si $E = E'$, on a $\Phi(y, x) = \Phi_1(y, x) + i\Phi_2(y, x)$ et $\overline{\Phi(x, y)} = \Phi_1(x, y) - i\Phi_2(x, y)$ ; pour que ces deux expressions soient égales, autrement dit pour que $\Phi$ soit hermitienne, il faut et il suffit donc que $\Phi_1$ soit symétrique (resp. que $\Phi_2$ soit antisymétrique).

*Remarques.* — 1) Les formules (7) et (8) montrent que, si $x \in E$, pour que l'on ait $\Phi(x, x') = 0$ pour tout $x' \in E'$, il faut et il suffit que $\Phi_1(x, x') = 0$ (resp. $\Phi_2(x, x') = 0$) pour tout $x' \in E'$.

2) L'adjoint d'un endomorphisme $u$ de E par rapport à $\Phi$ (§ 1, n° 8) est le même que l'adjoint de $u$ (considéré comme endomorphisme de $E_0$) par rapport à $\Phi_1$ (resp. $\Phi_2$).

### 4. Formes quadratiques.

Définition 2. — *On suppose l'anneau* A *commutatif. On dit qu'une application* Q *de* E *dans* A *est une forme quadratique sur* E *si*

1) *l'on a* $Q(\alpha x) = \alpha^2 Q(x)$ *pour* $\alpha \in A$ *et* $x \in E$ ;

2) *l'application* $\Phi : (x, y) \to Q(x + y) - Q(x) - Q(y)$ *de* $E \times E$ *dans* A *est une forme bilinéaire.*

*La forme bilinéaire* $\Phi$ *(qui est nécessairement symétrique) s'appelle la forme bilinéaire associée à* Q. *Si* $\Phi$ *est non dégénérée, on dit que* Q *est non dégénérée.*

Comme $Q(2x) = 4Q(x)$, il résulte aussitôt de 2) que l'on a

$$\Phi(x, x) = 2Q(x). \tag{13}$$

En particulier, si A est un anneau de caractéristique 2, la forme $\Phi$ est *alternée.*

On dira que deux éléments (resp. deux sous-ensembles) de E sont *orthogonaux* relativement à Q s'ils sont orthogonaux relativement à la forme bilinéaire associée $\Phi$.

Soient $(x_i)_{i \in I}$ une famille d'éléments de E et $(a_i)_{i \in I}$ une famille d'éléments de A nuls sauf un nombre fini d'entre eux. Par récurrence sur le nombre des indices $i$ pour lesquels $a_i \neq 0$, on montre aisément que l'on a

$$Q(\sum_i a_i x_i) = \sum_i a_i^2 Q(x_i) + \sum_{\{i,j\}} a_i a_j \Phi(x_i, x_j), \tag{14}$$

la dernière sommation étant étendue aux *sous-ensembles* à deux éléments de I.

Pour toute forme bilinéaire $f$ sur $E \times E$, on définit une forme quadratique Q en posant $Q(x) = f(x, x)$ ; la forme bilinéaire $\Phi$ associée à Q est alors définie par $\Phi(x, y) = f(x, y) + f(y, x)$ pour $x$, $y$ dans E. De plus, si l'on suppose que le scalaire 2 a un inverse $\frac{1}{2}$ dans A, il existe une forme bilinéaire *symétrique* $f$ et une seule telle que $Q(x) = f(x, x)$, à savoir $f = \frac{1}{2}\Phi$ ; le discriminant de $f$ par rapport à un système $S = (x_1, \ldots, x_n)$ s'appelle aussi le *discriminant* de Q par rapport à S. Il y a donc dans ce cas correspondance biunivoque entre les formes quadratiques et les formes bilinéaires symétriques sur E (cf. exerc. 6).

Dans le cas d'un module libre, on a de plus le résultat suivant :

PROPOSITION 2. — *Supposons que* A *soit commutatif et que* E *admette une base* $(e_i)_{i \in I}$. *Alors, pour toute forme quadratique* Q *sur* E, *il existe une forme bilinéaire* $f$ *sur* $E \times E$ *telle que* $Q(x) = f(x, x)$ *pour tout* $x \in E$. *Pour toute famille* $(b_{ij})_{(i,j) \in I \times I}$ *de scalaires tels que* $b_{ij} = b_{ji}$ *pour* $(i, j) \in I \times I$, *il existe une forme quadratique* Q *et une seule telle que l'on ait*

$$(15) \qquad Q(e_i) = b_{ii}, \qquad \Phi(e_i, e_j) = b_{ij} \text{ pour } i \neq j,$$

*où* $\Phi$ *désigne la forme bilinéaire associée à* Q ; *alors* Q *est donnée par la formule*

$$(16) \qquad Q(\sum_i a_i e_i) = \sum_{\{i,j\}} b_{ij} a_i a_j,$$

*la dernière sommation étant étendue aux sous-ensembles* $\{i, j\}$ *de* I *ayant un ou deux éléments.*

En effet, comme la formule (16) n'est qu'une transcription de la formule (14), l'unicité d'une forme quadratique Q vérifiant (15) est démontrée. Pour démontrer son existence, remarquons d'abord qu'il existe une famille $(b'_{ij})$ d'éléments de A telle que $b'_{ii} = b_{ii}$ et que $b'_{ij} + b'_{ji} = b_{ij}$ pour $i \neq j$ ; on obtient par exemple une telle famille en munissant I d'une structure d'ensemble totalement ordonné (*Ens.*, chap. III, § 2, n° 3, th. 1) et en posant $b'_{ij} = b_{ij}$

pour $i < j$ et $b'_{ij} = 0$ pour $i > j$. Comme les $e_i$ forment une base de E, il existe une forme bilinéaire $f$ sur E × E telle que $f(e_i, e_j) = b'_{ij}$; en posant $Q'(x) = f(x, x)$ et en désignant par $\Phi'$ la forme bilinéaire associée à la forme quadratique Q', on obtient $Q'(e_i) = b_{ii}$ et $\Phi'(e_i, e_j) = f(e_i, e_j) + f(e_j, e_i) = b_{ij}$. Ceci démontre notre seconde assertion. Quant à la première, elle en résulte aussitôt car, en vertu de l'unicité, si une forme quadratique Q vérifie (15), on a $Q(x) = Q'(x) = f(x, x)$.

Le module E muni de la structure définie par une forme quadratique Q prend le nom de *module quadratique*. Un homomorphisme du module quadratique (E, Q) dans un module quadratique (E', Q') est une application linéaire $u$ de E dans E' telle que $Q = Q' \circ u$ ; si $\Phi$ et $\Phi'$ sont les formes bilinéaires associées à Q et Q', on a alors $\Phi(x, y) = \Phi'(u(x), u(y))$ pour $x \in E$, $y \in E$ ; autrement dit $\Phi'$ est l'image réciproque de $\Phi$ par $u$ (§ 1, nº 1). On dit que deux formes quadratiques Q et Q' sur deux A-modules E et E' sont *équivalentes* si les modules quadratiques correspondants sont isomorphes.

Soit $(E_i, Q_i)_{i \in I}$ une famille de modules quadratiques, et soit E la somme directe des modules $E_i$. On appelle *somme directe externe* des modules quadratiques $(E_i, Q_i)$ le module quadratique obtenu en munissant E de la forme quadratique Q définie par $Q(\sum_i x_i) = \sum_i Q_i(x_i)$ pour $x_i \in E_i$. On dit aussi que la forme quadratique Q est la *somme directe externe* des formes quadratiques $Q_i$.

Si les formes $Q_i$ sont non dégénérées, il en est de même de Q.

Soit Q une forme quadratique sur le A-module E ; si F est un sous-module de E et si Q est constante sur chaque classe modulo F, l'application $\overline{Q}$ de E/F dans A déduite de Q par passage au quotient est évidemment une forme quadratique, et l'application canonique de E sur E/F est un homomorphisme pour les structures de modules quadratiques. Pour que Q soit constante sur chaque classe modulo F, il faut et il suffit que l'on ait $Q(x + y) = Q(x)$ pour $x \in E$ et $y \in F$, c'est-à-dire, en notant $\Phi$ la forme bilinéaire associée à Q, que l'on ait $Q(y) + \Phi(x, y) = 0$ pour $y \in F$ et $x \in E$. Faisant $x = 0$, on voit que l'on a $Q(y) = 0$ pour $y \in F$, et donc

$\Phi(x, y) = 0$ pour $x \in E$ et $y \in F$. Autrement dit, si l'on appelle *noyau* du module quadratique (E, Q) l'ensemble N des éléments $x$ de E tels que $Q(x) = 0$ et $\Phi(x, z) = 0$ pour tout $z \in E$, pour que Q soit constante sur chaque classe modulo F, il faut et il suffit que F soit contenu dans le noyau N de (E, Q). On vérifie sans peine que N est un sous-module de E. Pour que Q soit constante sur chaque classe modulo F, il faut et il suffit donc que F soit engendré par des éléments de N.

On voit aussitôt que le noyau du module quadratique |E/N est $\{0\}$.

Proposition 3. — *Soit h un homomorphisme de* A *dans un anneau commutatif* A'. *Pour toute forme quadratique* Q *sur le* A-*module* E, *il existe une forme quadratique* Q' *et une seule sur le* A'-*module* $A' \otimes_A E$ (chap. III, 2^e^ éd., App. II, n° 10) *telle que l'on ait*

$$Q'(1 \otimes x) = h(Q(x)) \tag{17}$$

*pour tout* $x \in E$. *En outre la forme bilinéaire* $\Phi'$ *associée à* Q' *s'obtient par extension de l'anneau des scalaires à partir de la forme bilinéaire* $\Phi$ *associée à* Q.

Montrons d'abord que, s'il existe une forme quadratique Q' vérifiant (17), elle est unique et la forme bilinéaire $\Phi'$ associée à Q' s'obtient par extension de l'anneau des scalaires à partir de la forme $\Phi$ associée à Q. En effet cette dernière assertion résulte de ce que l'on a

$$\begin{aligned} \Phi'(1 \otimes x, 1 \otimes y) &= Q'(1 \otimes x + 1 \otimes y) - Q'(1 \otimes x) - Q'(1 \otimes y) \\ &= h(\Phi(x, y)) \end{aligned} \tag{18}$$

pour $x \in E$, $y \in E$. La formule (14) montre alors que l'on a

$$Q'(\sum_i a'_i \otimes x_i) = \sum_i a'^2_i h(Q(x_i)) + \sum_{\{i,j\}} a'_i a'_j h(\Phi(x_i, x_j)) \tag{19}$$

pour $a'_i \in A'$ et $x_i \in E$, ce qui démontre l'unicité de Q'.

Pour montrer l'existence de Q', nous supposerons d'abord que le module E admet une base $(e_i)_{i \in I}$. Il existe alors des éléments $b_{ij}$ de A tels que $b_{ij} = b_{ji}$ et que $Q(\sum_i a_i e_i) = \sum_{\{i,j\}} b_{ij} a_i a_j$ pour $a_i \in A$ (prop. 2). Comme les éléments $1 \otimes_A e_i$ forment une base du

A'-module $A' \otimes_A E$, on définit une forme quadratique Q' sur ce dernier module en posant

$$(20) \qquad Q'(\sum_i a'_i \otimes e_i) = \sum_{\{i,j\}} a'_i a'_j h(b_{ij})$$

pour $a'_i \in A'$ ; d'où, pour $x = \sum_i a_i e_i \in E$

$$(21) \quad Q'(1 \otimes x) = Q'(\sum_i h(a_i) \otimes e_i) = \sum_{\{i,j\}} h(a_i)h(a_j)h(b_{ij}) = h(Q(x)),$$

ce qui démontre l'existence de Q' dans ce cas.

Passons maintenant au cas général. Soient $(x_i)_{i \in I}$ un système de générateurs de E, $A^{(I)}$ le module des combinaisons linéaires formelles d'éléments de I (chap. II, § 1, nº 8), et $(e_i)_{i \in I}$ la base canonique de $A^{(I)}$. L'application linéaire $u$ de $A^{(I)}$ dans E définie par $u(e_i) = x_i$ est surjective puisque les éléments $x_i$ engendrent E. Il en résulte (chap. III, 2ᵉ éd., App. II, nº 5, prop. 4) que l'application $1 \otimes u$ de $A' \otimes A^{(I)}$ dans $A' \otimes E$ est surjective, et que son noyau P' est engendré par les éléments de la forme $1 \otimes p$ avec $u(p) = 0$. Soit alors $Q'_1$ l'extension à $A' \otimes_A A^{(I)}$ de la forme quadratique $Q_1 = Q \circ u$ sur $A^{(I)}$. Si $p$ est un élément de $A^{(I)}$ tel que $u(p) = 0$, on a $Q'_1(1 \otimes p) = h(Q_1(p)) = 0$ et (en notant $\Phi'_1$ la forme bilinéaire associée à $Q'_1$) $\Phi'_1(1 \otimes p, 1 \otimes x) = h(\Phi(u(p), u(x))) = 0$ pour tout $x \in A^{(I)}$. Donc, si $u(p) = 0$ $(p \in A^{(I)})$, alors $1 \otimes p$ appartient au noyau du module quadratique $A' \otimes_A A^{(I)}$, et il existe par suite, comme on l'a vu plus haut, une forme quadratique Q' sur $A' \otimes_A E$ telle que $Q'_1 = Q' \circ (1 \otimes u)$. Comme $u$ est surjective, on voit que Q' vérifie la condition (17). CQFD.

La forme quadratique Q', dont l'existence et l'unicité sont assurées par la prop. 3, est appelée l'*extension* de Q à $A' \otimes_A E$ (par rapport à $h$). On dit aussi que Q' s'obtient à partir de Q par extension de l'anneau des scalaires.

*Exercices.* — 1) Soient A un corps, E un espace vectoriel à gauche sur A, $\Phi$ une forme sesquilinéaire sur E (pour un antiautomorphisme J de A). On suppose que le rang (fini ou infini) de $\Phi$ est $\geqslant 2$, et que les relations $\Phi(x, y) = 0$ et $\Phi(y, x) = 0$ sont *équivalentes*.

*a*) Montrer qu'il existe $\lambda \neq 0$ dans A tel que l'on ait $\Phi(y, x) = \lambda(\Phi(x, y))^J$. (Utiliser l'exerc. 8 du § 1).

*b*) Montrer qu'il existe $\alpha \in A$ tel que la forme sesquilinéaire $\Phi\alpha$ (pour l'antiautomorphisme $\xi \to \alpha^{-1}\xi^J\alpha$) soit hermitienne ou alternée.

(Remarquer d'abord que l'on a $\xi^{J^2} = \lambda^{-1}\xi\lambda^{-J}$ et $\lambda\lambda^J = \lambda^J\lambda = 1$. Distinguer ensuite deux cas suivant que $\xi + \xi^J\lambda^{-1} = 0$ pour tout $\xi \in A$ ou non ; dans le second cas, montrer que tout élément $\neq 0$ de la forme $\alpha = \xi + \xi^J\lambda^{-1}$ répond à la question).

2) Soit $\Phi$ une forme sesquilinéaire $\varepsilon$-hermitienne sur un espace vectoriel E de dimension finie sur un corps A.

*a*) Montrer que pour tout sous-espace vectoriel M de E, on a $(M^0)^0 = M + E^0$ et $\dim M^0 + \dim M = \dim E + \dim (M \cap E^0)$.

*b*) Si $M_1$, $M_2$ sont deux sous-espaces vectoriels de E, montrer que l'on a $\dim (M_1 \cap M_2^0) + \dim (M_2 + M_1^0) = \dim E + \dim (M_1 \cap E^0)$ (considérer l'application canonique de E sur $E/E^0$).

3) Soient K un anneau commutatif, $f$ un polynôme unitaire de K[X], de degré $n \geqslant 1$ ; soit A l'algèbre quotient $K[X]/(f)$ admettant pour base sur K les éléments $1, \xi, \xi^2, \ldots, \xi^{n-1}$ (chap. IV, § 1, n° 5, prop. 4). Montrer que la donnée d'un A-module E équivaut à la donnée d'un K-module $E_0$ et d'un K-endomorphisme $j$ de $E_0$ tel que $f(j) = 0$. Pour tout $u \in E^*$, on pose $u(x) = \sum_{k=0}^{n-1} u_k(x)\xi^k$ ; montrer que si $\alpha_0 = f(0)$ est inversible dans K, l'application $u \to u_0$ est un K-isomorphisme de $E^*$ sur $(E_0)^*$, dont on explicitera l'isomorphisme réciproque.

¶ 4) *a*) Soient A un anneau (commutatif ou non), $\sigma$ un automorphisme de A tel qu'il existe un élément inversible $\gamma \in A$ vérifiant $\gamma^\sigma = \gamma$, et tel que l'on ait $\xi^{\sigma^2} = \gamma\xi\gamma^{-1}$ pour tout $\xi \in A$. Soit B un A-module à gauche ayant une base de deux éléments $(e_1, e_2)$ ; montrer qu'on définit sur B une structure d'anneau en prenant comme multiplication dans B la loi de composition

$$(\xi e_1 + \eta e_2)(\xi' e_1 + \eta' e_2) = (\xi\xi' + \eta\eta'^\sigma\gamma)e_1 + (\eta\xi'^\sigma + \xi\eta')e_2.$$

Pour cette structure d'anneau, $e_1$ est élément unité (qu'on identifie avec l'élément unité 1 de A) ; si on pose $e_2 = \rho$, on a $\rho^2 = \gamma$ et $\rho\xi = \xi^\sigma\rho$ pour tout $\xi \in A$ ; en outre, B est un A-module à droite, dont 1 et $\rho$ forment une base. Si A est un corps, une condition nécessaire et suffisante pour que B soit un corps est que $\gamma$ ne soit pas de la forme $\lambda^\sigma\lambda$ (où $\lambda \in A$). (Cf. chap. VIII, § 12, exerc. 8).

*b*) Soit J un antiautomorphisme involutif de A. On suppose qu'il existe un élément inversible $\delta \in A$ satisfaisant aux conditions suivantes :

$$(1) \quad \delta^J = \delta, \qquad \delta^\sigma\delta = \gamma\gamma^J, \qquad (\xi^J)^\sigma = \delta(\xi^\sigma)^J\delta^{-1} \quad \text{pour tout} \quad \xi \in A.$$

Montrer qu'on peut alors prolonger J en un antiautomorphisme involutif de B (noté encore J) en posant

$$(2) \qquad (\xi + \eta\rho)^J = \xi^J + \gamma^{-1}\delta^\sigma(\eta^J)^\sigma\rho.$$

Si en outre A et B sont des corps et si $\sigma$ n'est pas un automorphisme intérieur, montrer que les conditions (1) sont nécessaires pour l'existence d'un prolongement de J en un antiautomorphisme involutif de B (en posant $\rho^J = \alpha + \beta\rho$, avec $\alpha$, $\beta$ dans A, montrer qu'on a nécessairement $\alpha = 0$, en écrivant la condition $(\rho\xi)^J = \xi^J\rho^J$ pour tout $\xi \in A$).

*c*) On suppose les conditions (1) vérifiées et l'antiautomorphisme involutif J prolongé à B par (2). Soient F un B-module unitaire, E le A-module unitaire déduit de F par restriction à A de l'anneau des scalaires ; l'application $j : x \to \rho x$ est alors une application semi-linéaire bijective de E sur lui-même, relative à l'automorphisme $\sigma$ de A et telle que $j^2(x) = \gamma x$. Soit $\Phi$ une forme hermitienne sur F (pour J) ; pour $x \in$ E, $y \in$ E, posons $\Phi(x, y) = \Phi_1(x, y) + \Phi_2(x, y)\rho$, où $\Phi_1(x, y) \in$ A, $\Phi_2(x, y) \in$ A. Montrer que $\Phi_1$ est une forme hermitienne sur E (pour J), telle que

$$\Phi_1(j(x), j(y)) = (\Phi_1(x, y))^\sigma \delta ;$$

on a $\Phi_2(x, y) = \Phi_1(x, j(y))\delta^{-1}$, $\Phi_2$ est une forme sesquilinéaire sur E pour l'antiautomorphisme (en général non involutif) $\xi \to (\xi^J)^\sigma$, telle que

$$\Phi_2(j(x), j(y)) = (\Phi_2(x, y))^\sigma \delta^\sigma$$

et

$$\Phi_2(y, x) = \gamma^J \delta^{-1}((\Phi_2(x, y))^J)^\sigma.$$

Réciproques. Pour que $\Phi$ soit non dégénérée, il faut et il suffit que $\Phi_1$ ou $\Phi_2$ soit non dégénérée. Cas particulier où B est une algèbre de quaternions sur un anneau commutatif K, correspondant à une couple $(\alpha, \beta)$ d'éléments de K, $\beta$ étant inversible, A la sous-algèbre K + K$u$ de B, et J et $\sigma$ l'application $\xi \to \bar{\xi}$ (chap. II, § 7, nº 8).

*d*) Soit $u$ un automorphisme du A-module E. Pour que $u$ soit un automorphisme du B-module F, laissant invariante la forme $\Phi$, il faut et il suffit que $u$ satisfasse à deux quelconques des trois conditions suivantes :

1º $u$ laisse invariante $\Phi_1$ ;

2º $u$ laisse invariante $\Phi_2$ ;

3º $u$ permute avec $j$.

5) Soient A un anneau commutatif, E un A-module, $(x_i)_{i \in \mathrm{I}}$ un système de générateurs de E ; soit R le sous-module du module $\mathrm{A}^{(\mathrm{I})}$ formé des éléments $(y_i)_{i \in \mathrm{I}}$ tels que $\sum_i y_i x_i = 0$, et soit $(a_\lambda)_{\lambda \in \mathrm{L}}$ un système de générateurs de R (avec $a_\lambda = (a_{\lambda i})_{i \in \mathrm{I}}$). Soit $(b_{ij})$ une famille d'éléments de A ($i \in$ I, $j \in$ I). Pour qu'il existe une forme quadratique Q telle que $\mathrm{Q}(x_i) = b_{ii}$ et $\Phi(x_i, x_j) = b_{ij}$ pour $i \neq j$ ($\Phi$ désignant la forme bilinéaire associée à Q), il faut et il suffit que $b_{ij} = b_{ji}$ quels que soient $i$, $j$ dans I, et que, quels que soient $\lambda \in$ L et $i \in$ I, on ait

$$\sum_{\{i,j\}} b_{ij} a_{\lambda i} a_{\lambda j} = \sum_{j \neq i} b_{ij} a_{\lambda j} + 2 b_{ii} a_{\lambda i} = 0 ; \tag{3}$$

on a alors $\mathrm{Q}(\sum_i a_i x_i) = \sum_{\{i,j\}} b_{ij} a_i a_j$. En déduire une nouvelle démonstration de la prop. 3 du nº 4. (Remarquer que les $x'_i = 1 \otimes x_i$ forment un système de générateurs de $\mathrm{A}' \otimes_\mathrm{A} \mathrm{E}$, et que le A'-module $\mathrm{A}' \otimes_\mathrm{A} \mathrm{E}$ est isomorphe à $\mathrm{A}'^{(\mathrm{I})}/\mathrm{R}'$, où $\mathrm{A}'^{(\mathrm{I})}$ est identifié à $\mathrm{A}' \otimes_\mathrm{A} \mathrm{A}^{(\mathrm{I})}$ et R' est engendré par l'image de R par l'application canonique de $\mathrm{A}^{(\mathrm{I})}$ dans $\mathrm{A}'^{(\mathrm{I})}$).

6) Soient A un anneau commutatif de caractéristique 2, E un A-module libre, $\mathcal{A}$ (resp. $\mathcal{S}$, $\mathcal{Q}$) le A-module des formes bilinéaires alternées (resp. bilinéaires symétriques, quadratiques) sur E. On a $\mathcal{A} \subset \mathcal{S}$ ; on définit en outre une application linéaire $\omega$ de $\mathcal{S}$ dans $\mathcal{Q}$, et une application linéaire $\theta$ de $\mathcal{Q}$ dans $\mathcal{A}$ de la façon suivante : pour toute forme bilinéaire $\Phi \in \mathcal{S}$, $\omega(\Phi)$ est la forme quadratique $x \rightarrow \Phi(x, x)$, et pour toute forme quadratique $Q \in \mathcal{Q}$, $\theta(Q)$ est la forme bilinéaire associée à Q, qui est alternée. Montrer que $\overset{-1}{\omega}(0) = \mathcal{A}$, $\theta(\mathcal{Q}) = \mathcal{A}$ et $\overset{-1}{\theta}(0) = \omega(\mathcal{S})$.

¶ 7) Soient A un anneau commutatif, E, F deux A-modules. On dit qu'une application Q de E dans F est *quadratique* si elle satisfait aux conditions suivantes : 1° $Q(\alpha x) = \alpha^2 Q(x)$ pour $\alpha \in A$, $x \in E$ ; 2° l'application $(x, y) \rightarrow Q(x + y) - Q(x) - Q(y)$ de $E \times E$ dans F est bilinéaire. Si $f$ est une application linéaire d'un A-module $E_1$ dans E, $Q \circ f$ est une application quadratique de $E_1$ dans F.

*a*) Soient E un A-module, $A^{(E)}$ le module des combinaisons linéaires formelles des éléments de E à coefficients dans A (chap. II, § 1, n° 8), et pour tout $x \in E$, soit $\varepsilon_x$ l'élément correspondant de la base canonique de $A^{(E)}$. Soit $\Gamma^2(E)$ le quotient de $A^{(E)} \times (E \otimes_A E)$ par le sous-module R engendré par les éléments $(\varepsilon_{x+y} - \varepsilon_x - \varepsilon_y, - x \otimes y)$ et $(\varepsilon_{\lambda x} - \lambda^2 \varepsilon_x, 0)$, pour $x \in E$, $y \in E$, $\lambda \in A$. Pour tout $x \in E$, on pose $\gamma(x) = \varphi(\varepsilon_x, 0)$, en désignant par $\varphi$ l'application canonique de $A^{(E)} \times (E \otimes E)$ sur $\Gamma^2(E)$ ; on dit que $\gamma$ est l'*application canonique* de E dans $\Gamma^2(E)$. Montrer que $\gamma$ est une application quadratique de E dans $\Gamma^2(E)$ et que, pour toute application quadratique Q de E dans un A-module F, il existe une application *linéaire* et une seule $q$ de $\Gamma^2(E)$ dans F telle que $Q = q \circ \gamma$ (en d'autres termes, $(\Gamma^2(E), \gamma)$ est solution d'un problème d'application universelle ; cf. *Ens.*, chap. IV, § 3).

Pour tout couple de A-modules E, E′ et toute application linéaire $f$ de E dans E′, montrer que, si $\gamma'$ désigne l'application canonique de E′ dans $\Gamma^2(E')$, il existe une et une seule application linéaire $\bar{f}$ de $\Gamma^2(E)$ dans $\Gamma^2(E')$ telle que $\gamma' \circ f = \bar{f} \circ \gamma$.

*b*) On suppose que E est somme directe de deux sous-modules M, N. Définir un isomorphisme canonique de $\Gamma^2(E)$ sur la somme directe des modules $\Gamma^2(M)$, $\Gamma^2(N)$ et $M \otimes N$ (montrer que cette somme directe est solution du même problème d'application universelle que $\Gamma^2(E)$).

*c*) Soient F un sous-module de E, $j$ l'injection canonique de F dans E. Définir un isomorphisme canonique de $\Gamma^2(E/F)$ sur

$$\Gamma^2(E)/(\bar{j}(\Gamma^2(F)) + \psi(E \times F)),$$

où $\psi(x, y) = \varphi(0, x \otimes j(y))$ pour $x \in E$, $y \in F$. (Même méthode).

*d*) Soient A′ un anneau commutatif, $h$ un homomorphisme de A dans A′. Définir un isomorphisme canonique de $\Gamma^2(A' \otimes_A E)$ sur $A' \otimes_A \Gamma^2(E)$ (même méthode).

*e*) Il existe une application linéaire et une seule $s$ de $\Gamma^2(E)$ dans $E \otimes E$ telle que $s(\gamma(x)) = x \otimes x$ pour tout $x \in E$ ; montrer que si E est un module libre, $s$ est un isomorphisme sur le sous-module des tenseurs symétriques d'ordre 2 sur E.

*f*) On suppose que $A = \mathbf{Z}$ et que E est un groupe cyclique fini d'ordre $n$. Montrer que $\Gamma^2(E)$ est un groupe cyclique d'ordre $n$ si $n$ est impair, d'ordre $2n$ si $n$ est pair. (Remarquer d'abord que si $a$ est un générateur de E, $\gamma(a)$ est un générateur de $\Gamma^2(E)$, et que $\gamma(-ha) = \gamma(ha)$ pour tout entier $h$ ; déduire de là que si $n$ est impair, $n\gamma(a) = 0$ en prenant $h = (n-1)/2$ ; montrer de même que $2n\gamma(a) = 0$ si $n$ est pair. Prouver enfin que si $n$ est impair (resp. pair), il existe une application quadratique Q de E dans un groupe cyclique d'ordre $n$ (resp. $2n$) appliquant $a$ sur un générateur de ce groupe).

8) Soient A un corps commutatif, E, F deux espaces vectoriels sur A. Soit $g$ une application de E dans F, telle qu'il existe trois applications $a, b, c$ de $E \times E$ dans F, satisfaisant à l'identité

$$g(\lambda x + \mu y) = \lambda^2 a(x, y) + \lambda\mu b(x, y) + \mu^2 c(x, y) \tag{4}$$

quels que soient $x, y$ dans E, $\lambda, \mu$ dans A.

*a*) Montrer que l'on a $a(x, y) = g(x)$, $c(x, y) = g(y)$, $b(y, x) = b(x, y)$ et $b(\lambda x, y) = \lambda b(x, y)$ ; en outre, si on pose

$$d(x, y, z) = b(x + y, z) - b(x, z) - b(y, z)$$

montrer que l'on a $d(x, y, z) = d(y, z, x) = d(z, x, y)$ et en conclure que $d(\lambda x, \mu y, \nu z) = \lambda\mu\nu d(x, y, z)$.

*b*) Déduire de *a*) que si $A \neq \mathbf{F}_2$, on a nécessairement $d(x, y, z) = 0$ et par suite que $g$ est une application quadratique (exerc. 7). Au contraire, si $A = \mathbf{F}_2$ et si $\dim E \geqslant 3$, montrer qu'il existe des applications $g$ de E dans A, satisfaisant à (4) et pour lesquelles $d(x, y, z)$ ne soit pas identiquement nul.

9) Soient A un anneau commutatif, E un A-module ayant une base de $n$ éléments, $\Phi$ une forme bilinéaire symétrique sur E. Soient $e$ un élément de $\bigwedge^n E$ formant une base de ce module, $\Delta$ le discriminant de $\Phi$ par rapport à $e$, $\varphi_p$ l'isomorphisme canonique de $\bigwedge^p E$ sur $\bigwedge^{n-p} E^*$ relatif à $e$ (chap. III, § 8, n° 5). Pour $x \in \bigwedge^p E$, soit $d_{(p)}(x) = \overset{-1}{\varphi}_{n-p}(d_{\Phi_{(p)}}(x))$ ; montrer que l'application $d_{(p)}$ de $\bigwedge^p E$ dans $\bigwedge^{n-p} E$ possède les propriétés suivantes :

*a*) Pour tout $x \in \bigwedge^p E$, $d_{(n-p)}(d_{(p)}(x)) = (-1)^{p(n-p)}\Delta x$.

*b*) Pour tout couple d'éléments $x, y$ de $\bigwedge^p E$, on a

$$x \wedge d_{(p)}(y) = \Phi_{(p)}(x, y)e \quad \text{et} \quad \Phi_{(n-p)}(d_{(p)}(x), d_{(p)}(y)) = \Delta\Phi_{(p)}(x, y).$$

*c*) On suppose en outre que A soit un corps et que $\Phi$ soit non dégénérée. Alors, si $x$ est un $p$-vecteur décomposable $\neq 0$ correspondant à un sous-espace F de E (chap. III, § 7, n° 3), $d_{(p)}(x)$ est un $(n-p)$-vecteur décomposable $\neq 0$ correspondant au sous-espace $F^0$ orthogonal à F.

**d) Étendre les résultats précédents au cas où (A étant un anneau commutatif), Φ est une forme sesquilinéaire ε-hermitienne pour un automorphisme involutif $J \neq 1$ de A.**

10) *a*) Soient A un anneau commutatif, E un A-module ayant une base de 3 éléments, Φ une forme bilinéaire symétrique sur E. Avec les notations de l'exerc. 9, pour deux éléments quelconques $x$, $y$ de E, on pose $x \mathbin{\overline{\wedge}} y = d_{(2)}(x \wedge y)$, et on dit que cet élément est le *produit vectoriel* de $x$ et de $y$ (relativement à Φ et à la base $e$ de $\bigwedge^3 E$). Montrer que $(x, y) \to x \mathbin{\overline{\wedge}} y$ est une application bilinéaire alternée de E × E dans E, et que $x \mathbin{\overline{\wedge}} y$ est orthogonal à $x$ et à $y$.

*b*) Soient α, β deux éléments inversibles de A, B l'algèbre de quaternions sur A correspondant au couple (α, β) (chap. II, § 7, nº 8), 1, $u$, $v$, $w$ la base canonique de B sur A ; soit E le sous-module de B ayant pour base $u$, $v$, $w$. Montrer que si $x$, $y$ sont deux quaternions *appartenant à* E, on a

$$xy = \Phi(x, y) + x \mathbin{\overline{\wedge}} y$$

où Φ est une forme bilinéaire symétrique sur E, telle que les applications linéaires associées à Φ soient bijectives, et $x \mathbin{\overline{\wedge}} y$ est le produit vectoriel de $x$ et de $y$ relatif à la forme Φ et à la base $\alpha^{-1}\beta^{-1}u \wedge v \wedge w$ de $\bigwedge^3 E$.

11) Soit Φ une forme sesquilinéaire ε-hermitienne non dégénérée sur un espace vectoriel E de dimension finie. On dit qu'un sous-espace vectoriel M de E est *faiblement orthogonal* à un sous-espace vectoriel N (relativement à Φ) si l'un des deux sous-espaces M, $N^0$ contient l'autre.

*a*) Montrer que la relation « M est faiblement orthogonal à N » est symétrique.

*b*) Si M et N sont faiblement orthogonaux, $M^0$ et $N^0$ sont faiblement orthogonaux.

*c*) Si M et N sont faiblement orthogonaux et si $M \cap N = \{0\}$, M et N sont orthogonaux.

## § 4. Sous-espaces totalement isotropes. Théorème de Witt

*Dans ce paragraphe on suppose, sauf mention expresse du contraire, que* A *est un corps. On désigne par* Φ, *soit une forme ε-hermitienne sur* E (*par rapport à l'antiautomorphisme involutif* $\lambda \to \bar{\lambda}$ *de* A), *soit la forme bilinéaire symétrique associée à une forme quadratique* Q *sur* E (A *étant supposé commutatif dans ce dernier cas*).

**1. *Sous-espaces isotropes.***

DÉFINITION 1. — *Etant donné un* module E *sur l'*anneau A, *un élément $x$ de* E *est dit isotrope si* $\Phi(x, x) = 0$. *Un sous-module* F *de* E *est dit*

1) *isotrope s'il existe un élément* $x \neq 0$ *de* F *orthogonal à* F ;

2) *totalement isotrope si la restriction de* $\Phi$ *à* F *est nulle.*

Lorsque le module E est muni d'une forme quadratique Q, on dira qu'un élément de E est isotrope (resp. qu'un sous-module de E est isotrope, ou totalement isotrope) si cet élément est isotrope (resp. si ce sous-module est isotrope, ou totalement isotrope) relativement à la forme bilinéaire associée à Q.

Un vecteur isotrope n'est autre qu'un vecteur orthogonal à lui-même. Dire qu'un sous-module F est isotrope signifie que $F \cap F^0 \neq \{0\}$, ou encore que la restriction de $\Phi$ à F est dégénérée ; un sous-module *non isotrope* G de E est donc un sous-module tel que la restriction de $\Phi$ à G est non dégénérée. Pour qu'un sous-module F de E soit totalement isotrope, il faut et il suffit que l'on ait $F \subset F^0$. Si F est un sous-module totalement isotrope de E, il en est de même de tout sous-module F′ contenu dans F. La somme d'une famille de sous-modules totalement isotropes et orthogonaux deux à deux est un sous-module totalement isotrope. L'ensemble des sous-modules totalement isotropes de E, ordonné par inclusion, est évidemment inductif ; il en résulte que tout sous-module totalement isotrope est contenu dans un *sous-module totalement isotrope maximal.*

PROPOSITION 1. — *On suppose que* A *est un corps. Soit* F *un sous-espace non isotrope de dimension finie de* E ; *alors* E *est somme directe de* F *et de* $F^0$.

En effet, comme la restriction $\Phi'$ de $\Phi$ à F est non dégénérée par hypothèse, l'application $d_{\Phi'}$ de F dans son dual F* associée à droite à $\Phi'$ est injective, donc bijective puisque F et F* sont deux espaces de même dimension finie. Par suite, pour tout $y \in E$, il existe un élément $y_0$ et un seul de F tel que l'on ait $\Phi(x, y) = \Phi(x, y_0)$ pour tout $x \in F$, c'est-à-dire $y - y_0 \in F^0$ ; ceci prouve que E est somme directe de F et $F^0$.

Corollaire. — *Si* F *est un sous-espace de dimension finie de* E, *et si* $\Phi$ *est non dégénérée, les conditions suivantes sont équivalentes :*

*a)* F *est non isotrope.*

*b)* $F^0$ *est non isotrope.*

*c)* E *est somme directe de* F *et* $F^0$.

La prop. 1 montre en effet que *a)* implique *c)*, et *c)* implique *a)* et *b)*. Enfin, si $F^0$ est non isotrope, on a $F \cap F^0 \subset F^0 \cap F^{00} = \{0\}$ ; donc F est non isotrope, ce qui montre que *b)* implique *a)*.

Définition 2. — *Soit* Q *une forme quadratique sur* E. *Un élément* $x$ *de* E *est dit singulier (relativement à* Q*) si* $Q(x) = 0$. *Un sous-module* F *de* E *est dit :*

1) *singulier s'il existe un élement* $x \neq 0$ *de* F *qui est singulier et orthogonal à* F ;

2) *totalement singulier si la restriction de* Q *à* F *est nulle.*

Le noyau du module quadratique (E, Q) (§ 3, n° 4) est constitué par les éléments singuliers *de* $E^0$ ; pour qu'un sous-module F soit singulier, il faut et il suffit que son noyau soit $\neq \{0\}$. Comme $\Phi(x, y) = Q(x + y) - Q(x) - Q(y)$, tout sous-module totalement singulier $\neq \{0\}$ est singulier. Comme $\Phi(x, x) = 2Q(x)$, tout vecteur singulier est isotrope et tout sous-module singulier (resp. totalement singulier) est isotrope (resp. totalement isotrope) ; la réciproque est vraie si A est un corps de caractéristique $\neq 2$. Tout sous-module contenu dans un sous-module totalement singulier est lui-même totalement singulier. La somme d'une famille de sous-modules totalement singuliers et orthogonaux deux à deux est un sous-module totalement singulier. L'ensemble des sous-modules totalement singuliers de E, ordonné par inclusion, est inductif ; donc tout sous-module totalement singulier de E est contenu dans un sous-module totalement singulier *maximal.*

## 2. *Décomposition de Witt.*

Aux conventions déjà en vigueur depuis le début du présent paragraphe, nous ajouterons la suivante :

Condition (T). — *Pour tout* $x \in \mathrm{E}$, *il existe* $\alpha \in \mathrm{A}$ *tel que* $\Phi(x, x) = \alpha + \varepsilon\bar{\alpha}$.

Cette condition est toujours satisfaite lorsque $\Phi$ est alternée, ou lorsque $\varepsilon = 1$ et que A est un corps de caractéristique $\neq 2$, en prenant alors $\alpha = \frac{1}{2}\Phi(x, x)$ (cf. exerc. 1 et 14).

*Lemme* 1. — *Soit* $\Phi$ *une forme* $\varepsilon$*-hermitienne vérifiant* (T) (resp. *la forme bilinéaire associée à une forme quadratique* Q) *sur* E, *et soit* F *un sous-espace totalement isotrope* (resp. *totalement singulier*) *de* E, *non réduit à* 0. *Pour tout* $x \in \mathrm{E}$ *non orthogonal à* F *et tout* $\alpha \in \mathrm{A}$, *il existe* $y \in \mathrm{F}$ *tel que*

$$\Phi(x + y, x + y) = \alpha + \varepsilon\bar{\alpha} \qquad (\text{resp. } \mathrm{Q}(x + y) = \alpha).$$

Posons en effet $\Phi(x, x) = \beta + \varepsilon\bar{\beta}$ (resp. $\mathrm{Q}(x) = \beta$). Pour $y \in \mathrm{F}$ on a alors $\Phi(x + y, x + y) = (\beta + \Phi(x, y)) + \varepsilon\overline{(\beta + \Phi(x, y))}$ puisque $\Phi(y, y) = 0$ (resp. $\mathrm{Q}(x + y) = \beta + \Phi(x, y)$ puisque $\mathrm{Q}(y) = 0$). Comme $x$ n'est pas orthogonal à F, la fonction linéaire affine $y \to \Phi(x, y) + \beta$ sur F n'est pas constante ; elle prend donc la valeur $\alpha$ pour un certain élément $y$ de F, qui répond ainsi à la question.

On appelle *décomposition de Witt* de E toute décomposition de E en somme directe de trois sous-espaces F, F′, G tels que F et F′ soient totalement isotropes (resp. totalement singuliers) et que G soit non isotrope et soit orthogonal à F + F′ ; si E est de dimension finie, la matrice de $\Phi$ par rapport à une base de E adaptée à une décomposition de Witt de E se met sous la forme

$$(1) \qquad \begin{pmatrix} 0 & U & 0 \\ \varepsilon\bar{U} & 0 & 0 \\ 0 & 0 & V \end{pmatrix}$$

On dit que $\Phi$ est une *forme neutre* si elle est non dégénérée et si E est de dimension finie et est somme directe de deux sous-espaces totalement isotropes (resp. totalement singuliers). La somme directe de deux formes neutres est une forme neutre.

PROPOSITION 2. — *Soit* $\Phi$ *une forme* $\varepsilon$*-hermitienne non dégénérée vérifiant* (T) (resp. *la forme bilinéaire associée à une forme quadratique non dégénérée* Q), *et soit* F *un sous-espace totalement isotrope* (resp. *totalement singulier*) *de dimension finie* $r$.

*a) Si* F′ *est un sous-espace totalement isotrope de dimension* $r$ *tel que* $F' \cap F^0 = \{0\}$, *alors* $F + F'$ *est non isotrope et, pour toute base* $(f_i)$ *de* F, *il existe une base* $(f'_i)$ *de* F′ *telle que* $\Phi(f_i, f'_j) = \delta_{ij}$ (*indice de Kronecker*) *pour* $i, j = 1, \ldots, r$.

*b) Si* G *est un sous-espace totalement isotrope* (resp. *totalement singulier*) *de dimension* $\leqslant r$ *tel que* $G \cap F^0 = \{0\}$, *il existe un sous-espace totalement isotrope* (resp. *totalement singulier*) $F' \supset G$ *de dimension* $r$ *tel que* $F' \cap F^0 = \{0\}$.

Soit $\Psi$ la restriction de $\Phi$ à $F \times F'$ ; pour $x' \in F'$, la relation « $\Phi(x, x') = 0$ pour tout $x \in F$ » entraîne $x = 0$ puisque $F' \cap F^0 = \{0\}$. L'assertion *a*) résulte alors du cor. de la prop. 6 du § 1, n° 6, à l'exception du fait que $F + F'$ est non isotrope. Or le sous-espace $H = (F + F') \cap (F + F')^0$ est égal à $(F + F') \cap F^0 \cap F'^0$. Comme $F \subset F^0$, on a $(F + F') \cap F^0 = F + (F' \cap F^0) = F$, d'où $H = F \cap F'^0$; donc $H = \{0\}$ puisqu'on a vu que $\Psi$ est non dégénérée. Ceci prouve bien que $F + F'$ est non isotrope.

Pour démontrer *b*), nous procéderons par récurrence descendante sur $s = \dim G$. Il nous suffit ainsi de prouver que, si $s < r$, il existe un sous-espace totalement isotrope (resp. totalement singulier) G′ contenant G, de dimension $s + 1$, et tel que $G' \cap F^0 = \{0\}$. Comme $\dim G < \dim F$, la restriction de $\Phi$ à $F \times G$ est dégénérée, et comme $G \cap F^0$ est nul, $F \cap G^0$ est non nul. Si l'on avait alors $G + F^0 \supset G^0$, on en déduirait, en prenant les sous-espaces orthogonaux et en remarquant que $F = F^{00}$ et que $G = G^{00}$ (§ 1, n° 6, cor. 1 de la prop. 4), que $G^0 \cap F \subset G$, d'où

$$G^0 \cap F \subset G \cap F \subset G \cap F^0 = \{0\},$$

ce qui est impossible. Il existe alors un élément $x$ de $G^0$ tel que $x \notin G + F^0$ ; comme $F \subset F^0$, on peut ajouter à $x$ un vecteur de $G^0 \cap F$ sans modifier ces propriétés ; comme $G^0 \cap F$ est totalement isotrope (resp. totalement singulier) et $\neq \{0\}$, le lemme 1 montre qu'on peut choisir $x$ isotrope (resp. singulier).

Alors le sous espace $G' = G + Ax$ est de dimension $s + 1$, et est totalement isotrope (resp. totalement singulier) ; de plus on a $G' \cap F^0 = \{0\}$ car, si $y = z + ax$ ($z \in G$, $a \in A$) est dans $F^0$, on a $a = 0$, car sinon $x \in F^0 + G$ contrairement au choix de $x$, d'où $y = z \in G \cap F^0 = \{0\}$ et $y = 0$. Par conséquent le sous-espace $G'$ répond à la question.

Corollaire 1. — *Si* F *est un sous-espace totalement isotrope* (resp. *totalement singulier*) *de dimension* $r$, *il existe un sous-espace totalement isotrope* (resp. *totalement singulier*) $F'$ *de dimension* $r$ *tel que* $F \cap F' = \{0\}$ *et que* $F + F'$ *soit non isotrope.*

Il suffit de faire $G = \{0\}$ dans la prop. 2, *b*).

Corollaire 2. — *Deux formes* ε*-hermitiennes neutres sur des espaces de même dimension sur* A *sont équivalentes.*

*Remarque.* — Dans les conditions du corollaire 1, E est somme directe de $F + F'$ et de l'orthogonal de $F + F'$. On a donc une décomposition de Witt de E. D'après la prop. 2, *a*), il existe des bases de F et $F'$ telles que, dans la matrice (1) de Φ, le bloc $U$ soit la matrice unité $1_r$.

Proposition 3. — *Soit* Φ *une forme* ε*-hermitienne non dégénérée vérifiant* (T) (resp. *la forme bilinéaire associée à une forme quadratique non dégénérée* Q). *Soient* $F_1$ *et* $F_2$ *deux sous-espaces totalement isotropes* (resp. *totalement singuliers*) *maximaux de* E, *l'un des deux étant de dimension finie. Posons* $F = F_1 \cap F_2$. *Soit* $S_i$ ($i = 1, 2$) *un supplémentaire de* F *dans* $F_i$ ; *posons* $S = S_1 + S_2$. *Il existe alors deux sous-espaces* G *et* H *de* E *tels que*

*a*) *Les sous-espaces* $G + F$, S *et* H *sont non isotropes et deux à deux orthogonaux* ;

*b*) E *est somme directe de* F, S, G *et* H ;

*c*) *Il n'y a aucun vecteur isotrope* (resp. *singulier*) *non nul dans* H ;

*d*) G *est totalement isotrope* (resp. *totalement singulier*).

*De plus* $F_1$ *et* $F_2$ *sont tous deux de dimensions finies et on a*

$\dim F_1 = \dim F_2$, $\dim G = \dim F$, $\dim S_1 = \dim S_2$, codim $H = 2 \dim F_1$.

Remarquons d'abord que, si N est un sous-espace totalement isotrope (resp. totalement singulier) maximal, alors tout vecteur isotrope (resp. singulier) $x$ orthogonal à N est un élément de N, car sinon $N + Ax$ contredirait le caractère maximal de N. Donc si, pour $i = 1, 2$, $x_i$ est un vecteur isotrope (resp. singulier) de $F_i^0$, on a $x_i \in F_i$. D'autre part, si $y$ est un élément de $S_1$ orthogonal à $S_2$, il est orthogonal à $F_1$ puisque $F_1$ est totalement isotrope, donc à F, et par suite à $F_2 = S_2 + F$. Comme $y$ est isotrope (resp. singulier) et qu'il est orthogonal à $F_2$, on a

$$y \in S_1 \cap F_2 = S_1 \cap F_1 \cap F_2 = S_1 \cap F = \{0\}.$$

On a donc $S_1 \cap S_2^0 = \{0\}$, et de même $S_2 \cap S_1^0 = \{0\}$. Comme l'un des deux sous-espaces $F_1$, $F_2$, par exemple $F_1$, est de dimension finie, $S_1$ est de dimension finie, donc $S_1^0$ est de codimension finie (§ 1, n° 6, cor. 1 de la prop. 4), et par conséquent $S_2$ est de dimension finie puisque $S_2 \cap S_1^0 = \{0\}$; de plus ceci montre que l'on a $\dim S_2 \leqslant \operatorname{codim} S_1^0 = \dim S_1$ ; de même $\dim S_1 \leqslant \dim S_2$, d'où $\dim S_1 = \dim S_2$. La prop. 2 *a*) montre alors que $S = S_1 + S_2$ est non isotrope.

Ceci étant, l'orthogonal N de S est non isotrope (n° 1, cor. de la prop. 1) et contient F ; le cor. 1 de la prop. 2 montre donc qu'il existe un sous-espace G totalement isotrope (resp. totalement singulier) de N tel que $\dim G = \dim F$, que $G \cap F = \{0\}$ et que $G + F$ soit non isotrope. Ainsi *d*) est vérifiée par G. On satisfera alors à *a*) et *b*) en prenant pour H l'orthogonal de $G + F$ dans N. Quant à *c*), l'on remarque que, comme H est orthogonal à $F_1 = S_1 + F$, il n'y a aucun vecteur isotrope (resp. singulier) non nul dans H en vertu de ce qui a été remarqué au début de la démonstration et du fait que $H \cap F_1 = \{0\}$. Enfin certaines des assertions relatives aux dimensions ont été démontrées en cours de route ; les autres s'en déduisent trivialement.

Corollaire 1. — *Les hypothèses étant celles de la prop.* 3, *deux sous-espaces totalement isotropes* (resp. *totalement singuliers*) *maximaux de dimensions finies ont même dimension. Pour tout sous-espace totalement isotrope* (resp. *totalement singulier*) *maximal* F *de dimension finie, il en existe un autre* F′ *tel que* $F \cap F' = \{0\}$, *et dans ces conditions* $F + F'$ *est non isotrope.*

Si $F \cap F' = \{0\}$, on aura $G = \{0\}$ avec les notations de la prop. 3, et $F + F'$ sera non isotrope. Les autres assertions résultent trivialement de la prop. 3 et du cor. 1 de la prop. 2.

Corollaire 2. — *Soit* Q *une forme quadratique non dégénérée sur un espace vectoriel* E *de dimension finie* n *sur un corps algébriquement clos* A ; *il existe alors une base* $(e_i)_{1 \leqslant i \leqslant n}$ *de* E *telle que*

$$Q(\sum_{i=1}^{n} x_i e_i) = \sum_{i=1}^{\nu} x_i x_{i+\nu} \qquad si\ n = 2\nu, \tag{2}$$

$$Q(\sum_{i=1}^{n} x_i e_i) = \sum_{i=1}^{\nu} x_i x_{i+\nu} + x_{2\nu+1}^2 \qquad si\ n = 2\nu + 1. \tag{3}$$

Soient en effet $F_1$ et $F_2$ deux sous-espaces totalement singuliers maximaux tels que $F_1 \cap F_2 = \{0\}$ (cor. 1) et soit $q$ leur dimension. On a alors $G = \{0\}$ avec les notations de la prop. 3. Prenant une base $(e_i)_{1 \leqslant i \leqslant q}$ de $F_1$ et une base $(e_i)_{q+1 \leqslant i \leqslant 2q}$ de $F_2$ telles que $\Phi(e_i, e_{j+q}) = \delta_{ij}$ pour $i, j = 1, \ldots, q$ (prop. 2 *a*)), on voit qu'il suffit de montrer que $\dim H \leqslant 1$. Or, si $x \in H$, $y \in H$ et si $x \neq 0$, l'équation $Q(y - ax) = Q(y) - a\Phi(x, y) + a^2 Q(x) = 0$ a au moins une solution $a_0$ puisque $Q(x) \neq 0$, et l'on a $y = a_0 x$ puisque tout vecteur singulier de H est nul.

Définition 3. — *On suppose que* E *est de dimension finie et que* Φ *est une forme* ε*-hermitienne non dégénérée vérifiant* (T) (resp. *la forme bilinéaire associée à une forme quadratique non dégénérée* Q). *On appelle indice de* Φ (resp. Q) *la dimension commune des sous-espaces totalement isotropes* (resp. *totalement singuliers*) *maximaux de* E.

Si $n$ est la dimension de E et $\nu$ l'indice de Φ (resp. Q), la prop. 3 montre que l'on a

$$n \geqslant 2\nu. \tag{4}$$

De plus, comme tout sous-espace totalement isotrope (resp. totalement singulier) est contenu dans un sous-espace totalement isotrope (resp. totalement singulier) maximal, les sous-espaces totalement isotropes (resp. totalement singuliers) qui sont maximaux sont ceux qui sont de dimension $\nu$. L'assertion que $\Phi$ (resp. Q) est d'indice 0 signifie que tout vecteur isotrope (resp. singulier) de E est nul. Dans un espace de dimension paire $n$, les formes neutres sont celles d'indice $\frac{1}{2}n$ ; il n'y a pas de forme neutre dans un espace de dimension impaire. La prop. 3 montre que toute forme est somme directe d'une forme neutre et d'une forme d'indice 0.

PROPOSITION 4. — *Soit* Q *une forme quadratique non dégénérée sur* E *telle qu'il existe un vecteur* $x \neq 0$ *de* E *tel que* $Q(x) = 0$. *Pour tout élément $a$ de* A, *il existe alors* $y \in E$ *tel que* $Q(y) = a$.

En effet, d'après le cor. 1 de la prop. 2, il existe un sous-espace $G = F + F'$ (F, F' : sous-espaces totalement singuliers de dimension 1) de E, de dimension 2, tel que la restriction de Q à G soit neutre. Si $\{e, e'\}$ ($e \in F$, $e' \in F'$) est une base de G, on a

$$Q(xe + x'e') = bxx' \qquad (x \in A,\ x' \in A,\ b \in A,\ b \neq 0).$$

Il suffit ainsi de prendre pour $y$ le vecteur $ae + b^{-1}e'$.

### *3. Théorème de Witt.*

Étant donnés deux espaces vectoriels E, E' sur A munis respectivement de deux formes sesquilinéaires $\Phi$, $\Phi'$ (resp. de deux formes quadratiques Q, Q'), on appelle *homomorphisme métrique* de E dans E' toute application linéaire $u$ de E dans E' telle que $\Phi'(u(x), u(y)) = \Phi(x, y)$ (resp. $Q'(u(x)) = Q(x)$) pour $x \in E$, $y \in E$. Si E et E' ont même dimension finie et si $\Phi$ (resp. Q) est non dégénérée, tout homomorphisme métrique $u$ de E dans E' est un isomorphisme, car $u(x) = 0$ implique $\Phi(x, y) = 0$ pour tout $y \in E$, donc $x = 0$ ; ainsi $u$ est injectif, donc bijectif puisque E et E' ont même dimension finie.

THÉORÈME 1 (Witt). — *Soient* E *et* E' *deux espaces vectoriels de dimensions finies, munis respectivement de deux formes $\varepsilon$-hermitiennes non dégénérées* $\Phi$ *et* $\Phi'$ *vérifiant la condition* (T) *du n°* 2 (resp. *de deux formes quadratiques non dégénérées* Q *et* Q′), *et isomorphes pour ces structures. Etant donné un sous-espace quelconque* F *de* E, *tout homomorphisme métrique injectif de* F *dans* E′ *se prolonge en un isomorphisme métrique de* E *sur* E′.

En utilisant l'isomorphisme donné de E sur E′, on voit qu'il suffit de montrer que tout homomorphisme métrique injectif $u$ de F dans E se prolonge en un automorphisme métrique de E. Remarquons que si, pour $i = 1, 2$, $F_i$ est un sous-espace de E et $u_i$ un homomorphisme métrique de $F_i$ dans E, tels que $F_1 \cap F_2 = \{0\}$ et que $\Phi(u_1(x_1), u_2(x_2)) = \Phi(x_1, x_2)$ pour $x_i \in F_i$ $(i = 1, 2)$, alors l'homomorphisme $v : x_1 + x_2 \to u_1(x_1) + u_2(x_2)$ de $F_1 + F_2$ dans E qui prolonge $u_1$ et $u_2$ est métrique : en effet, quels que soient $x_i, y_i$ dans $F_i$ $(i = 1, 2)$, le développement de chacune des expressions $\Phi(x_1 + x_2, y_1 + y_2)$ et $\Phi(u_1(x_1) + u_2(x_2), u_1(y_1) + u_2(y_2))$ (resp. $Q(x_1 + x_2)$ et $Q(u_1(x_1) + u_2(x_2)))$ contient quatre (resp. trois) termes égaux chacun à chacun d'après les hypothèses faites. De plus, si $u_1$ et $u_2$ sont injectifs et si $u_1(F_1) \cap u_2(F_2) = \{0\}$, alors $v$ est injectif.

1) Démontrons d'abord le théorème de Witt *dans le cas où l'ensemble des points invariants de $u$ est un hyperplan* U *de* F. L'ensemble des vecteurs de la forme $u(x) - x$ avec $x \in F$ est alors une droite D. Si F′ est un sous-espace orthogonal à D tel que $F' \cap F = F' \cap u(F) = \{0\}$, on aura $\Phi(u(x), y) = \Phi(x, y)$ pour $x \in F$ et $y \in F'$ ; notre remarque initiale s'applique donc à $u$ et à l'application identique de F′ dans E, montrant que $u$ se prolonge à $F + F'$ en laissant fixes les points de F′ ; l'ensemble des vecteurs de la forme $u(x) - x$ $(x \in F + F')$ est encore la droite D. Or on a, pour $x \in F, y \in F$

$$(5) \qquad \Phi(u(x), u(y) - y) = \Phi(u(x), u(y)) - \Phi(u(x), y) = \Phi(x - u(x), y),$$

ce qui, lorsque $x \in U$ (c'est-à-dire lorsque $u(x) = x$), montre que $x \in D^0$ ; autrement dit on a $U \subset D^0$. Nous distinguerons deux cas :

*a*) $F \not\subset D^0$. La formule (5) montre que $u(F)$ n'est pas contenu dans $D^0$, donc $F \cap D^0 = u(F) \cap D^0 = U$. L'on peut alors prendre pour F′ un supplémentaire de U dans $D^0$ ; comme $F + F'$ contient l'hyperplan $D^0$ et en est distinct, on a $F + F' = E$, et on a trouvé dans ce cas le prolongement cherché de $u$ à E.

*b*) $F \subset D^0$. La formule (5) montre que $u(F) \subset D^0$, et donc que

$D \subset D^0$ ; la droite D est donc isotrope (resp. singulière, car on a $Q(u(x)-x) = Q(u(x)) - \Phi(x, u(x)) + Q(x) = 2Q(x) - \Phi(x, x) = 0$ pour $x \in F$). Nous allons montrer que, dans ces conditions, *il existe un sous-espace* $F'$ *de* $D^0$ *qui est supplémentaire de* F *et de* $u(F)$ *dans* $D^0$. C'est immédiat si $F = u(F)$. Sinon, soient $x$ et $y$ des vecteurs tels que $x \in F$, $x \notin U$, $y \in u(F)$, $y \notin U$ ; on a alors $F = U + Ax$, $u(F) = U + Ay$, et F ne contient pas $x + y$ sinon $y = (x + y) - x$ appartiendrait à $F \cap u(F) = U$ ; on voit de même que $x + y$ n'appartient pas à $u(F)$ ; ainsi la droite $A(x + y)$ est supplémentaire de F et de $u(F)$ dans le sous-espace $F + u(F)$ ; il suffit alors de poser $F' = A(x + y) + G$ où G est un supplémentaire de $F + u(F)$ dans $D^0$. Ceci étant, on a $F + F' = u(F) + F' = D^0$, et, dans ce cas, ce qui a été dit au début de 1) montre qu'il existe un prolongement de $u$ à l'hyperplan $D^0$ de E, et que $D^0$ est stable pour ce prolongement.

On est donc ramené au cas où F est l'hyperplan $D^0$ et où $u$ est un automorphisme de F. Démontrons que, pour tout $z \in E$, il existe $z' \in E$ tel que

$$\Phi(u(x), z') = \Phi(x, z) \tag{6}$$

pour tout $x \in F$ ; en effet la forme linéaire $x \to \Phi(u^{-1}(x), z)$ sur F est restriction d'une forme linéaire sur E, forme qui est du type $x \to \Phi(x, z')$ puisque $\Phi$ est non dégénérée ; donc (6) est valable. De plus, si $z \notin F$, il existe un vecteur $z' \in E$ vérifiant (6) et tel que $\Phi(z', z') = \Phi(z, z)$ (resp. $Q(z') = Q(z)$) : en effet la formule (6) reste valable si l'on ajoute à $z'$ un élément $u(y) - y$ ($y \in F$) de D puisque $F = D^0$, et le lemme 1 du n° 2 permet de conclure puisque $z$ n'est pas orthogonal à D. Notre remarque initiale montre alors qu'il existe un homomorphisme métrique $v$ de $F + Az = E$ dans E qui prolonge $u$ et qui transforme $z$ en $z'$. Puisque $\Phi$ est non dégénérée, $v$ est l'automorphisme métrique de E cherché.

2) Dans le cas général, nous raisonnerons par récurrence sur $r = \dim F$. Le cas $r = 0$ est trivial. Soit alors $r > 0$, c'est-à-dire $F \neq \{0\}$, et soit U un hyperplan de F. La restriction $u_0$ de $u$ à U se prolonge, d'après l'hypothèse de récurrence, en un automorphisme métrique $v_0$ de E. Si $v_0$ prolonge $u$, le théorème est démontré. Sinon U est l'ensemble des éléments invariants, par

$v_0^{-1}u$, et il existe , d'après 1), un automorphisme métrique $v_1$ de E prolongeant $v_0^{-1}u$. L'automorphisme $v_0v_1$ est alors le prolongement cherché de $u$.CQFD.

Corollaire 1. — *Soient, pour* $i = 1, 2$, $E_i$ *un espace vectoriel de dimension finie,* $\Phi_i$ *une forme* $\varepsilon$*-hermitienne non dégénérée sur* $E_i$ *vérifiant* (T) (resp. $Q_i$ *une forme quadratique non dégénérée sur* $E_i$), $E_i'$ *et* $E_i''$ *deux sous-espaces orthogonaux de* $E_i$ *dont* $E_i$ *soit somme directe. Si les formes* $\Phi_1$ *et* $\Phi_2$ (resp. $Q_1$ *et* $Q_2$) *sont équivalentes, et si leurs restrictions à* $E_1'$ *et* $E_2'$ *sont équivalentes, il en est de même de leurs restrictions à* $E_1''$ *et* $E_2''$.

En effet, soit $u$ un isomorphisme métrique de $E_1'$ sur $E_2'$. D'après le th. 1, $u$ se prolonge en un isomorphisme métrique $v$ de $E_1$ sur $E_2$. Comme $\Phi_i$ est non dégénérée, $E_i''$ est l'orthogonal de $E_i'$ dans $E_i$, donc $v$ applique $E_1''$ sur $E_2''$.CQFD.

Corollaire 2. — *Les hypothèses étant celles du th.* 1, *le groupe des automorphismes métriques de* E *permute transitivement les sous-espaces totalement isotropes* (resp. *totalement singuliers*) *de dimension donnée de* E. *De plus, si* F *est un sous-espace totalement isotrope* (resp. *totalement singulier*) *de* E, *toute application linéaire bijective de* F *sur* F *est induite par un automorphisme métrique de* E.

Corollaire 3. — *Soit* Q *une forme quadratique non dégénérée sur un espace vectoriel* E *de dimension finie sur un corps algébriquement clos* A. *Le groupe des automorphismes métriques de* E *permute transitivement les sous-espaces non isotropes de dimension donnée de* E.

Ceci résulte immédiatement du th. 1 et du cor. 2 de la prop. 3.

*Exercices.* — 1) *a*) Soient K un corps de caractéristique 2, $J : \xi \to \bar{\xi}$ un antiautomorphisme involutif de K, Z le centre de K. Montrer que si la restriction de J à Z n'est pas l'identité, tout élément $\mu$ de K tel que $\bar{\mu} = \mu$ est de la forme $\lambda + \bar{\lambda}$ (remarquer qu'il y a un élément $\rho \neq 0$ dans Z qui s'écrit sous la forme $\zeta + \bar{\zeta}$, avec $\zeta \in Z$) ; toute forme hermitienne sur un espace vectoriel sur K satisfait alors à la condition (T).

*b*) Donner des exemples de corps de caractéristique 2, admettant un antiautomorphisme involutif $\xi \to \bar{\xi}$ distinct de l'application identique, et pour lequel il y ait des éléments $\mu = \bar{\mu}$ qui ne sont pas de la forme $\lambda + \bar{\lambda}$ (cf. chap. VIII, § 11, exerc. 4).

2) Soient A un corps, E un espace vectoriel sur A, $\Phi$ (resp. Q) une forme $\varepsilon$-hermitienne non dégénérée sur E, vérifiant la condition (T) (resp. une forme quadratique non dégénérée sur E, $\Phi$ désignant alors la forme bilinéaire symétrique associée à Q).

*a*) Montrer que pour qu'un plan $P \subset E$ soit isotrope (resp. singulier) et non totalement isotrope (resp. non totalement singulier), il faut et il suffit qu'il ne contienne qu'une seule droite isotrope (resp. singulière) (cf. exerc. 14 *e*)).

*b*) On suppose que $\dim E \geqslant 3$, et qu'il existe dans E des vecteurs isotropes $\neq 0$. Montrer que si P est un plan non totalement isotrope dans E, il existe un sous-espace vectoriel non isotrope $V \subset E$, de dimension 3, contenant des vecteurs isotropes $\neq 0$, et tel que $P \subset V$.

3) Les hypothèses étant les mêmes que dans l'exerc. 2, montrer que si $\dim E \geqslant 3$, toute droite isotrope dans E est intersection de deux plans non isotropes.

4) Les hypothèses sont celles de l'exerc. 2, et on suppose en outre que E est de dimension finie.

*a*) Si l'indice $\nu$ de $\Phi$ (resp. Q) est $\geqslant 1$, montrer que pour tout vecteur isotrope (resp. singulier) $a \neq 0$ dans E, il existe une base $(e_i)$ de E formée de vecteurs isotropes (resp. singuliers), telle que $e_1 = a$ (cf. exerc. 14 *e*)).

*b*) Soient V, W deux sous-espaces totalement isotropes (resp. totalement singuliers) de même dimension $r \leqslant \nu$ ; montrer qu'il existe deux sous-espaces totalement isotropes (resp. totalement singuliers) maximaux $V_1$, $W_1$, tels que $V \subset V_1$, $W \subset W_1$, et $V_1 \cap W_1 = V \cap W$. (Si $U = V \cap W$, raisonner dans $U^0/U$).

*c*) Soient V, W, $V_1$, $W_1$ quatre sous-espaces totalement isotropes (resp. totalement singuliers) de même dimension, tels que $V + W$ et $V_1 + W_1$ soient non isotropes. Montrer qu'il existe un automorphisme métrique $u$ de E tel que $u(V) = V_1$ et $u(W) = W_1$.

*d*) Soient $f$ une forme linéaire sur E, $\alpha$ un élément de A de la forme $\lambda + \varepsilon\bar{\lambda}$ (resp. un élément de A). On considère la forme sesquilinéaire sur E

$$(x, y) \to \Phi_1(x, y) = \Phi(x, y) + f(x)\alpha\overline{f(y)}$$

(resp. la forme quadratique

$$x \to Q_1(x) = Q(x) + \alpha(f(x))^2).$$

Montrer que si $\Phi_1$ (resp. $Q_1$) est non dégénérée et si $\nu_1$ désigne son indice, on a $|\nu_1 - \nu| \leqslant 1$.

5) *a*) Soient B un anneau, $\xi \to \bar{\xi}$ un antiautomorphisme involutif de B, $\varepsilon$ un élément du centre de B tel que $\varepsilon\bar{\varepsilon} = 1$. Montrer que si $\beta$ est un élément inversible de B tel que $\beta + \varepsilon\bar{\beta} \neq 0$, il existe un élément inversible $\mu \neq 1$ dans B, tel que $\mu(\beta + \varepsilon\bar{\beta})\bar{\mu} = \beta + \varepsilon\bar{\beta}$. (Montrer qu'on peut prendre $\mu$ tel que $\mu\beta\bar{\mu} = \beta$).

*b*) Soient A un corps, E un espace vectoriel sur A, $\Phi$ une forme sesquilinéaire $\varepsilon$-hermitienne non dégénérée sur E, satisfaisant à (T). Montrer que si $\Phi$ n'est pas alternée, pour tout hyperplan non isotrope H de E, il existe un automorphisme métrique de E, distinct de l'identité, laissant invariant tout élément de H (utiliser *a*)).

6) Les hypothèses étant celles de l'exerc. 2, soit $a$ un vecteur isotrope $\neq 0$ dans E (resp. un vecteur isotrope non singulier (on notera que de tels vecteurs n'existent que si A est de caractéristique 2)). Soit $\lambda \in A$ tel que $\lambda + \varepsilon\bar{\lambda} = 0$ (resp. $\lambda = (Q(a))^{-1}$) ; montrer que la transvection $x \to x + \Phi(x, a)\lambda a$ (chap. II, § 6, exerc. 7) est un automorphisme métrique de E ; réciproque.

7) Les hypothèses étant celles de l'exerc. 2, soit G le groupe des automorphismes métriques de E. Montrer que les seules bijections semi-linéaires de E sur lui-même qui permutent avec tous les éléments de G sont les homothéties de E, sauf dans les trois cas suivants : $\dim E = 2$, G est le groupe des automorphismes métriques correspondant à une forme quadratique d'indice 1 sur E, et A est l'un des trois corps $\mathbf{F}_2$, $\mathbf{F}_3$ ou $\mathbf{F}_4$. (Utiliser les exerc. 5, 6 et 3 ; examiner à part le cas d'une forme quadratique sur un espace vectoriel de dimension 2).

*8) Soient A un corps, E un espace vectoriel de dimension finie $> 0$ sur A, $\Phi$ une forme sesquilinéaire $\varepsilon$-hermitienne non dégénérée sur E, satisfaisant à (T). Soit $M(\Phi)$ le groupe des multiplicateurs des similitudes de E pour $\Phi$ (§ 6, n° 5).

*a*) Soient $V_1$, $V_2$ deux sous-espaces vectoriels de E, de même dimension, et soient $\Phi_1$, $\Phi_2$ les restrictions de $\Phi$ à $V_1$, $V_2$ respectivement. Pour qu'il existe une similitude $u$ telle que $u(V_1) = V_2$, il faut et il suffit qu'il existe $\alpha \in M(\Phi)$ tel que $\Phi_2$ soit équivalente à $\alpha\Phi_1$ (utiliser le th. de Witt).

*b*) Soit (F, F', G) une décomposition de Witt de E (n° 2), et soit $\Phi_0$ la restriction de $\Phi$ au sous-espace non isotrope G. Montrer que l'on a $M(\Phi) = M(\Phi_0)$ si $G \neq \{0\}$. (Utiliser le th. de Witt et la prop. 2 du n° 2).

*c*) Montrer que si l'indice $\nu$ de $\Phi$ est tel que $\dim E = 2\nu$, $M(\Phi)$ est le groupe des éléments $\zeta \neq 0$ du centre de A tels que $\bar{\zeta} = \zeta$. Si $\dim E = 2\nu + 1$, $M(\Phi)$ est le groupe des éléments de la forme $\rho\bar{\rho}$, où $\rho$ parcourt le groupe multiplicatif des éléments $\neq 0$ du centre de A (utiliser le th. de Witt). (Cf. § 10, exerc. 18).$_*$

*9) Soient A un corps commutatif, E un espace vectoriel sur A, Q une forme quadratique non dégénérée sur E. On appelle *similitude* pour Q tout automorphisme $u$ de E tel qu'il existe un élément $\alpha \neq 0$ de A pour lequel $Q(u(x)) = \alpha Q(x)$ quel que soit $x \in E$ ; $u$ est alors aussi une similitude pour la forme bilinéaire associée à Q. En supposant la dimension de E finie et $> 0$, énoncer et démontrer pour les similitudes relatives à Q les analogues des résultats de l'exerc. 8.$_*$

*10) Soient A un corps, E un espace vectoriel sur A de dimension $\geq 2$, $\Phi_1$ (resp. $\Phi_2$) une forme sesquilinéaire non dégénérée $\varepsilon_1$-hermitienne (resp. $\varepsilon_2$-hermitienne) sur E pour un antiautomorphisme involutif $J_1$ (resp. $J_2$) de A, vérifiant la condition (T). Montrer que si le groupe des automorphismes métriques de E pour $\Phi_1$ est un sous-groupe du groupe des similitudes pour $\Phi_2$, il existe $\alpha \in A$ tel que $\Phi_2 = \Phi_1\alpha$ (utiliser les exerc. 5 *b*) et 6).

Démontrer la propriété analogue lorsque A est supposé commutatif, et que $\Phi_1$ et $\Phi_2$ sont remplacées dans l'énoncé par deux formes quadratiques non dégénérées $Q_1$, $Q_2$ sur E.$_*$

11) Soient A un anneau, J un antiautomorphisme involutif de A, E un A-module admettant une base finie $(e_i)$, $\Phi$ une forme $\varepsilon$-hermitienne non dégénérée sur E, $R$ la matrice de $\Phi$ par rapport à $(e_i)$ ; le groupe des automorphismes métriques de $\Phi$ s'identifie au groupe G des matrices inversibles $U$ telles que ${}^tU.R.U^J = R$.

*a*) On suppose qu'il existe une matrice $P$ telle que $R = {}^tP + \varepsilon P^J$. Montrer que pour toute matrice $S$ telle que ${}^tS + \varepsilon S^J = 0$, et que $P + S$ soit inversible, $U = ({}^tP^J - \varepsilon^J S)^{-1}(P + S)$ appartient à G, et $\varepsilon I + U$ est inversible. Réciproque (montrer que pour toute matrice $U \in$ G telle que $\varepsilon I + U$ soit inversible, on a

$$\varepsilon(\varepsilon I + {}^tU)^{-1}R + \varepsilon^J R(\varepsilon^J I + U^J)^{-1} = R).$$

*b*) Montrer que la condition de *a*) est vérifiée lorsque $\Phi$ satisfait à la condition (T). Cas où dans A l'équation $2\xi = \alpha$ admet une solution et une seule pour tout $\alpha \in$ A.

¶ 12) Soient A un corps commutatif, E un espace vectoriel de dimension finie $n$ sur A, $\Phi$ une forme sesquilinéaire $\varepsilon$-hermitienne non dégénérée sur E.

*a*) Soit $u$ un endomorphisme de E ; montrer que si les $r_i$ $(1 \leqslant i \leqslant m)$ sont les invariants de similitude de $u$ (chap. VII, § 5, n° 1, déf. 1), les invariants de similitude de l'adjoint $u^*$ de $u$ par rapport à $\Phi$ sont les polynômes $\bar{r}_i$ $(1 \leqslant i \leqslant m)$, où $\bar{r}_i$ se déduit de $r_i$ en appliquant à chaque coefficient l'automorphisme J (cf. chap. VII, § 5, exerc. 2). Pour tout polynôme unitaire irréductible $p \in$ A[X] divisant le polynôme minimal de $u$, soit $F_k(u, p)$ le noyau de $(p(u))^k$ dans E, et soit $F(u, p)$ la réunion des $F_k(u, p)$ pour tous les entiers $k > 0$. Montrer que si $p$ et $q$ sont deux polynômes unitaires irréductibles distincts divisant le polynôme minimal de $u$, les sous-espaces $F(u, p)$ et $F(u^*, \bar{q})$ sont orthogonaux (utiliser l'identité de Bezout). Enfin, si G est un sous-espace vectoriel de E tel que $u(G) \subset G$, on a $u^*(G^0) \subset G^0$.

*b*) On suppose que $uu^* = u^*u$ (cas où on dit que $u$ est un endomorphisme *normal* pour $\Phi$ ; cf. § 7, n° 3) ; montrer que l'on a alors $u^*(F_k(u, p)) \subset F_k(u, p)$ pour tout $k$, et par suite $u^*(F(u, p)) \subset F(u, p)$. Si on pose $G(p, \bar{q}) = F(u, p) \cap F(u^*, \bar{q})$, montrer que E est somme directe des sous-espaces $G(p, \bar{q})$, et que $G(p, \bar{q})$ et $G(p_1, \bar{q}_1)$ sont orthogonaux si $p \neq q_1$ ou si $p_1 \neq q$ ; en particulier $G(p, \bar{q})$ est totalement isotrope si $p \neq q$. Montrer que $G(p, \bar{p})$ est réduit à 0 ou non isotrope, et que si $p \neq q$, aucun vecteur non nul de $G(p, \bar{q})$ n'est orthogonal à $G(q, \bar{p})$ (utiliser le fait que $\Phi$ est non dégénérée) ; en déduire que si $p \neq q$, $G(p, \bar{q})$ et $G(q, \bar{p})$ sont des sous-espaces totalement isotropes de même dimension, et que $G(p, \bar{q}) + G(q, \bar{p})$ est non isotrope.

*c*) On suppose que J n'est pas l'identité ou que A n'est pas de caractéristique 2, et que $u^* = u$. Soit $\mathfrak{M}$ l'ensemble des sous-espaces *non isotropes* $M \subset G(p, \bar{p})$, stables pour $u$ (donc sous-modules du A[X]-

module $E_u$ (chap. VII, § 5, n° 1)). Montrer que si M est un élément minimal de $\mathfrak{M}$, M est un sous-module *indécomposable* de $E_u$ (chap. VII, § 4, n° 7). (Supposer que M soit somme directe d'un sous-module indécomposable $M_1$ et d'un sous-module $M_2 \neq \{0\}$, les polynômes minimaux $p^h$ et $p^k$ des restrictions de $u$ à $M_1$ et $M_2$ respectivement étant tels que $h \geqslant k$. Remarquer alors que $M_1$ est nécessairement isotrope et que tout $z \neq 0$ dans $M_1$ tel que $p(u).z = 0$ est orthogonal à $M_1$ (utiliser le fait que tout sous-module de $M_1$ est monogène) ; écrire que $z = (p(u))^{h-1}.x$ et que $z$ n'est pas orthogonal à $M_2$, et en déduire qu'on a nécessairement $k = h$. Montrer ensuite qu'il existe un sous-module indécomposable $N_2$ de $M_2$ tel que $p^h$ soit le polynôme minimal de la restriction de $u$ à $N_2$, et que $M_1 + N_2$ soit non isotrope ; en conclure que $M_2 = N_2$. Enfin, si $y \in M_2$ n'est pas orthogonal à $z$, considérer le sous-module P de M engendré par $w = x + \lambda y$, où $\lambda \in A$, et montrer qu'on peut prendre $\lambda$ tel que P soit non isotrope, en prouvant qu'on a $\Phi((p(u))^{h-1}.w, w) \neq 0$ ; ce qui aboutit à une contradiction).

*d*) Déduire de *c*) que $G(p, \overline{p})$ est somme directe de sous-modules indécomposables $H_i$, deux à deux orthogonaux. Si $p^h$ est le polynôme minimal de la restriction de $u$ à $H_i$, et si $d$ est le degré de $p$, montrer qu'il existe dans $H_i$ un sous-espace totalement isotrope de dimension $d.[h/2]$. Cas où E ne contient aucun vecteur isotrope $\neq 0$ (cf. § 7, n° 3).

*e*) Enoncer et démontrer les propriétés analogues à celles de *c*) et *d*) lorsqu'on a $u^* = -u$ ou $u^*u = 1$.

*f*) Donner un exemple où $n = 4$, $\Phi$ est symétrique et d'indice 2, $p = \overline{p} = X - 1$, $u$ est normal, $E = G(p, \overline{p})$, mais E n'est pas somme directe de sous-modules minimaux de $\mathfrak{M}$, et où il existe un vecteur propre de $u$ qui n'est pas vecteur propre de $u^*$ (cf. § 7, n° 3).

13) Les hypothèses sont celles de l'exerc. 2, et on suppose en outre que E admette une base dénombrable $(e_n)$. Soit F un sous-espace totalement isotrope (resp. totalement singulier) de E tel que $F^{00} = F$ ; montrer qu'il existe un sous-espace totalement isotrope (resp. totalement singulier) F' tel que : 1° $F \cap F' = \{0\}$ ; 2° il existe une base $(a_m)_{m \in I}$ de F et une base $(a'_m)_{m \in I}$ de F' (I intervalle de $\mathbf{N}$ d'origine 0) telles que $\Phi(a_i, a'_j) = \delta_{ij}$ pour tout couple d'indices ; 3° $(F + F')^{00} = F + F'$ et E est somme directe de $F + F'$ et de $G = (F + F')^0$. (Former par récurrence une suite croissante $(L_n)$ de sous-espaces non isotropes, de réunion E, tels que $\dim L_{n+1} - \dim L_n = 2$, et appliquer la prop. 2 du n° 2 à chacun des $L_n$ ; pour former cette suite, on considérera, pour tout $n$, le plus petit entier $k$ tel que $e_k \notin L_n$, et on utilisera l'exerc. 9 *b*) du § 1).

14) Soient A un corps de caractéristique 2, E un espace vectoriel de dimension finie $n$ sur A, $\Phi$ une forme hermitienne non dégénérée sur E, ne satisfaisant pas nécessairement à la condition (T).

*a*) Montrer que l'ensemble V des $x \in E$ tels que $\Phi(x, x)$ soit de la forme $\alpha + \overline{\alpha}$ est un sous-espace vectoriel de E.

*b*) Soient $V_1 = V \cap V^0$, $q = \dim V_1$, $V_2$ un supplémentaire de $V_1$ par rapport à V, $V_3$ un supplémentaire de $V_1$ par rapport à $V^0$. Montrer qu'il existe une base $(e_i)_{1 \leqslant i \leqslant 2q}$ de $(V_2 + V_3)^0 = V_2^0 \cap V_3^0$ telle que les vecteurs $e_1, \ldots, e_q$ forment une base de $V_1$ et que l'on ait $\Phi(e_i, e_{q+j}) = \delta_{ij}$ pour $1 \leqslant i \leqslant q$, $1 \leqslant j \leqslant q$.

*c*) Soit $\mathbf{G}(\Phi)$ le groupe des automorphismes métriques de E (pour $\Phi$). Montrer que pour tout $u \in \mathbf{G}(\Phi)$, on a $u(x) = x$ pour tout $x \in V^0$.

*d*) Pour tout $u \in \mathbf{G}(\Phi)$, on a $u(V) = V$ ; soit $u_V$ la restriction de $u$ à V, et soit $G_V$ le groupe formé par les $u_V$. Montrer que : 1º le noyau de l'homomorphisme $u \to u_V$ de $\mathbf{G}(\Phi)$ sur $G_V$ est commutatif ; 2º si $\Phi_2$ est la restriction de $\Phi$ à $V_2$ et $\mathbf{G}(\Phi_2)$ le groupe des automorphismes métriques de $V_2$ pour $\Phi_2$, il existe un homomorphisme de $G_V$ sur $\mathbf{G}(\Phi_2)$ dont le noyau est commutatif (utiliser *b*) et *c*)).

*e*) On suppose que A est commutatif et J est l'identité ; soient E un espace vectoriel de dimension 3 sur A, $(e_i)_{1 \leqslant i \leqslant 3}$ une base de E, $\Phi$ la forme symétrique non dégénérée sur E dont la matrice par rapport à $(e_i)$ est

$$\begin{pmatrix} 1 & 0 & 0 \\ 0 & 0 & 1 \\ 0 & 1 & 0 \end{pmatrix}.$$

Montrer que tous les vecteurs isotropes dans E sont contenus dans l'hyperplan engendré par $e_2$ et $e_3$ (cf. exerc. 4 *a*)). Donner un exemple de plan non isotrope mais ne contenant qu'une seule droite isotrope (cf. exerc. 2 *a*)). Montrer qu'il n'existe aucun automorphisme $u \in \mathbf{G}(\Phi)$ tel que $u(e_1) = e_1 + e_2$, bien que l'on ait $\Phi(e_1, e_1) = \Phi(e_1 + e_2, e_1 + e_2)$.

## § 5. Propriétés spéciales aux formes bilinéaires alternées

### 1. *Réduction des formes bilinéaires alternées.*

THÉORÈME 1. — *Soient* A *un anneau (commutatif) principal,* E *un* A*-module libre de dimension finie* $n$ *et* $\Phi$ *une forme bilinéaire alternée sur* E. *Alors il existe une base* $(e_i)_{1 \leqslant i \leqslant n}$ *de* E *et un entier pair* $2r \leqslant n$, *tels que*

1º $\Phi(e_1, e_2) = \alpha_1, \Phi(e_3, e_4) = \alpha_2, \ldots, \Phi(e_{2r-1}, e_{2r}) = \alpha_r$

*où les* $\alpha_i$ *sont des éléments* $\neq 0$ *de* A, *et où* $\alpha_i$ *divise* $\alpha_{i+1}$ *pour* $i = 1, \ldots, r-1$.

2º *Tous les autres éléments* $\Phi(e_i, e_j)$ *où* $i \leqslant j$ *sont nuls.*

*Les idéaux* $A\alpha_i$ $(i = 1, \ldots, r)$ *sont uniquement déterminés par les conditions précédentes. Le sous-module* $E^0$ *de* E *orthogonal à* E *est engendré par* $e_{2r+1}, \ldots, e_n$.

Nous procéderons par récurrence sur la dimension $n$ de E. Le théorème est évident pour $n = 0$. Si $\Phi = 0$, le théorème est évident aussi ; on peut donc supposer $\Phi \neq 0$. Notons $f$ l'application linéaire $d_\Phi$ de E dans $E^*$ associée à droite à $\Phi$ (§ 1, n° 1) ; alors $f(E)$ est un sous-module non réduit à 0 du module $E^*$, qui est un module libre de dimension $n$. Soit $A\alpha_1$ le plus grand facteur invariant de $f(E)$ par rapport à $E^*$ (chap. VII, § 4, n° 2, th. 1) ; on sait (*loc. cit.*) qu'il existe une base $(e'_1, a'_2, \ldots, a'_n)$ de $E^*$ et un élément $f(e_2) \in f(E)$ tels que $f(e_2) = \alpha_1 e'_1$. Soit $(e_1, a_2, \ldots, a_n)$ la base de E (identifié au bidual $E^{**}$) duale de $(e'_1, a'_2, \ldots, a'_n)$ ; on a

$$\Phi(e_1, e_2) = -\Phi(e_2, e_1) = \langle e_1, f(e_2)\rangle = \alpha_1. \tag{1}$$

Soit P le sous-module $Ae_1 + Ae_2$ de E. Nous allons voir que E est *somme directe* de $Ae_1$, $Ae_2$ et du sous-module $P^0$ orthogonal de P. Il suffit pour cela de prouver que, pour tout $x \in E$, il existe des éléments $\xi_1$, $\xi_2$ de A, déterminés de façon unique et tels que $x - \xi_1 e_1 - \xi_2 e_2 \in P^0$, c'est-à-dire tels que

$$\Phi(e_1, x - \xi_1 e_1 - \xi_2 e_2) = 0, \qquad \Phi(e_2, x - \xi_1 e_1 - \xi_2 e_2) = 0.$$

D'après (1) ces conditions s'écrivent

$$\langle e_1, f(x)\rangle = \xi_2\alpha_1, \ \langle e_2, f(x)\rangle = -\xi_1\alpha_1.$$

Mais on sait (*loc. cit.*) que l'image de $f(E)$ par toute forme linéaire sur $E^*$ est contenue dans l'idéal $A\alpha_1$, autrement dit toutes les valeurs $\Phi(x, y) = \langle x, f(y)\rangle$ appartiennent à $A\alpha_1$ ; d'où l'existence et l'unicité de $\xi_1$ et $\xi_2$. Ainsi $P^0$ est un module libre de rang $n-2$ ; il existe donc, dans $P^0$, d'après l'hypothèse de récurrence, une base $(e_3, e_4, \ldots, e_n)$ satisfaisant aux conditions de l'énoncé. Pour montrer que la base $(e_1, \ldots, e_n)$ de E ainsi obtenue satisfait aussi à ces conditions, il suffit de prouver que $\alpha_1$ divise $\alpha_2$ ; or cela résulte de ce que toutes les valeurs $\Phi(x, y)$ sont des multiples de $\alpha_1$. Il est alors clair que $e_{2r+1}, \ldots, e_n$ engendrent $E^0$. Enfin, si $(e'_i)$ est la base duale de $(e_i)$, on a $f(e_{2j-1}) = -\alpha_j e'_{2j}$ et $f(e_{2j}) = \alpha_j e'_{2j-1}$ pour $j = 1, \ldots, r$ et $f(e_k) = 0$ pour $k = 2r+1, \ldots, n$ ; les idéaux $A\alpha_1, A\alpha_1, A\alpha_2, A\alpha_2, \ldots, A\alpha_r, A\alpha_r$ sont donc les facteurs invariants de $f(E)$ par rapport à $E^*$, ce qui démontre leur unicité (chap. VII, § 4, n° 2, th. 1).

Corollaire 1. — *Soient* A *un corps commutatif,* E *un espace vectoriel de dimension finie n sur* A, *et* $\Phi$ *une forme bilinéaire alter-*

*née sur* E. *Il existe alors une base* $(e_i)_{1\leqslant i\leqslant n}$ *de* E *et un entier pair* $2r \leqslant n$ *tels que*

$$\Phi\Big(\sum_{i=1}^{n} \xi_i e_i, \sum_{i=1}^{n} \eta_i e_i\Big) = \sum_{j=1}^{r} (\xi_{2j-1}\eta_{2j} - \xi_{2j}\eta_{2j-1}). \tag{2}$$

*En particulier* $\Phi$ *est de rang pair* $2r$.

Une base vérifiant (2) est dite *base symplectique* pour $\Phi$.

*Remarque.* — On notera que ce corollaire est aussi une conséquence immédiate de la prop. 3 du § 4, n° 2 et de son cor. 1, car avec les notations de cette proposition, on a nécessairement $H = \{0\}$ puisque $\Phi$ est alternée.

COROLLAIRE 2. — *Soient* A *un corps commutatif,* E *un espace vectoriel de dimension finie* $n$ *sur* A. *Pour tout bivecteur* $z \in \bigwedge^2 E$, *il existe une base* $(e_i)_{1\leqslant i\leqslant n}$ *de* E *telle que*

$$z = e_1 \wedge e_2 + e_3 \wedge e_4 + \cdots + e_{2r-1} \wedge e_{2r} \qquad (2r \leqslant n).$$

Il suffit en effet de remarquer que $z$ s'identifie canoniquement à une forme bilinéaire alternée sur E* (chap. III, § 8, n° 2), et d'appliquer le cor. 1 à cette forme.

En traduisant le cor. 1 en langage matriciel, on obtient :

COROLLAIRE 3. — *Soient* A *un corps commutatif,* $R$ *une matrice carrée alternée sur* A. *Le rang de* $R$ *est un nombre pair* $2r$, *et il existe une matrice inversible* $P$ *sur* A *telle que*

$$^tP.R.P = \begin{pmatrix} 0 & I_r & 0 \\ -I_r & 0 & 0 \\ 0 & 0 & 0 \end{pmatrix}.$$

*Remarque.* — Si A est un anneau commutatif quelconque et $R$ une matrice carrée alternée d'ordre *impair* $n$ sur A, on a $\det R = 0$. Ceci résulte du cor. 3 lorsque A est un corps. Une démonstration directe dans le cas où A est un corps de caractéristique $\neq 2$ est la suivante : comme $^tR = -R$, on a $\det R = \det {}^tR = (-1)^n \det R$, d'où $2 \det {}^tR = 0$. Ceci étant, puisque le déterminant d'une matrice alternée $(\alpha_{ij})$ est un polynôme à coefficients entiers par rapport aux $\alpha_{ij}$ tels que $i < j$, le principe de prolongement des identités algébriques (chap. IV, § 2, n° 5, Scholie) montre alors que notre assertion est vraie pour un anneau commutatif arbitraire A.

## 2. *Pfaffien d'une matrice alternée.*

Soient A un corps commutatif de caractéristique 0, et $R = (\alpha_{ij})$ une matrice alternée d'ordre *pair* $2m$ sur A. Désignons par E l'espace vectoriel $A^{2m}$, par $(e_i)$ $(i = 1, \ldots, 2m)$ sa base canonique, et par $e$ l'élément $e_1 \wedge e_2 \wedge \ldots \wedge e_{2m}$ de $\bigwedge^{2m} E$. La puissance extérieure $m$-ième du bivecteur $u = \sum_{i<j} \alpha_{ij} e_i \wedge e_j \in \bigwedge^2 E$ est de la forme $\alpha . e$, où $\alpha$ est un élément de A que nous allons calculer. L'élément $\bigwedge^m u$ est une somme de termes de la forme

$$\alpha_{h_1k_1}\alpha_{h_2k_2}\ldots\alpha_{h_mk_m}e_{h_1} \wedge e_{k_1} \wedge e_{h_2} \wedge e_{k_2} \wedge \ldots \wedge e_{h_m} \wedge e_{k_m} \tag{3}$$

avec $h_j < k_j$ pour $j = 1, \ldots, m$. Un tel terme est nul s'il y figure deux $e_j$ égaux, c'est-à-dire si l'ensemble $\{h_1, k_1, \ldots, h_m, k_m\}$ n'est pas exactement $\{1, 2, \ldots, 2m\}$. En outre, si, dans (3), on échange simultanément $e_{h_r}$ et $e_{h_{r+1}}$ d'une part, $e_{k_r}$ et $e_{k_{r+1}}$ d'autre part, le produit ne change pas ; il ne change donc pas par toute permutation effectuée sur les *couples* $(h_1, k_1), \ldots, (h_m, k_m)$. Considérons alors les ensembles (et non les suites) $S = \{(h_1, k_1), \ldots, (h_m, k_m)\}$ de couples $(h_j, k_j)$ tels que $1 \leqslant h_j < k_j \leqslant 2m$ pour $j = 1, 2, \ldots, m$ ; soit $\mathcal{S}$ l'ensemble de ces couples. Pour $S \in \mathcal{S}$, posons

1°) $\varepsilon(S) = 0$ si $\{h_1, k_1, \ldots, h_m, k_m\} \neq \{1, 2, \ldots, 2m\}$ ;

2°) dans le cas contraire, $\varepsilon(S) = 1$ ou $\varepsilon(S) = -1$ suivant que la permutation qui applique $h_j$ sur $2j - 1$ et $k_j$ sur $2j$ $(j = 1, \ldots, m)$ est paire ou impaire.

Les remarques précédentes prouvent alors que $\bigwedge^m u$ est égal à

$$m! \sum_{S \in \mathcal{S}} \varepsilon(S) \Big( \prod_{(h,k) \in S} \alpha_{hk} \Big) e. \tag{4}$$

Introduisons alors $m(2m - 1)$ indéterminées $X_{hk}$ indexées au moyen des couples $(h, k)$ tels que $1 \leqslant h < k \leqslant 2m$, et appelons P le polynôme sur $\mathbf{Z}$ par rapport aux $X_{hk}$, défini par

$$P((X_{hk})) = \sum_{S \in \mathcal{S}} \varepsilon(S) \Big( \prod_{(h,k) \in S} X_{hk} \Big). \tag{5}$$

On a donc

$$(6) \qquad \bigwedge^{m} u = m!\,\mathrm{P}((\alpha_{hk})).e.$$

DÉFINITION 1. — *Etant donnée une matrice alternée* $R = (\alpha_{ij})$ $(i, j = 1, \ldots, 2m)$ *d'ordre pair* $2m$ *sur un anneau commutatif quelconque* A, *on appelle pfaffien de* $R$, *et on note* $\mathrm{Pf}(R)$, *l'élément* $\mathrm{P}((\alpha_{hk}))$ *de* A, *où* $1 \leqslant h < k \leqslant 2m$.

*Exemple.* — Supposons :

$$\alpha_{12} = -\alpha_{21} = \beta_1,\ \alpha_{34} = -\alpha_{43} = \beta_2, \ldots, \alpha_{2m-1, 2m} = -\alpha_{2m, 2m-1} = \beta_m,$$

tous les autres $\alpha_{ij}$ étant nuls (cf. th. 1). Alors le pfaffien de $R = (\alpha_{ij})$ est $\beta_1\beta_2 \ldots \beta_m$.

PROPOSITION 1. — *Soient* $R$ *une matrice alternée d'ordre pair* $2m$ *sur un anneau commutatif* A, *et* $P$ *une matrice carrée d'ordre* $2m$ *sur* A. *On a*

$$(7) \qquad \mathrm{Pf}({}^tP.R.P) = (\det P)\mathrm{Pf}(R).$$

En effet, supposons d'abord que A soit un corps de caractéristique 0 et posons $R = (\alpha_{ij})$, $P = (\beta_{st})$. Associons à $R$ le bivecteur

$$u = \sum_{i<j} \alpha_{ij} e_i \wedge e_j = \frac{1}{2} \sum_{1 \leqslant i, j \leqslant 2m} \alpha_{ij} e_i \wedge e_j$$

de $\bigwedge^{2} \mathrm{A}^{2m}$, où $(e_i)$ désigne la base canonique de $\mathrm{A}^{2m}$ ; considérons ${}^tP$ comme la matrice, par rapport à la base $(e_i)$, d'un endomorphisme $f$ de $\mathrm{A}^{2m}$. Alors le bivecteur $(\bigwedge^{2} f)(u)$ est associé à la matrice ${}^tP.R.P$ puisqu'il est égal à $\frac{1}{2} \sum_{i,j,s,t} \beta_{is}\alpha_{ij}\beta_{jt} e_s \wedge e_t$. Comme l'extension $\bigwedge f$ de $f$ à l'algèbre extérieure $\bigwedge \mathrm{A}^{2m}$ est un endomorphisme de cette algèbre (chap. III, § 5, n° 9), on a $\bigwedge^{m}((\bigwedge^{2} f)(u)) = (\bigwedge^{2m} f)(\bigwedge^{m} u)$ ; comme $\bigwedge^{2m} f$ est l'homothétie de rapport det $f$, il résulte donc de (6) et de la déf. 1, que l'on a $m!\,\mathrm{Pf}({}^tP.R.P) = m!\,(\det P)\mathrm{Pf}(R)$, d'où (7) dans le cas envisagé. Le cas général s'en déduit en remarquant que les deux membres de (7) sont des polynômes à coefficients entiers par rapport aux éléments des matrices $R$ et $P$ (chap. IV, § 2, n° 5, Scholie).

PROPOSITION 2. — *Pour toute matrice alternée $R$ d'ordre pair $2m$ sur un anneau commutatif* A, *on a*

$$\det R = (\mathrm{Pf}(R))^2. \tag{8}$$

En effet, comme les deux membres de (8) sont des polynômes à coefficients entiers par rapport aux éléments de $R$, le principe de prolongement des identités algébriques (chap. IV, § 2, nº 5, Scholie) montre qu'il suffit de faire la démonstration dans le cas où A est un corps de caractéristique 0 et où $\det R \neq 0$. Si $P$ est une matrice carrée inversible d'ordre $2m$ sur A, on a $\det({}^tP.R.P) = (\det P)^2(\det R)$ et $\mathrm{Pf}({}^tP.R.P) = (\det P)\mathrm{Pf}(R)$ (prop. 1), de sorte qu'il suffit de prouver (8) pour ${}^tP.R.P$ au lieu de $R$. D'après le cor. 1 du th. 1, on peut, par un choix convenable de $P$, supposer que la matrice ${}^tP.R.P$ est de la forme $(\alpha_{ij})$ où

$$\alpha_{12} = -\alpha_{21} = 1, \ldots, \alpha_{2m-1,\,2m} = -\alpha_{2m,\,2m-1} = 1,$$

tous les autres $\alpha_{ij}$ étant nuls (cf. *Exemple*). Or le déterminant de cette matrice est égal à 1, et son pfaffien également ; ceci achève la démonstration.

### *3. Groupe symplectique.*

Supposons l'anneau A *commutatif*. Si $\Phi$ est une forme bilinéaire alternée sur E, les automorphismes du module E laissant $\Phi$ invariante s'appellent les *automorphismes symplectiques* (ou *transformations symplectiques*) relatifs à $\Phi$, et ils forment un groupe que l'on appelle le *groupe symplectique* associé à $\Phi$ ; on le note quelquefois $\mathbf{Sp}(\Phi)$.

Considérons en particulier, sur le module $E = A^{2m}$, la forme bilinéaire alternée $\Phi_0$ dont la matrice par rapport à la base canonique $(e_i)$ de E est

$$R_m = \begin{pmatrix} 0 & I_m \\ -I_m & 0 \end{pmatrix}.$$

Les automorphismes symplectiques et le groupe symplectique relatifs à $\Phi_0$ s'appellent simplement automorphismes symplectiques et groupe symplectique *à $2m$ variables* (sur A) ; ce groupe se note $\mathbf{Sp}(2m, \mathrm{A})$ ou $\mathbf{Sp}_{2m}(\mathrm{A})$. Toute matrice $A$ d'un automorphisme symplectique par rapport à la base canonique $(e)_i$ s'appelle une *matrice symplectique*. Une telle matrice est inversible, et, d'après la formule (48) du § 1, n° 10, satisfait à la relation

$$ {}^tA \,.\, R_m \,.\, A = R_m. \tag{9}$$

Réciproquement si une matrice carrée $A$ d'ordre $2m$ sur A satisfait à (9), elle est symplectique : il suffit en effet de prouver qu'elle est inversible ; or (9) entraîne $\mathrm{Pf}(R_m) = \mathrm{Pf}({}^tA\,.\,R_m\,.\,A) = (\det A)\mathrm{Pf}(R_m)$ d'après la prop. 1 du n° 2, donc $\det A = 1$. Nous avons en même temps prouvé la proposition suivante :

PROPOSITION 3. — *Le déterminant d'une matrice symplectique est égal à* 1.

Si A est un corps commutatif et $\Phi$ une forme bilinéaire alternée non dégénérée sur un espace vectoriel E de dimension paire $2m$ sur A, le groupe symplectique associé à $\Phi$ est *isomorphe* à $\mathbf{Sp}(2m, \mathrm{A})$, d'après le cor. 1 du th. 1.

*Exercices*. — ¶ 1) Soient A un anneau commutatif principal, E un A-module libre de dimension finie $n$, $\Phi$ une forme bilinéaire alternée sur E ; les idéaux $\mathrm{A}\alpha_i$ $(1 \leqslant i \leqslant r)$ définis dans le th. 1 du n° 1 sont appelés les *facteurs invariants* de $\Phi$.

*a*) Soit F un sous-module de E, et soit $\Phi_F$ la restriction de $\Phi$ à $F \times F$. Montrer que si $\mathrm{A}\beta_i$ $(1 \leqslant i \leqslant s)$ sont les facteurs invariants de $\Phi_F$ (où $\beta_i$ divise $\beta_{i+1}$), on a $s \leqslant r$ et $\beta_i$ est multiple de $\alpha_i$ pour $1 \leqslant i \leqslant s$. (Se ramener au cas où $r = s = n/2$, et utiliser les exerc. 9 *b*) et 9 *c*) du chap. VII, § 4).

*b*) Soient $E_1$ un second A-module libre de dimension finie, $\Phi_1$ une forme bilinéaire alternée sur $E_1$, $\mathrm{A}\gamma_1, \ldots, \mathrm{A}\gamma_s$ ses facteurs invariants ($\gamma_i$ divisant $\gamma_{i+1}$). Pour que $\Phi_1$ soit l'image réciproque de $\Phi$ par une application linéaire de $E_1$ dans E, il faut et il suffit que $s \leqslant r$ et que $\gamma_i$ soit multiple de $\alpha_i$ pour $1 \leqslant i \leqslant s$. (Utiliser *a*) et la prop. 4 du chap. VII, § 4, n° 5).

*c*) Soient F, G deux sous-modules de E, tels que $F^0$ (resp. $G^0$) soit supplémentaire de F (resp. G) dans E. Si les restrictions de $\Phi$ à F et G sont équivalentes, montrer qu'il en est de même des restrictions de $\Phi$ à $F^0$ et à $G^0$, et qu'il existe un automorphisme de E laissant $\Phi$ invariante et transformant F en G.

*d*) Donner un exemple de deux sous-modules F, G de E, de dimension 2, tels que F et G admettent des supplémentaires dans E et que les restrictions $\Phi_F$ et $\Phi_G$ soient équivalentes, mais qu'il n'existe aucun automorphisme de E laissant $\Phi$ invariante et transformant F en G (prendre $n = 4$).

2) Soit $\Phi$ une forme bilinéaire alternée sur un espace vectoriel E de dimension finie. Montrer que pour tout sous-espace vectoriel M de E, la

différence $\dim M - \dim (M \cap M^0)$ est *paire*. (Considérer d'abord le cas où $\Phi$ est non dégénérée).

¶ 3) Soit E un espace vectoriel de dimension paire $n = 2m$ sur un corps commutatif A ; soient $\Phi$ et $\Psi$ deux formes bilinéaires alternées sur E ; on suppose $\Psi$ non dégénérée. Soient $u$ et $v$ les applications linéaires de E dans $E^*$ associées à droite à $\Phi$ et $\Psi$ respectivement ; $v$ est un isomorphisme de E sur $E^*$ ; on pose $w = v^{-1} \circ u$, de sorte que $w$ est un endomorphisme de E.

*a*) On pose $M_0 = E$, et par récurrence $M_{k+1} = w(M_k)$ pour $k > 0$. Montrer que si $M'_k$ est le sous-espace orthogonal à $M_k$ pour $\Phi$, $M_{k+1}$ est le sous-espace orthogonal à $M'_k$ pour $\Psi$.

*b*) Soit $n_0$ la dimension de $M'_0$ ; on pose $m_0 = 0$, et pour $k \geqslant 1$, on désigne par $m_k$ la dimension de $M_k \cap M'_0$. Montrer que pour $k \geqslant 1$ la dimension de $M_k$ est $n - n_0 - (m_1 + \ldots + m_{k-1})$ et celle de $M'_k$ est $n_0 + (m_1 + \ldots + m_k)$.

*c*) Montrer que, pour tout $k \geqslant 0$, la dimension de $M_k \cap M'_k$ est $m_k + m_{k+1} + \ldots + m_{2k}$, et celle de $M'_k \cap M_{k+1}$ est $m_{k+1} + m_{k+2} + \ldots + m_{2k+1}$ (appliquer l'exerc. 2 *b*) du § 3 pour calculer les dimensions de $M_h \cap M'_{2k-h}$ et de $M'_h \cap M_{2k+1-h}$ par récurrence sur $h$).

*d*) Déduire de *c*) que les nombres $m_k$ sont *pairs* (utiliser l'exerc. 2).

*e*) Conclure de *d*) que le nombre des diviseurs élémentaires de l'endomorphisme $w$, correspondant à la racine caractéristique $\lambda = 0$, et ayant un degré donné, est *pair* (cf. chap. VII, § 5, exerc. 20).

4) Soient E un espace vectoriel sur un corps commutatif A, admettant une base dénombrable $(e_n)_{n \geqslant 1}$, $\Phi$ une forme alternée non dégénérée sur E. Montrer qu'il existe dans E une base $(a_n)$ telle que $\Phi(a_{2n-1}, a_{2n}) = 1$ pour tout $n \geqslant 1$, et $\Phi(a_i, a_j) = 0$ pour tout autre couple d'indices tels que $i < j$ (raisonner comme dans l'exerc. 13 du § 4).

5) Pour toute matrice alternée $X = (x_{ij})$ d'ordre pair $n = 2m$ sur un anneau commutatif, et pour tout indice $i$, montrer que l'on a $\mathrm{Pf}(X) = \sum_{j=1}^{n} (-1)^{i+j-1} \mathrm{Pf}(X_{ij}) x_{ij}$, où $X_{ij}$ est la matrice d'ordre $n - 2$ obtenue en supprimant dans $X$ les lignes et les colonnes d'indices $i$ et $j$.

6) Soit $M$ une matrice carrée d'ordre $m$ sur un anneau commutatif. Montrer que si on pose

$$R = \begin{pmatrix} 0 & M \\ -{}^tM & 0 \end{pmatrix}$$

on a $\mathrm{Pf}(R) = \det M$ (le démontrer d'abord lorsque $M$ est inversible, en utilisant la formule (7)).

7) Soient A un corps commutatif, $\mathfrak{A}(A)$ l'ensemble des matrices alternées d'ordre $2m$ sur A ; soit I une application de $\mathfrak{A}(A)$ dans A telle que pour toute matrice $R \in \mathfrak{A}(A)$ et toute matrice $P$ d'ordre $2m$ sur A, on ait $I({}^tPRP) = (\det P)^h I(R)$, où $h$ est un entier rationnel. Montrer que $I(R) = c(\mathrm{Pf} R)^h$, où $c \in A$ (utiliser la formule (7) et le th. 1 du n° 1).

8) Soient $P$, $Q$ deux matrices carrées alternées d'ordre pair $2m$ sur un anneau commutatif A. Soit $\varphi(X) = \mathrm{Pf}(P - XQ)$ ; montrer que, si $Q$

est inversible, on a $\varphi(Q^{-1}P) = 0$. (Considérer d'abord le cas où A est un corps ; déduire alors de l'exerc. 3 que le polynôme minimal de la matrice $Q^{-1}P$ divise $\varphi(X)$, en passant à une extension algébriquement close de A, et en remarquant que $\varphi^2$ est le polynôme caractéristique de $Q^{-1}P$ à un facteur scalaire près).

¶ 9) Soient E un espace vectoriel de dimension $n$ sur un corps commutatif A, $\Phi$ une forme bilinéaire alternée sur E, $\Psi$ une forme sesquilinéaire hermitienne (pour un automorphisme involutif de A) sur E, $P$ et $Q$ les matrices respectives de $\Phi$ et $\Psi$ par rapport à une même base de E.

*a*) On suppose $\Psi$ non dégénérée. Montrer que le nombre des diviseurs élémentaires de $Q^{-1}P$ correspondant à la racine caractéristique 0 et ayant un même degré *pair*, est un nombre pair (méthode de l'exerc. 3).

*b*) On suppose que $\Phi$ soit non dégénérée (ce qui implique que $n$ est pair). Montrer que le nombre des diviseurs élémentaires de $P^{-1}Q$ correspondant à la racine caractéristique 0, et ayant un même degré *impair*, est un nombre pair (même méthode).

10) Soit $\omega_{2m}(\mathbf{F}_q)$ l'ordre du groupe symplectique $\mathbf{Sp}(2m, \mathbf{F}_q)$ sur le corps fini $\mathbf{F}_q$. Montrer que si $h_{2m}$ est le nombre des couples de vecteurs $(x, y)$ de $\mathbf{F}_q^{2m}$ tels que $\Phi_0(x, y) = 1$ (notations du n° 3), on a $\omega_{2m}(\mathbf{F}_q) = h_{2m}\omega_{2m-2}(\mathbf{F}_q)$ ; en déduire

$$\omega_{2m}(\mathbf{F}_q) = (q^{2m} - 1)q^{2m-1}(q^{2m-2} - 1)q^{2m-3}\dots(q^2 - 1)q.$$

11) Soit A un corps commutatif. Montrer que toute transformation $u$ appartenant au groupe symplectique $\mathbf{Sp}(2m, A)$ est un produit de transvections appartenant à ce groupe (dites *transvections symplectiques* ; cf. § 4, exerc. 6). (Raisonner par récurrence sur $m$, en montrant que si $x$, $y$ sont deux vecteurs non orthogonaux de $E = A^{2m}$, il existe un produit $v$ de transvections symplectiques tel que $vu$ laisse invariants $x$ et $y$). En déduire une nouvelle démonstration de la prop. 3 du n° 3.

*12) Soient A un corps commutatif, E un espace vectoriel de dimension paire $n = 2m$ sur A, $\Phi$ une forme bilinéaire alternée non dégénérée sur E. Montrer que, pour toute similitude $u$ pour la forme $\Phi$ (§ 6, n° 5), de multiplicateur $\alpha$, on a $\det u = \alpha^m$ (utiliser la formule (7)).*

¶ 13) On suppose que A est un corps commutatif de caractéristique 0, E un espace vectoriel de dimension $2m$ sur A, $\Phi$ une forme bilinéaire alternée non dégénérée sur E. On identifie la forme inverse $\hat{\Phi}$ de $\Phi$ à un bivecteur $\Gamma \in \bigwedge^2 E$, de sorte que pour toute base symplectique $(e_i)_{1 \leqslant i \leqslant 2m}$ de E (pour $\Phi$), indexée de sorte que $\Phi(e_i, e_j) = \Phi(e_{m+i}, e_{m+j}) = 0$, $\Phi(e_i, e_{m+j}) = \delta_{ij}$ $(1 \leqslant i \leqslant m, 1 \leqslant j \leqslant m)$, on ait

$$\Gamma = e_1 \wedge e_{m+1} + e_2 \wedge e_{m+2} + \cdots + e_m \wedge e_{2m}.$$

On dit qu'un $p$-vecteur décomposable et non nul $z \in \bigwedge^p E$ est *isotrope* (resp. *totalement isotrope*) pour $\Phi$, si le sous-espace vectoriel $V_z$ correspondant à $z$ (chap. III, § 7, n° 3) est isotrope (resp. totalement isotrope).

*a*) Si $z$ est un $p$-vecteur décomposable $\neq 0$, $2r$ la dimension d'un supplémentaire de $V_z \cap V_z^0$ par rapport à $V_z$, montrer que $m - p + r$ est le plus grand des entiers $h$ tels que l'on ait $z \wedge \Gamma^h \neq 0$, en désignant par $\Gamma^h$ la puissance $h$-ème de $\Gamma$ dans l'algèbre extérieure $\bigwedge E$ (utiliser la prop. 2 du § 4, nº 2).

*b*) Montrer que tout bivecteur $x \in \bigwedge^2 E$ peut s'écrire sous la forme $\lambda\Gamma + x_1$, où $\lambda$ est un scalaire et $x_1$ une combinaison linéaire de bivecteurs décomposables totalement isotropes. (Se ramener au cas où $x$ est décomposable, et remarquer que si $(e_i)$ est une base symplectique, $(e_1 + e_2) \wedge (e_{m+1} - e_{m+2})$ est totalement isotrope).

*c*) Si $p \leqslant m$, montrer que tout $p$-vecteur $z \in \bigwedge^p E$ peut s'écrire $z = x \wedge \Gamma + z_1$, où $x$ est un $(p-2)$-vecteur et $z_1$ une combinaison linéaire de $p$-vecteurs décomposables totalement isotropes. (Se ramener au cas où $z$ est décomposable, et raisonner par récurrence sur $p$. Se ramener ainsi au cas où, $(e_i)$ étant une base symplectique, on a $z = e_1 \wedge e_2 \wedge \ldots \wedge e_{p-1} \wedge e_{m+p-1}$, et considérer les bivecteurs $(e_{p-1} + e_{p+i}) \wedge (e_{m+p-1} - e_{m+p+i})$ pour $0 \leqslant i \leqslant m - p$).

*d*) Pour $1 \leqslant p \leqslant m$, montrer que tout $(m+p)$-vecteur $z \in \bigwedge^{m+p} E$ peut s'écrire $z = y \wedge \Gamma^p$, où $y$ est un $(m-p)$-vecteur. (Se ramener au cas où $z$ est décomposable ; si $2r$ est la dimension d'un supplémentaire de $V_z \cap V_z^0$ par rapport à $V_z$, distinguer deux cas, suivant que $r = p$ ou $r > p$ ; dans le second cas, raisonner par récurrence sur $r$, de la même manière que dans *c*)). En déduire que l'application $y \rightarrow y \wedge \Gamma^p$ de $\bigwedge^{m-p} E$ dans $\bigwedge^{m+p} E$ est bijective (remarquer que les deux espaces ont même dimension). Si $y$ est un $(m-p)$-vecteur décomposable, montrer que $z = y \wedge \Gamma^p$ est décomposable et que $V_z = V_y^0$.

*e*) Déduire de *d*) que, pour $p \leqslant m$, le sous-espace $\bigwedge^p E$ est somme directe de la composante homogène de degré $p$ de l'idéal bilatère $\mathfrak{c}$ engendré par $\Gamma$ dans $\bigwedge E$, et du sous-espace $R_p$ des $p$-vecteurs $z_1$ tels que $z_1 \wedge \Gamma^{m-p+1} = 0$ (pour $z \in \bigwedge^p E$, appliquer *d*) au $(2m - p + 2)$-vecteur $z \wedge \Gamma^{m-p+1}$). En utilisant *c*), prouver que $R_p$ est engendré par les $p$-vecteurs décomposables totalement isotropes, et en utilisant *d*), montrer que l'application $x \rightarrow x \wedge \Gamma$ de $\bigwedge^{p-2} E$ dans $\bigwedge^p E$ est injective, et que $R_p$ est de dimension $\binom{2m}{p} - \binom{2m}{p-2}$.

*f*) Montrer que si $p \leqslant m$, une condition nécessaire et suffisante pour qu'un $p$-vecteur $z$ soit de la forme $x \wedge \Gamma$ est que, pour tout $m$-vecteur décomposable totalement isotrope $u$, on ait $z \wedge u = 0$. (Montrer que, si cette condition est satisfaite, et si $z \in R_p$, on a $z \wedge y = 0$ pour tout $(2m-p)$-vecteur $y$ ; mettre pour cela $y$ sous la forme $x \wedge \Gamma^{m-p}$, où $x$ est un $p$-vecteur, puis appliquer *c*) à $x$, et remarquer que, si $x_1$ est un $p$-vecteur décomposable totalement isotrope, $x_1 \wedge \Gamma^{m-p}$ est un $(2m-p)$-vecteur décomposable qui peut s'écrire $u_1 \wedge v_1$, où $u_1$ est un $m$-vecteur décomposable totalement isotrope).

Soit $\mathfrak{a}$ l'annulateur de l'idéal $\mathfrak{c}$ dans $\bigwedge E$ ; $\mathfrak{a}$ est somme directe des sous-espaces $R_m$, $R_{m-1} \wedge \Gamma, \ldots, R_1 \wedge \Gamma^{m-1}$ et $K\Gamma^m$. Montrer que l'annulateur de $\mathfrak{a}$ dans $\bigwedge E$ est égal à $\mathfrak{c}$ (cf. § 2, exerc. 4 *b*)).

*g*) Pour tout automorphisme symplectique $u$ de E (pour $\Phi$), soit $\bar{u}$ l'extension canonique de $u$ en un automorphisme de l'algèbre $\bigwedge E$ (chap. III, § 5, nº 9). Montrer que les seuls éléments de $\bigwedge E$ invariants par tous les automorphismes $\bar{u}$ sont les combinaisons linéaires de 1, $\Gamma, \Gamma^2, \ldots, \Gamma^m$ à coefficients dans K. (Si $(e_i)$ est une base symplectique, écrire qu'un élément de $\bigwedge E$ est invariant par les transvections symplectiques (exerc. 11) correspondant aux hyperplans orthogonaux aux $e_i$ ; puis considérer les transformations symplectiques $u_{ij}$ définies par $u_{ij}(e_i) = e_j$, $u_{ij}(e_j) = e_i$, $u_{ij}(e_{m+i}) = e_{m+j}$, $u_{ij}(e_{m+j}) = e_{m+i}$, $u_{ij}(e_k) = e_k$ pour tout autre indice $k$).

14) Soient A un corps commutatif de caractéristique 2, E l'espace vectoriel $A^{2m}$ ; on identifie le groupe symplectique $\mathbf{Sp}(2m, A)$ au groupe des matrices symplectiques $U$, satisfaisant donc à la relation ${}^tU.R.U = R$, où $R = \begin{pmatrix} 0 & I_m \\ I_m & 0 \end{pmatrix}$. On pose $D = \begin{pmatrix} 0 & 0 \\ I_m & 0 \end{pmatrix}$ ; montrer que toute matrice symplectique $U$ telle que $I + U$ soit inversible peut s'écrire d'une seule manière sous la forme $({}^tD + S)^{-1}(D + S)$, où $S$ est une matrice symétrique telle que $D + S$ soit inversible, et réciproquement (cf. § 4, exerc. 11).

15) Soient A un corps commutatif, E un espace vectoriel de dimension $2m$ sur A, $\Phi$ une forme bilinéaire alternée non dégénérée sur E.

*a*) Étendre aux endomorphismes $u$ de E tels que $u^*u = uu^*$ ($u^*$ étant l'adjoint de $u$ pour $\Phi$) les résultats du § 4, exerc. 12 *a*) et *b*).

*b*) On suppose que $u^* = u$. Avec les notations de l'exerc. 12 du § 4, montrer que si M est un élément minimal de l'ensemble $\mathfrak{M}$ des sous-espaces non isotropes contenus dans $G(p, p)$ et stables pour $u$, ou bien M est un sous-module indécomposable de $E_u$, ou bien il est somme directe de deux tels sous-modules isomorphes (raisonner comme dans l'exerc. 12 *c*) du § 4). Montrer par des exemples (avec $p(X) = X - 1$) que les deux cas peuvent se présenter.

*c*) On suppose $u^* = -u$, A n'étant pas de caractéristique 2. Avec les mêmes notations, soit $p^h$ le polynôme minimal de la restriction de $u$ à M, et soit $d$ le degré de $p$. Montrer que si $d(h-1)$ est impair, M est un sous-module indécomposable de $E_u$ ; si au contraire $d(h-1)$ est pair, M est, soit indécomposable, soit somme directe de deux sous-modules indécomposables isomorphes.

*d*) On suppose que $u^*u = 1$ (autrement dit que $u \in \mathbf{Sp}(\Phi)$). Avec les notations de *c*), si $p(X)$ ne divise par $X^{d(h-1)} - 1$, ou si $p(X) = X - 1$ et $(-1)^h \neq -1$, M est un sous-module indécomposable de $E_u$ ; sinon, M est, soit indécomposable, soit somme directe de deux sous-modules indécomposables isomorphes.

## § 6. Propriétés spéciales aux formes hermitiennes

### 1. *Bases orthogonales.*

Définition 1. — *Soit* $\Phi$ *une forme hermitienne sur* E. *Une base* $(e_i)$ *de* E *est dite orthogonale pour* $\Phi$ *si deux éléments quelconques de cette base sont orthogonaux pour* $\Phi$.

*Si de plus* $\Phi(e_i, e_i) = 1$ *pour tout* $i$, *la base* $(e_i)$ *est dite orthonormale.*

Soit $(e_i)$ une base orthogonale ; si on pose $\Phi(e_i, e_i) = \alpha_i$, on a

(1) $$\Phi(\sum_i \xi_i e_i, \sum_i \eta_i e_i) = \sum_i \xi_i \alpha_i \overline{\eta}_i.$$

*Lemme* 1. — *On suppose que* A *est un corps et* $\Phi$ *une forme hermitienne* $\neq 0$ *sur* E. *Si tous les vecteurs de* E *sont isotropes,* A *est un corps commutatif de caractéristique* 2, *l'antiautomorphisme* J *est l'identité et* $\Phi$ *est alternée.*

En effet, si l'on développe $\Phi(x + y, x + y) = 0$, il vient, en tenant compte des hypothèses $\Phi(x, x) = \Phi(y, y) = 0$, la relation $\Phi(x, y) = -\overline{\Phi(x, y)}$ quels que soient $x, y$ dans E. Comme $\Phi$ est $\neq 0$, il existe $x, y$ dans E tels que $\Phi(x, y) = 1$. Écrivant que $\Phi(\lambda x, y) = -\overline{\Phi(\lambda x, y)}$, il vient $\overline{\lambda} = -\lambda$ pour tout $\lambda \in$ A. En prenant d'abord $\lambda = 1$, on voit que A est de caractéristique 2 ; la relation $\overline{\lambda} = -\lambda$ montre alors que J est l'identité, donc A est commutatif et $\Phi$ est alternée.

Théorème 1. — *Supposons que* A *soit un corps et* E *un espace vectoriel de dimension finie* $n$ *sur* A. *Alors, pour toute forme hermitienne* $\Phi$ *sur* E, E *admet une base orthogonale, sauf si les conditions suivantes sont simultanément réalisées :*

(C) A *est commutatif de caractéristique* 2, *l'antiautomorphisme* J *est l'identité,* $\Phi$ *est alternée et non nulle.*

Raisonnons par récurrence sur $n$, le résultat étant évident pour $n = 0$. On peut supposer $\Phi \neq 0$. Si (C) n'est pas vérifiée, le lemme 1 montre qu'il existe un élément $x \in$ E tel que $\Phi(x, x) \neq 0$. Soit H le sous-espace de E orthogonal à $x$ ; il est de dimension

$\geqslant n-1$, et, comme $x \notin H$, H est exactement de dimension $n-1$. Si la restriction $\Psi$ de $\Phi$ à H ne vérifie pas (C), il existe, d'après l'hypothèse de récurrence, une base $(e_2, \ldots, e_n)$ de H qui est orthogonale pour $\Psi$ ; en posant $e_1 = x$, on obtient une base orthogonale $(e_1, e_2, \ldots, e_n)$ de E. Il reste à examiner le cas où A est un corps commutatif de caractéristique 2, où J est l'identité, et où $\Psi$ est alternée et $\neq 0$. Il existe alors $y$, $z$ dans H tels que $\Psi(y, z) \neq 0$ ; posons $e_1 = x + y$ ; pour que $x + \lambda z$ $(\lambda \in A)$ soit orthogonal à $e_1$, il faut et il suffit que l'on ait $0 = \Phi(x + y, x + \lambda z) = \Phi(x, x) + \lambda\Psi(y, z)$, condition qui détermine $\lambda$ de façon unique ; le scalaire $\lambda$ étant ainsi choisi, on a $\Phi(x + \lambda z, x + \lambda z) = \Phi(x, x) \neq 0$, donc la restriction $\Psi'$ de $\Phi$ au sous-espace H' de E orthogonal de $e_1$ n'est pas alternée ; on peut par suite appliquer l'hypothèse de récurrence à H', ce qui démontre le théorème.

Lorsque (C) est vérifiée, il n'existe évidemment pas de base orthogonale pour $\Phi$.

Corollaire 1. — *Les notations étant celles du th.* 1, *on suppose de plus que* (C) *n'est pas vérifiée, que* $\Phi$ *est non dégénérée et que, pour tout* $x \in E$, *il existe* $\rho \in A$ *tel que* $\Phi(x, x) = \rho\bar{\rho}$. *Alors* E *admet une base orthonormale pour* $\Phi$.

Soit en effet $(e_i)$ $(i = 1, \ldots, n)$ une base orthogonale de E. Posons $\Phi(e_i, e_i) = \alpha_i$. On a $\alpha_i \neq 0$ pour $i = 1, \ldots, n$ puisque $\Phi$ est non dégénérée. Il existe, par hypothèse, des éléments $\beta_i$ de A tels que $\alpha_i = \beta_i\bar{\beta}_i$ pour $i = 1, \ldots, n$ ; on a $\beta_i \neq 0$. En posant $f_i = \beta_i^{-1}e_i$, on a $\Phi(f_i, f_i) = \beta_i^{-1}\alpha_i\bar{\beta}_i^{-1} = 1$ pour tout $i$, et $\Phi(f_i, f_j) = 0$ pour $i \neq j$. Donc $(f_i)$ est une base orthonormale.

*Remarque.* — La dernière hypothèse du corollaire est vérifiée lorsque J est l'identité, et que tout élément de A est le carré d'un élément de A (par exemple lorsque A est algébriquement clos).

Corollaire 2. — *Soient* A *un corps et* $R$ *une matrice hermitienne d'ordre* $n$ *et de rang* $r$ *sur* A. *Alors, sauf si la condition suivante est vérifiée :*

(C') A *est commutatif de caractéristique* 2, J *est l'identité,* $R$ *est alternée et non nulle, il existe une matrice inversible* P *d'ordre n sur* A *telle que*

$$
{}^{t}P.R.\overline{P} = \begin{pmatrix} \alpha_1 & 0\ldots0\ldots0 \\ 0 & \alpha_2\ldots0\ldots0 \\ \ldots & \ldots\ldots\ldots \\ 0 & 0\ldots\alpha_r\ldots0 \\ 0 & 0\ldots0\ldots0 \\ \ldots & \ldots\ldots\ldots \\ 0 & 0\ldots0\ldots0 \end{pmatrix}
$$

*où* $\overline{\alpha_i} = \alpha_i \neq 0$ *pour* $i = 1, \ldots, r$.

Proposition 1. — *On suppose que* A *est un corps commutatif. Soient* $\Phi$ *une forme hermitienne sur* E, *et* $(x_n)$ $(n = 1, 2, \ldots)$ *une suite (finie ou infinie) de vecteurs linéairement indépendants de* E *telle que, pour tout* $n$, *le sous-espace* $E_n = Ax_1 + \cdots + Ax_n$ *soit non isotrope. Soit* $D_{jn}$ $(j \leqslant n)$ *le cofacteur de* $\Phi(x_j, x_n)$ *dans la matrice* $(\Phi(x_s, x_t))_{(s,t=1,\ldots,n)}$. *On a alors* $D_{nn} \neq 0$ *pour tout* $n$. *Posons*

$$
(2) \qquad e_n = \sum_{j=1}^{n} D_{nn}^{-1} D_{jn} x_j.
$$

*Alors, pour tout* $n$, $(e_1, \ldots, e_n)$ *est une base orthogonale de* $E_n$ *et l'on a*

$$
(3) \qquad \Phi(e_n, e_n) = D_{nn}^{-1} D_{n+1, n+1}.
$$

En effet, comme la restriction de $\Phi$ à $E_{n-1}$ est non dégénérée, on a $D_{nn} \neq 0$ (§ 2, prop. 3) ; notons que l'on a $D_{11} = 1$ puisque le déterminant de la matrice vide est égal à 1. Les formules (2) impliquent d'abord que l'on a $e_n \equiv x_n$ (mod. $E_{n-1}$) pour tout $n$, donc que les $e_n$ sont linéairement indépendants, et que $(e_1, \ldots, e_n)$ est une base de $E_n$. Pour tout $j < n$, on a

$$
\Phi(e_n, x_j) = D_{nn}^{-1} \sum_{k=1}^{n} D_{kn} \Phi(x_k, x_j) = 0
$$

(chap. III, § 6, nº 1, formule (12)) ; donc $e_n$ est orthogonal à $E_{n-1}$, et en particulier à $e_j$ pour $j < n$. D'autre part on a

$$
\begin{aligned}
\Phi(e_n, e_n) &= \Phi(e_n, \sum_{j=1}^{n} D_{nn}^{-1} D_{jn} x_j) = \Phi(e_n, x_n) = \Phi(\sum_{j=1}^{n} D_{nn}^{-1} D_{jn} x_j, x_n) \\
&= D_{nn}^{-1} \sum_{j=1}^{n} D_{jn} \Phi(x_j, x_n) = D_{nn}^{-1} D_{n+1, n+1}
\end{aligned}
$$

(chap. III, § 6, nº 1, formule (10)). Ceci démontre nos assertions.

Avec les notations de la prop. 1, on dit que la suite $(e_n)$ est obtenue à partir de la suite $(x_n)$ par le *procédé d'orthogonalisation de Gram-Schmidt.*

PROPOSITION 2. — *Soient* $\Phi$ *une forme hermitienne sur* E, *et* $(e_i)$ $(i = 1, \ldots, n)$ *une base orthogonale* (resp. *orthonormale*) *de* E *pour* $\Phi$. *Alors, pour tout* $p \geqslant 0$, *la base de* $\overset{p}{\bigotimes} \mathrm{E}$ *formée des* $e_{i_1} \otimes \cdots \otimes e_{i_p}$ *et la base* $(e_\mathrm{H})$ *de* $\overset{p}{\bigwedge} \mathrm{E}$ (*où* H *parcourt l'ensemble des parties à* p *éléments de* $[1, n]$; cf. chap. III, § 5, n° 6) *sont orthogonales* (resp. *orthonormales*) *pour les extensions de* $\Phi$ *à* $\overset{p}{\bigotimes} \mathrm{E}$ *et* $\overset{p}{\bigwedge} \mathrm{E}$ *respectivement* (§ 1, n° 9). *Si, de plus, les applications associées à* $\Phi$ *sont bijectives, la base* $(e'_i)$ *de* $\mathrm{E}^*$ *duale de* $(e_i)$ *est orthogonale* (resp. *orthonormale*) *pour la forme inverse* $\widehat{\Phi}$ *de* $\Phi$ (§ 1, n° 7).

Les assertions relatives à $\overset{p}{\bigotimes} \mathrm{E}$ et $\overset{p}{\bigwedge} \mathrm{E}$ résultent aussitôt des formules (35) et (37) du § 1, n° 9. Celle relative à la forme inverse résulte de ce que la matrice de $\widehat{\Phi}$ par rapport à $(e'_i)$ est l'inverse de la matrice de $\Phi$ par rapport à $(e_i)$ (§ 1, n° 10).

## 2. Groupe unitaire et groupe orthogonal.

Soit $\Phi$ une forme hermitienne sur E ; les automorphismes du A-module E qui laissent $\Phi$ invariante s'appellent *automorphismes unitaires* (ou *transformations unitaires*) relatifs à $\Phi$, et leur groupe s'appelle le *groupe unitaire associé à* $\Phi$ ; on le note $\mathbf{U}(\Phi)$. Étant donnée une forme quadratique $Q \neq 0$ sur E, les automorphismes du A-module E qui laissent Q invariante s'appellent *automorphismes orthogonaux* (ou *transformations orthogonales*) relatifs à Q ; leur groupe s'appelle le *groupe orthogonal associé à* Q ; on le note $\mathbf{O}(Q)$.

Toute transformation orthogonale pour une forme quadratique Q est unitaire pour la forme bilinéaire associée à Q. La réciproque est vraie lorsque le scalaire 2 n'est pas égal à 0 ou diviseur de zéro dans A (§ 3, n° 4, (13)), par exemple si A est un corps de caractéristique $\neq 2$.

Considérons, en particulier, sur le module $\mathrm{E} = \mathrm{A}^n$, la forme hermitienne $\Phi_0$ dont la matrice par rapport à la base canonique

$(e_i)$ de E est la matrice unité $I_n$. Les automorphismes unitaires associés à $\Phi_0$ s'appellent tout simplement *automorphismes* (ou *transformations*) *unitaires à n variables*; leur groupe est appelé *groupe unitaire à n variables* et se note parfois $\mathbf{U}(n, A)$ ou $\mathbf{U}_n(A)$. La matrice $U$ d'un automorphisme unitaire par rapport à $(e_i)$ s'appelle une *matrice unitaire*. Une telle matrice est inversible, et satisfait, d'après la formule (48) du § 1, n° 10, à la relation

$$(4) \qquad {}^tU.\overline{U} = I_n;$$

réciproquement, si A est un anneau commutatif ou est un corps, une matrice $U$ qui satisfait à (4) est inversible, et est alors unitaire.

Lorsque J est l'identité et que 2 n'est pas égal à 0 ni diviseur de 0 dans A, on emploie les termes de *groupe orthogonal à n variables*, d'*automorphisme orthogonal* (ou *transformation orthogonale*) *à n variables* et de *matrice orthogonale* au lieu des termes précédents, et on écrit $\mathbf{O}(n, A)$ (resp. $\mathbf{O}_n(A)$) au lieu de $\mathbf{U}(n, A)$ (resp. $\mathbf{U}_n(A)$). La relation (4) s'écrit alors

$$(5) \qquad {}^tU.U = I_n$$

et, comme A est commutatif, elle est une condition nécessaire et suffisante pour que $U$ soit une matrice orthogonale.

Proposition 3. — *Supposons que* A *soit un corps commutatif et que* E *soit de dimension finie* $> 0$. *Soit* $\Phi$ *une forme hermitienne non dégénérée sur* E. *L'application* $u \to \det u$ *est un homomorphisme du groupe unitaire* $\mathbf{U}(\Phi)$ *associé à* $\Phi$ *sur le sous-groupe multiplicatif* H *de* A *formé des éléments* $\rho$ *tels que* $\rho\bar{\rho} = 1$ (*sous-groupe réduit à* $\{1, -1\}$ *lorsque* J *est l'identité*).

Soient en effet $u$ un élément de $\mathbf{U}(\Phi)$, $U$ sa matrice par rapport à une base de E, et $R$ la matrice de $\Phi$ par rapport à cette base. La relation $R = {}^tU.R.\overline{U}$ (§ 1, n° 10, formule (48)) montre que l'on a $(\det U)(\det \overline{U}) = 1$ puisque $R$ est inversible; d'où $(\det u)\overline{(\det u)} = 1$. L'homomorphisme $u \to \det u$ applique $\mathbf{U}(\Phi)$ sur H. En effet, lorsque A est de caractéristique 2 et J l'identité, H est réduit à l'élément 1. Sinon il existe une base orthogonale $(e_i)$ $(i = 1, \ldots, n)$ de E (th. 1); pour tout $\rho \in A$ tel que $\rho\bar{\rho} = 1$, soit $u$ l'automorphisme de E défini par $u(e_1) = \rho e_1$ et $u(e_i) = e_i$ pour $i = 2, \ldots, n$; alors $u$ est unitaire et $\det u = \rho$, d'où la proposition.

Dans les conditions de la prop. 3, le noyau de l'homomorphisme $u \to \det u$ est un sous-groupe distingué de $\mathbf{U}(\Phi)$, qu'on appelle le *groupe spécial unitaire* associé à $\Phi$ ; on le note parfois $\mathbf{SU}(\Phi)$.

Lorsque J est l'identité et que A n'est pas de caractéristique 2, ce groupe est encore appelé le *groupe spécial orthogonal* associé à $\Phi$ (ou à la forme quadratique $Q(x) = \Phi(x, x)$) et se note parfois $\mathbf{SO}(Q)$.

Si $E = A^n$ et si $\Phi$ est la forme dont la matrice par rapport à la base canonique de E est la matrice unité, on emploie les notations $\mathbf{SU}(n, A)$ ou $\mathbf{SU}_n(A)$ et $\mathbf{SO}(n, A)$ ou $\mathbf{SO}_n(A)$.

### 3. *Projecteurs orthogonaux et involutions.*

Dans tout ce n°, on suppose que le scalaire 2 est *inversible* dans A (par exemple que A est un corps de caractéristique $\neq 2$), et que $\Phi$ est une forme hermitienne *non dégénérée* sur E. On note $\frac{1}{2}$ l'inverse de 2.

*Lemme 2. — Pour qu'un endomorphisme u de* E *soit tel que* $u^2 = 1$, *il faut et il suffit que* $\frac{1}{2}(1 - u)$ *soit un projecteur dans* E ; *alors u est la différence des deux projecteurs* $\frac{1}{2}(1 + u)$ *et* $\frac{1}{2}(1 - u)$.

En effet, dans l'anneau $\mathcal{L}(E)$, la relation $\left(\frac{1}{2}(1 - u)\right)^2 = \frac{1}{2}(1 - u)$ équivaut à $u^2 = 1$. Le reste est trivial.

Un endomorphisme $u$ de E tel que $u^2 = 1$ (qui est alors nécessairement un automorphisme de E égal à son inverse) est appelé une *involution*. Posons $v = \frac{1}{2}(1 - u)$, $U^- = v(E)$, $U^+ = \overset{-1}{v}(0)$ ($= w(E)$ en posant $w = \frac{1}{2}(1 + u)$) ; on sait que E est *somme directe* de $U^+$ et de $U^-$ (chap. VIII, § 1, n° 1), et on a $u(x) = x$ dans $U^+$, $u(x) = -x$ dans $U^-$. Lorsque A est un corps et E de dimension finie, il en résulte, puisque A est de caractéristique $\neq 2$, que les seuls vecteurs propres $\neq 0$ de $u$ sont les éléments

$\neq 0$ dans $U^+$ ou dans $U^-$ ; ils correspondent respectivement aux valeurs propres $+1$ et $-1$.

PROPOSITION 4. — *Soit* $u \in \mathbf{GL}(E)$ *une involution. Les propriétés suivantes sont équivalentes :*

*a) u appartient au groupe unitaire associé à* $\Phi$ ;

*b) les sous-modules* $U^+ = \frac{1}{2}(1+u)(E)$ *et* $U^- = \frac{1}{2}(1-u)(E)$ *sont orthogonaux (et par suite non isotropes).*

*En outre, si* A *est un corps et* E *de dimension finie, les propriétés a) et b) sont équivalentes à :*

*c)* $u = u^*$.

En effet, pour $x \in U^+$ et $y \in U^-$, la relation $\Phi(u(x), u(y)) = \Phi(x, y)$ donne $2\Phi(x, y) = 0$, donc *a)* entraîne *b)*. Réciproquement on a évidemment $\Phi(u(x), u(y)) = \Phi(x, y)$ lorsque $x$ et $y$ sont tous deux dans $U^+$ ou tous deux dans $U^-$, et, vu *b)*, cette relation est encore vraie lorsque l'un d'eux est dans $U^+$ et l'autre dans $U^-$ ; comme E est somme directe de $U^+$ et $U^-$, on voit que *b)* entraîne *a)*. Enfin, lorsque E est un espace vectoriel de dimension finie, l'adjoint $u^*$ est défini puisque $\Phi$ est non dégénérée ; la relation *a)* équivaut à $uu^* = 1$ (§ 1, n° 8, cor. de la prop. 8) ; comme $u^2 = 1$ par hypothèse, *a)* et *c)* sont équivalentes.

COROLLAIRE 1. — *On suppose que* A *est un corps et que* E *est de dimension finie. L'application* $u \to \frac{1}{2}(1+u)(E)$ *est une bijection de l'ensemble des involutions u appartenant au groupe unitaire associé à* $\Phi$ *sur l'ensemble des sous-espaces non isotropes de* E ; *le sous-espace* $U^+$ *correspondant à u est l'ensemble des éléments de* E *invariants par u.*

D'après la prop. 4, il suffit de montrer que tout sous-espace non isotrope M de E est l'ensemble des vecteurs invariants par une involution $u \in \mathbf{U}(\Phi)$, et que celle-ci est unique. Or E est somme directe de M et de $M^0$ (§ 4, n° 1, cor. de la prop. 1), et on a nécessairement $u(x) = x$ pour $x \in M$ et $u(x) = -x$ pour $x \in M^0$ en vertu de la prop. 4 ; ces relations déterminent $u$ de façon unique, et l'endomorphisme $u$ ainsi déterminé répond évidemment à la question (prop. 4).

On dit que l'involution $u$ ainsi déterminée est la *symétrie par rapport au sous-espace non isotrope* M.

Corollaire 2. — *On suppose que* A *est un corps et que* E *est de dimension finie. Pour qu'un projecteur* $v$ *dans* E *soit tel que* $v(\mathrm{E})$ *et* $\overset{-1}{v}(0)$ *soient orthogonaux (et par suite non isotropes), il faut et il suffit que* $v = v^*$.

Il suffit d'appliquer la prop. 4 à l'involution $u = 1 - 2v$.

Un projecteur satisfaisant à la condition du corollaire 2 est appelé un *projecteur orthogonal* pour $\Phi$.

### 4. Symétries dans le groupe orthogonal.

Sauf mention expresse du contraire, on suppose, dans ce n°, que A est un *corps commutatif de caractéristique* $\neq 2$, et que $\Phi$ est la forme bilinéaire symétrique associée à une *forme quadratique* Q *non dégénérée* sur E. Rappelons que l'on a $\Phi(x, x) = 2\mathrm{Q}(x)$ pour $x \in \mathrm{E}$ (§ 3, n° 4).

Soient H un hyperplan non isotrope dans E, et $u$ la *symétrie par rapport à* H (n° 3). Soit $a \neq 0$ un vecteur orthogonal à H ; on a par hypothèse $u(a) = -a$. Tout vecteur $x \in \mathrm{E}$ s'écrit d'une manière et d'une seule sous la forme $x = \lambda a + y$ avec $\lambda \in \mathrm{A}$ et $y \in \mathrm{H}$ ; comme $a$ et $y$ sont orthogonaux, on a $\Phi(x, a) = \lambda\Phi(a, a)$, d'où, puisque $a$ est non isotrope (§ 4, n° 1, cor. de la prop. 1), $\lambda = \Phi(x, a)\Phi(a, a)^{-1}$. Ceci étant, on a

$$u(x) = \lambda u(a) + u(y) = -\lambda a + y = x - 2\lambda a,$$

d'où

$$u(x) = x - 2\Phi(x, a)\Phi(a, a)^{-1}.a = x - \Phi(x, a)\mathrm{Q}(a)^{-1}.a. \tag{6}$$

On notera que le dernier membre de (6) garde un sens lorsque A est un corps de caractéristique 2, et $a$ un vecteur *non singulier* de E ; on vérifie aussitôt que l'on a encore alors $\mathrm{Q}(u(x)) = \mathrm{Q}(x)$ pour tout $x \in \mathrm{E}$, autrement dit $u \in \mathbf{O}(\mathrm{Q})$. On dit encore que l'involution $u$ ainsi définie est la *symétrie* par rapport à l'hyperplan orthogonal à $a$ (cf. exerc. 28).

Proposition 5. — *On suppose l'espace vectoriel* E *de dimension finie* $n$. *Le groupe orthogonal* $\mathbf{O}(\mathrm{Q})$ *associé à* Q *est alors engendré par les symétries par rapport aux hyperplans non isotropes de* E.

La proposition étant évidente pour $n = 0$, nous raisonnerons par récurrence sur $n$. Soit $u$ une transformation orthogonale de E, et soit $x$ un vecteur non isotrope de E (lemme 1); distinguons trois cas:

*a*) Supposons d'abord que $u(x) = x$. Alors l'hyperplan H orthogonal à $x$ est non isotrope, et on a $u(\mathrm{H}) = \mathrm{H}$. La restriction $u'$ de $u$ à H appartient donc au groupe orthogonal $\mathbf{O}(\mathrm{Q}')$ associé à la restriction Q′ de Q à H. L'hypothèse de récurrence entraîne, puisque Q′ est non dégénérée, que l'on a $u' = v'_1 \ldots v'_m$, où $v'_i$ est une symétrie par rapport à un hyperplan $\mathrm{L}_i$ de H. L'endomorphisme $v_i$ de E qui prolonge $v'_i$ et est tel que $v_i(x) = x$ est alors la symétrie par rapport à l'hyperplan $\mathrm{A}x + \mathrm{L}_i$ de E. On a évidemment $u = v_1 v_2 \ldots v_m$.

*b*) Supposons en second lieu que $u(x) = -x$. Si l'on note $s$ la symétrie par rapport à l'hyperplan H orthogonal à $x$, et si l'on pose $v = su$, on a $v(x) = x$, et on est ramené au cas *a*).

*c*) Passons enfin au cas général, et posons $y = u(x)$, de sorte que $\mathrm{Q}(y) = \mathrm{Q}(x)$. Dans ces conditions, les vecteurs $x - y$ et $x + y$ ne peuvent être *tous deux* isotropes, car, des relations $\mathrm{Q}(x - y) = 0$ et $\mathrm{Q}(x + y) = 0$, on tirerait, en ajoutant membre à membre, $2(\mathrm{Q}(x) + \mathrm{Q}(y)) = 0$ (§ 3, nº 4, déf. 2), d'où $4\mathrm{Q}(x) = 0$ contrairement à l'hypothèse. Supposons, par exemple, que $a = x - y$ ne soit pas isotrope ; on a alors

$$\Phi(y, a) = \mathrm{Q}(y + a) - \mathrm{Q}(y) - \mathrm{Q}(a) = \mathrm{Q}(x) - \mathrm{Q}(y) - \mathrm{Q}(a) = -\mathrm{Q}(a);$$

par suite, si l'on note $s$ la symétrie par rapport à l'hyperplan orthogonal à $a$, la formule (6) prouve que $s(y) = y + a = x$ ; en posant $v = su$, on a $v(x) = x$, et on est ramené au cas *a*). Si $a = x - y$ est isotrope et $b = x + y$ non isotrope, on voit de même qu'on est ramené au cas *b*).

### 5. *Groupe des similitudes.*

Soit $\Phi$ une forme hermitienne sur E. Un automorphisme $u$ du A-module E s'appelle une *similitude* (relativement à $\Phi$) s'il existe un élément inversible $\alpha$ de A tel que l'on ait

$$\Phi(u(x), u(y)) = \alpha\Phi(x, y) \tag{7}$$

quels que soient $x$, $y$ dans E. Les similitudes forment un *groupe* $\Gamma$.

Lorsque $\Phi$ prend des valeurs qui sont des éléments réguliers de A (par exemple lorsque A est un corps et que $\Phi \neq 0$), l'élément $\alpha$ de A vérifiant (7) est déterminé de façon unique par $u$ ; on l'appelle le *multiplicateur* de la similitude $u$. Changeant $x$ en $\lambda x$ dans (7), on voit alors que $\alpha$ appartient au *centre* de A ; échangeant $x$ et $y$ dans (7), on voit en outre que $\bar{\alpha} = \alpha$. Si, pour $u \in \Gamma$, on note $\alpha(u)$ le multiplicateur de $u$, l'application $u \rightarrow \alpha(u)$ est un homomorphisme de $\Gamma$ dans le groupe multiplicatif des éléments inversibles du centre de A. Le noyau de cet homomorphisme est le groupe unitaire associé à $\Phi$, qui est donc un sous-groupe distingué de $\Gamma$. Soient $\beta$ un élément inversible du centre de A, $v$ l'homothétie de rapport $\beta$, et $w$ un automorphisme unitaire de E ; alors $vw = wv$ est une similitude de E, et son multiplicateur est $\beta\bar{\beta}$. Réciproquement, soit $u$ une similitude dont le multiplicateur est de la forme $\beta\bar{\beta}$ ($\beta$ désignant un élément inversible du centre de A) ; alors $uv^{-1}$ est un automorphisme unitaire $w$, donc $u$ est de la forme $vw$.

Supposons maintenant que A soit un corps, E un espace vectoriel de dimension finie , et que $\Phi$ soit non dégénérée. Pour toute similitude $u$ de multiplicateur $\alpha$ on a

$$\Phi(x, \alpha y) = \alpha\Phi(x, y) = \Phi(u(x), u(y)) = \Phi(x, u^*(u(y))),$$

donc $u^*u$ est l'homothétie de rapport $\alpha$. Si A est commutatif, et si $n$ désigne la dimension de E, on déduit de là et de la formule (50) du § 1, n° 10 que l'on a

$$(\det u)\overline{(\det u)} = \alpha^n. \tag{8}$$

Distinguons alors deux cas :

1°) L'entier $n$ est *impair*, soit $n = 2q + 1$. Alors, en posant $\rho = \alpha^{-q}(\det u)$, on a $\alpha = (\det u)\,\overline{(\det u)}\alpha^{-2q} = \rho\bar{\rho}$. Donc $u$ est le produit de l'homothétie de rapport $\rho$ et d'un automorphisme unitaire.

2°) L'entier $n$ est *pair*, soit $n = 2q$. Alors, en posant $\rho = \alpha^{-q}(\det u)$, on a $\rho\bar{\rho} = 1$. En particulier, lorsque J est l'identité, on a $(\det u)^2 = \alpha(u)^{2q}$ ; les similitudes $u$ telles que $\det u = \alpha(u)^q$ (resp. $\det u = -\alpha(u)^q$) sont dites *directes* (resp. *inverses*) ; les similitudes directes forment un sous-groupe distingué d'indice 2 de $\Gamma$ ;

les homothéties de rapport $\neq 0$ sont des similitudes directes ; il en est de même des transformations orthogonales de déterminant 1 (nº 2) ; les transformations orthogonales de déterminant $-1$ sont des similitudes inverses.

Les définitions et résultats précédents sont encore valables pour les formes $\varepsilon$-hermitiennes (§ 3, nº 1), et en particulier pour les formes alternées.

Soient A un corps commutatif et Q une *forme quadratique* $\neq 0$ sur E. On appelle *similitude* (relativement à Q) tout automorphisme $u$ de E tel qu'il existe un élément non nul $\alpha$ de A (appelé *multiplicateur* de $u$) pour lequel $Q(u(x)) = \alpha Q(x)$ quel que soit $x \in E$. Il est clair que $u$ est alors une similitude de multiplicateur $\alpha$ relativement à la forme bilinéaire associée à Q ; la réciproque est vraie lorsque la caractéristique de A est $\neq 2$.

### 6. *Géométrie hermitienne.*

DÉFINITION 2. — *Soient* A *un corps*, L *un espace affine sur* A *et* T *l'espace des translations de* L (chap. II, 2ᵉ éd., App. II). *Si* T *est muni d'une forme hermitienne* $\Phi$ *non dégénérée, on dit que* L *est un espace hermitien sur* A, *et que* $\Phi$ *est la forme métrique de* L.

Si J est l'identité (ce qui implique que A est commutatif), on dit plutôt que L est un *espace euclidien*.

Si $a$ et $b$ sont deux points de L, posons $e(a, b) = \Phi(b - a, b - a)$. Soit $c$ un troisième point de L. Pour que $b - a$ et $c - a$ soient orthogonaux, il faut, d'après la formule (17) du § 1, nº 5, que l'on ait $e(b, c) = e(a, b) + e(a, c)$, et cette condition est suffisante lorsque $J = 1$ et que A n'est pas de caractéristique 2 (« théorème de Pythagore »).

Deux variétés linéaires de L sont dites *orthogonales* si leurs directions (chap. II, 2ᵉ éd., App. II, nº 3) sont orthogonales. Une variété linéaire de L est dite isotrope (resp. totalement isotrope) si sa direction est isotrope (resp. totalement isotrope). Un vecteur de T est dit orthogonal à une variété linéaire de L s'il est orthogonal à la direction de cette variété.

Soient V une variété linéaire en L, et $x$ un point de L. L'ensemble des points $y$ de L tels que $y - x$ soit orthogonal à V est une variété linéaire W passant par $x$ ; on dit que W est la variété *totalement orthogonale* (ou, plus simplement, *orthogonale*) à V passant par $x$. Si L est de dimension finie, la dimension de W est égale à la codimension de V. En outre, si V est non isotrope, les directions de V et de W sont supplémentaires (§ 4, n° 1, cor. de la prop. 1) ; alors W rencontre V en un seul point $x_1$ ; en prenant une origine dans V, on voit aussitôt que, pour V fixé, l'application $x \to x_1$ est une application linéaire affine idempotente ; on l'appelle la *projection orthogonale* de L sur V ; l'application linéaire qui lui est associée (chap. II, 2^e^ éd., App. II, n° 4) est le projecteur orthogonal de T sur la direction de V (n° 3).

DÉFINITION 3. — *Soient* L *un espace hermitien sur un corps* A, T *l'espace des translations de* L. *On appelle déplacement* (resp. *similitude*) *de* L *toute bijection affine* $u$ *de* L *sur* L *telle que l'application linéaire* $v$ *associée à* $u$ *dans* T (chap. II, 2^e^ éd., App. II, n°4) *soit unitaire* (resp. *soit une similitude*).

Le groupe des translations est un sous-groupe distingué du groupe affine ; c'est donc un sous-groupe distingué du groupe des similitudes et du groupe des déplacements. Pour tout $a \in L$, soit $G_a$ le groupe des similitudes (resp. déplacements) laissant $a$ fixe ; si on identifie L à T en prenant $a$ pour origine, $G_a$ est le groupe des similitudes (resp. le groupe unitaire) de T. Toute similitude (resp. déplacement) $u$ se met, d'une façon et d'une seule, sous la forme $u = u_1 t_1$ où $u_1 \in G_a$ et $t_1 \in T$, et aussi sous la forme $u = t_2 u_2$ où $u_2 \in G_a$ et $t_2 \in T$ ; on a d'ailleurs $u_2 = u_1$ et $t_2 = u_1 t_1 u_1^{-1}$ (chap. II, 2^e^ éd., App. II, n° 4).

Soient $u$ une similitude dans L, $v$ la similitude associée dans T. Le multiplicateur de $v$ s'appelle aussi le *multiplicateur* de $u$ (n° 5). Si l'on note $\alpha(u)$ ce multiplicateur, l'application $u \to \alpha(u)$ est un homomorphisme du groupe des similitudes de L dans le groupe multiplicatif des éléments inversibles du centre de A ; son noyau est le groupe des déplacements, qui est donc un sous-groupe distingué du groupe des similitudes. Lorsque A est commutatif et L de dimension finie, il y a, entre le déterminant det $u$ (égal par définition à det $v$) et $\alpha(u)$, les mêmes relations qu'au n° 5. Les déplacements $u$ tels que det $u = 1$ forment un sous-groupe distingué du groupe des déplacements ; ce sous-groupe est d'indice 2 si A est un corps commutatif de caractéristique $\neq 2$ et J l'identité.

Proposition 6. — *Soit* L *un espace hermitien de dimension finie sur* A, *dont la forme métrique soit d'indice* 0. *Toute similitude* $u$ *de* L, *de multiplicateur* $\mu \neq 1$, *admet alors un point fixe et un seul.*

En effet, soit $a$ un point de L. Il existe une similitude $v$ de L laissant $a$ fixe et une translation $t$ de L telles que $u = tv$. Dire que $b$ est un point fixe de $u$ revient à dire que $v(b) - b = t$. Pour montrer que cette équation admet une solution $b$ et une seule, identifions L à son espace des translations T en prenant $a$ pour origine. Il suffit alors de prouver que l'endomorphisme $v - 1$ de T est inversible, autrement dit que la relation $v(x) - x = 0$ $(x \in \mathrm{T})$ entraîne $x = 0$. Or, si $v(x) - x = 0$, on a $\Phi(x, x) = \Phi(v(x), v(x)) = \mu\Phi(x, x)$, donc $\Phi(x, x) = 0$ puisque $\mu \neq 1$ ; ceci entraîne $x = 0$ puisque $\Phi$ est d'indice 0. CQFD.

Supposons que A soit un corps de caractéristique $\neq 2$. Tout déplacement $u$ de L tel que $u^2 = 1$ admet au moins un point fixe, par exemple le milieu $\frac{1}{2}(x + u(x))$ de deux points homologues ; en prenant ce point pour origine, on voit que l'automorphisme unitaire de T associé à $u$ est une symétrie (n° 3). Soit V une variété linéaire non isotrope dans L ; on dit qu'un déplacement $u$ est la *symétrie par rapport à* V si, en prenant une origine dans V, $u$ est identifié à la symétrie par rapport à V de T. Il revient au même de dire que $u(x)$ s'obtient de la façon suivante : en notant $x_1$ la projection orthogonale de $x$ sur V, on a $u(x) - x = 2(x_1 - x)$.

*Exercices.* — 1) On suppose que A est un corps commutatif. Étant donnée une matrice hermitienne $R$ d'ordre $n$ sur A, on appelle *mineurs principaux* d'ordre $r$ de $R$ les mineurs obtenus en supprimant dans $R$ $n - r$ lignes et les $n - r$ colonnes de *mêmes indices.*

*a*) Si un mineur principal d'ordre $r$ de $R$ n'est pas nul, mais si tous les mineurs principaux d'ordres $r + 1$ et $r + 2$ qui contiennent ce mineur d'ordre $r$ sont nuls, montrer que $R$ est de rang $r$ (cf. chap. III, § 7, exerc. 1 et § 8, exerc. 11 et chap. IV, § 2, exerc. 10). En déduire que, pour que $R$ soit de rang $r$, il faut et il suffit qu'il existe un mineur principal d'ordre $r$ qui soit $\neq 0$, et que tous les mineurs principaux d'ordres $r + 1$ et $r + 2$ soient nuls.

*b*) Déduire de *a*) que si $R$ est de rang $r$, il existe une permutation $\sigma \in \mathfrak{S}_n$ telle que, si on effectue sur les lignes *et* les colonnes de $R$ la *même* permutation $\sigma$, et si on désigne par $S$ la matrice obtenue, par $\Delta_k$ le mineur principal d'ordre $k$ de $S$ obtenu en supprimant dans $S$ les lignes et les colonnes d'indice $> k$, on ait les deux propriétés suivantes : 1° $\Delta_r \neq 0$ ; 2° il n'existe pas d'indice $k < r$ tel que $\Delta_k = \Delta_{k+1} = 0$.

2) On suppose que A est un corps commutatif, et que E est de dimension finie $n$. Soient $\Phi$ une forme sesquilinéaire hermitienne sur E, vérifiant la condition (T) du § 4, n° 2, $R = (\alpha_{ij})$ la matrice de $\Phi$ par rapport à une base $(e_i)$ de E.

*a*) Si $\Phi$ est de rang $r$, et si le mineur principal (exerc. 1) obtenu en supprimant dans $R$ les lignes et les colonnes d'indices $> r$ n'est pas nul, montrer qu'il existe une nouvelle base $(f_i)$ de E telle que $e_i = f_i$ pour $1 \leqslant i \leqslant r$ et que la matrice de $\Phi$ par rapport à $(f_i)$ s'obtienne en remplaçant par 0 dans $R$ tous les $\alpha_{ij}$ tels que $i > r$ ou $j > r$ (considérer le sous-espace $E^0$ orthogonal à E).

*b*) Déduire de *a*) que si $\Phi$ est de rang $n$, et si le cofacteur $\Delta_{n-1}$ de $\alpha_{nn}$ dans le déterminant $\Delta = \det R$ n'est pas nul, il existe une nouvelle base $(f_i)$ de E telle que $f_i = e_i$ pour $1 \leqslant i \leqslant n-1$, et que l'on ait

$$\Phi(x, y) = \Phi(\sum_{i=1}^{n} \xi_i f_i, \sum_{i=1}^{n} \eta_i f_i) = \sum_{i=1}^{n-1}\sum_{j=1}^{n-1} \alpha_{ij}\xi_i\bar{\eta}_j + \frac{\Delta}{\Delta_{n-1}}\xi_n\bar{\eta}_n$$

(considérer la forme hermitienne dont la matrice par rapport à $(e_i)$ s'obtient en remplaçant $\alpha_{nn}$ par $\alpha_{nn} - \dfrac{\Delta}{\Delta_{n-1}}$ dans $R$).

*c*) On suppose que $\Phi$ est de rang $n$, que $\Delta_{n-1} = 0$, mais que le mineur principal $\Delta_{n-2}$ de $R$ obtenu en supprimant les lignes et les colonnes d'indices $n-1$ et $n$ dans $R$ n'est pas nul. Montrer qu'il existe une nouvelle base $(f_i)$ de E telle que $f_i = e_i$ pour $1 \leqslant i \leqslant n-2$, et que l'on ait

$$\Phi(x, y) = (\sum_{i=1}^{n} \xi_i f_i, \sum_{i=1}^{n} \eta_i f_i) = \sum_{i=1}^{n-2}\sum_{j=1}^{n-2} \alpha_{ij}\xi_i\bar{\eta}_j + \xi_{n-1}\bar{\eta}_n + \xi_n\bar{\eta}_{n-1}.$$

(Si H est l'hyperplan engendré par $e_1, \ldots, e_{n-1}$, qui est isotrope, remarquer que la droite orthogonale à H n'est pas dans le sous-espace engendré par $e_1, \ldots, e_{n-2}$, et utiliser la prop. 2 du § 4, n° 2).

3) Soient A un corps fini, E un espace vectoriel de dimension finie sur A, $\Phi$ une forme sesquilinéaire hermitienne non dégénérée sur E, relative à un automorphisme $J \neq 1$ de A. Montrer que E admet une base orthonormale pour $\Phi$ (cf. chap. V, § 11, n° 5, cor. du th. 3).

4) Soient A un corps fini de caractéristique $\neq 2$, E un espace vectoriel de dimension finie $n$ sur A.

*a*) Montrer que pour toute forme bilinéaire symétrique $\Phi$ non dégénérée sur E, il existe une base orthogonale $(e_i)$ de E telle que $\Phi(e_i, e_i) = 1$ pour $1 \leqslant i \leqslant n-1$, $\Phi(e_n, e_n) = \Delta$ (discriminant de $\Phi$ par rapport à $(e_i)$). (Remarquer que si $\alpha\beta \neq 0$, l'équation $\alpha\xi^2 + \beta\eta^2 = \gamma$ admet toujours des solutions $(\xi, \eta)$ dans A si $\gamma \neq 0$ (chap. V, § 11, exerc. 4)).

*b*) Pour que deux formes bilinéaires symétriques non dégénérées sur E soient équivalentes, il faut et il suffit que le rapport de leurs discriminants (par rapport à une même base de E) soit un carré dans A. En déduire que, si $n$ est impair, pour toute forme bilinéaire symétrique $\Phi$ non dégénérée sur E, il existe une base orthogonale par rapport à laquelle la matrice de $\Phi$ est de la forme $\lambda I_n$ ($\lambda \in A$) ; l'indice de $\Phi$ est alors $(n-1)/2$.

*c*) Si $n = 2m$ est pair, montrer que l'indice d'une forme bilinéaire symétrique non dégénérée $\Phi$ sur E est $m$ si $(-1)^m\Delta$ est un carré dans A, $m-1$ dans le cas contraire.

5) Soit A un corps commutatif de caractéristique $\neq 2$. Soit I un polynôme à coefficients dans A, par rapport à $n(n+1)/2$ indéterminées $X_{ij}$ ($1 \leqslant i \leqslant j \leqslant n$) ; pour toute matrice *symétrique* $R = (\alpha_{ij})$ sur un surcorps commutatif A′ de A, on désigne par $I(R)$ l'élément de A′ obtenu en substituant $\alpha_{ij}$ à l'indéterminée $X_{ij}$ ($i \leqslant j$) dans I.

On suppose que I est tel que, pour la matrice $U = (u_{ij})$ avec $u_{ij} = X_{ij}$ pour $i \leqslant j$, $u_{ij} = X_{ji}$ pour $i > j$ et la matrice carrée $P = (Y_{ij})$ d'ordre $n$ (où les $Y_{ij}$ sont $n^2$ autres indéterminées), on ait

$$I({}^tPUP) = (\det P)^h I(U)$$

où $h$ est un entier $> 0$. Montrer que $h$ est *pair* et que $I(U) = \gamma(\det U)^k$, où $h = 2k$ et $\gamma \in A$. (En utilisant le th. 1, montrer que pour toute matrice symétrique $R$ sur la clôture algébrique $\Omega$ de A, on a $(I(R))^2 = \lambda(\det R)^h$, où $\lambda \in \Omega$, et utiliser le fait que le polynôme $\det U$ par rapport aux $X_{ij}$ n'est pas un carré, en considérant les termes de ce polynôme contenant un $X_{ii}$).

*6) Soient A un corps valué complet non discret, commutatif et de caractéristique $\neq 2$ (*Top. gén.*, chap. IX, § 3, n° 2), $\Phi$ une forme hermitienne non dégénérée sur un espace vectoriel E de dimension finie $n$ sur A, $R = (\alpha_{ij})$ la matrice de $\Phi$ par rapport à une base $(e_i)$ de E. Montrer qu'il existe $\varepsilon > 0$ tel que, pour toute matrice hermitienne $R' = (\alpha'_{ij})$ vérifiant les conditions $|\alpha'_{ij} - \alpha_{ij}| \leqslant \varepsilon$ pour tout couple $(i, j)$, la forme $\Phi'$ ayant $R'$ comme matrice par rapport à la base $(e_i)$ soit équivalente à $\Phi$. (Se ramener au cas où $R$ est diagonale ; utiliser l'exerc. 2 *b*) en s'appuyant sur le lemme suivant : il existe un nombre $a > 0$ tel que pour $|\eta| \leqslant a$, il existe dans A un élément $\xi$ tel que $\xi^2 = 1 - \eta$. Pour démontrer ce lemme, on utilisera la série du binôme pour $(1-x)^{1/2}$).*

¶ 7) Soient A un corps commutatif *non ordonnable* (chap. VI, § 2, exerc. 8) de caractéristique $\neq 2$, E un espace vectoriel de dimension finie $n > 0$ sur A, Q une forme quadratique non dégénérée sur E, $(e_i)$ une base orthogonale pour Q, de sorte que $Q\left(\sum_{i=1}^{n} \xi_i e_i\right) = \sum_{i=1}^{n} \alpha_i \xi_i^2$. Pour $1 \leqslant r \leqslant n$, on pose $Q_r(\xi_1, \ldots, \xi_r) = \sum_{i=1}^{r} \alpha_i \xi_i^2$, et on désigne par $M_r$ l'ensemble des valeurs de $Q_r$ lorsque les $\xi_i$ ($1 \leqslant i \leqslant r$) parcourent A.

*a*) Montrer que si, pour un indice $r$, on a $M_r = M_{r+1}$, il en résulte que $M_r = A$ (remarquer que tout élément de A est somme de carrés (chap. VI, § 2, exerc. 7)).

*b*) On suppose que le sous-groupe S du groupe multiplicatif $A^*$, formé des carrés d'éléments de A, est d'indice *fini s* dans $A^*$. Déduire de *a*) que si $n > s$, toute forme quadratique non dégénérée sur E est d'indice $> 0$ (remarquer que tout ensemble $M_r$ est réunion de 0 et de classes mod. S). *Application au cas où A est un corps $p$-adique $\mathbf{Q}_p$ (*Top. gén.*, chap. III, § 5, exerc. 35).*

8) Soient A un corps commutatif de caractéristique $\neq 2$, E un espace vectoriel de dimension finie $n$ sur A, Q une forme quadratique non dégénérée d'indice 0 sur E. Soient A′ une extension algébrique de A, de degré fini et *impair*, E′ l'espace vectoriel sur A′ obtenu par extension à A′ du corps des scalaires de E. Montrer que l'extension Q′ de Q à E′ (§ 3, nº 4, prop. 3) est encore d'indice 0. (Se ramener au cas ou $A' = A[X]/(f)$, $f$ étant un polynôme irréductible de degré impair $m$ sur A. Soient $(e_i)$ une base orthogonale de E pour Q, et $\rho_i = Q(e_i)$ ; montrer que, dans A[X], une relation de la forme $\sum_i \rho_i(g_i(X))^2 = f(X)h(X)$, où les $g_i$ sont des polynômes non tous nuls, de degré $\leqslant m-1$, est impossible ; observer pour cela que $h$ serait nécessairement de degré impair, et considérer un facteur irréductible de $h$, de degré impair).

9) Soient A un corps, E un espace vectoriel sur A admettant une base dénombrable $(e_n)_{n \geqslant 1}$, $\Phi$ une forme sesquilinéaire hermitienne non dégénérée sur E, satisfaisant à la condition (T) (§ 4, nº 2).

*a*) Montrer que si les conditions (C) du th. 1 ne sont pas simultanément vérifiées, il existe dans E une base orthogonale pour $\Phi$ (raisonner comme dans l'exerc. 4 du § 5).

*b*) On suppose en outre A commutatif, et qu'il existe un entier $s$ tel que sur tout espace vectoriel de dimension finie et $> s$ par rapport à A, toute forme sesquilinéaire hermitienne non dégénérée soit d'indice $> 0$ (cf. exerc. 7). Montrer qu'il existe alors dans E une base orthonormale pour $\Phi$. (Raisonner comme dans *a*), en observant que pour tout élément de A de la forme $\alpha = \lambda + \bar{\lambda}$, et toute forme hermitienne non dégénérée $\Psi$ sur un espace F de dimension finie $> s$, il existe $z \in F$ tel que $\Psi(z, z) = \alpha$ (cf. § 4, nº 2, prop. 4).)

¶ 10) *a*) Soit A un anneau principal dans lequel il n'y a qu'un seul idéal maximal $A\pi$, tel que 2 ne soit pas divisible par $\pi$ (chap. VII, § 1, exerc. 4). Soit E un module libre sur A, de dimension $n$. Montrer que toute forme bilinéaire symétrique $\Phi$ sur E admet une base orthogonale. (Soit $r$ le plus grand exposant tel que $\pi^r$ divise tous les éléments $\Phi(x, y)$ ; montrer qu'il existe $a \in E$ tel que $\Phi(a, a) = \alpha\pi^r$, où $\alpha$ est inversible dans A ; en déduire que E est somme directe de $F = Aa$ et du sous-module $F^0$ orthogonal à F.)

*b*) Donner un exemple (pour $n = 2$) où $\Phi$ est non dégénérée et où il existe un sous-module F non isotrope de E, de rang 1, admettant un supplémentaire dans E mais tel que $F^0$ ne soit pas supplémentaire de F.

*c*) Soient $(e_i)$ une base orthogonale pour $\Phi$, et $\alpha_i = \Phi(e_i, e_i)$. Montrer que les idéaux $A\alpha_i$ sont, à l'ordre près, indépendants de la base orthogonale considérée (cf. § 5, th. 1).

On dit que ces idéaux sont les *facteurs invariants* de la forme $\Phi$. Donner un exemple de deux formes ayant mêmes facteurs invariants et non équivalentes (prendre deux formes dont le quotient des discriminants n'est pas un carré).

*d*) Soient F un sous-module de E, $\Phi_F$ la restriction de $\Phi$ à $F \times F$, $A\alpha_i$ $(1 \leqslant i \leqslant r)$ les facteurs invariants non nuls de $\Phi$, rangés de sorte que $\alpha_i$ divise $\alpha_{i+1}$, $A\beta_i$ $(1 \leqslant i \leqslant s)$ les facteurs invariants non nuls de $\Phi_F$, rangés de sorte que $\beta_i$ divise $\beta_{i+1}$. Montrer que l'on a $s \leqslant r$ et que $\beta_i$ est multiple de $\alpha_i$ pour $1 \leqslant i \leqslant s$ (même méthode que dans l'exerc. 1 *a*) du § 5).

*e*) On suppose $\Phi$ non dégénérée ; soient F, G deux sous-modules non isotropes de E tels que $F^0$ (resp. $G^0$) soit supplémentaire de F (resp. G). On suppose que les restrictions de $\Phi$ à F et à G soient équivalentes ; montrer qu'il existe alors un automorphisme $u$ de E, laissant invariante $\Phi$, et tel que $u(F) = G$. (En utilisant *a*), se ramener au cas où $F = Aa$, $G = Ab$, $\Phi(a, a) = \Phi(b, b)$. Soit $(c_j)$ une base de $G^0$, et soient $b'$, $c'_j$ $(1 \leqslant j \leqslant n-1)$ les composantes de $b$ et $c_j$ respectivement dans $F^0$ ; montrer qu'il existe des scalaires $\mu_j$ $(1 \leqslant j \leqslant n-1)$ tels que les éléments $d_j = c'_j + \mu_j b'$ satisfassent aux relations $\Phi(d_j, d_k) = \Phi(c_j, c_k)$ pour tout couple d'indices ; on remarquera pour cela que pour tout $\lambda \in A$, l'un des éléments $1 \pm \lambda$ est inversible dans A.)

11) Soit A un anneau principal de caractéristique 0, dans lequel il n'y a qu'un seul idéal principal $\pi$, tel que 2 soit divisible par $\pi$. Si $(e_1, e_2)$ est la base canonique de $E = A^2$, $\Phi$ la forme bilinéaire symétrique sur E définie par $\Phi(\xi_1 e_1 + \xi_2 e_2, \eta_1 e_1 + \eta_2 e_2) = \xi_1\eta_2 + \xi_2\eta_1$, montrer qu'il n'existe pas de base orthogonale de E pour $\Phi$.

12) Soient A le corps fini $\mathbf{F}_{q^2}$, J l'automorphisme involutif $\xi \rightarrow \xi^q$ de A, dont $\mathbf{F}_q$ est le corps des invariants. Si E est un espace vectoriel de dimension $n$ sur A, $\Phi$ une forme sesquilinéaire hermitienne (pour J) non dégénérée sur E, montrer que l'ordre du groupe unitaire $\mathbf{U}(\Phi)$ est égal à

$$(q^n - (-1)^n)q^{n-1}(q^{n-1} - (-1)^{n-1})q^{n-2} \ldots (q^2 - 1)q(q + 1)$$

(méthode analogue à celle de l'exerc. 10 du § 5, en utilisant l'exerc. 3).

13) Soient A le corps fini $\mathbf{F}_q$ ($q$ non multiple de 2), E un espace vectoriel de dimension $n$ sur A, Q une forme quadratique non dégénérée sur E. Montrer que :

*a*) Si $n$ est impair, l'ordre du groupe $\mathbf{SO}(Q)$ est

$$(q^{n-1} - 1)q^{n-2}(q^{n-3} - 1)q^{n-4} \ldots (q^2 - 1)q.$$

*b*) Si $n = 2m$ est pair, l'ordre du groupe $\mathbf{SO}(Q)$ est égal à

$$(q^{2m-1} - \varepsilon q^{m-1})(q^{2m-2} - 1)q^{2m-3} \ldots (q^2 - 1)q$$

où $\varepsilon = 1$ si $(-1)^m\Delta$ est un carré dans A, $\varepsilon = -1$ dans le cas contraire, $\Delta$ désignant le discriminant de Q par rapport à une base quelconque de E. (Méthode analogue à celle de l'exerc. 12, en utilisant l'exerc. 3 du § 6 et l'exerc. 5 du chap. V, § 11.)

14) On suppose que A est un corps commutatif, E un espace vecto-

riel de dimension finie $n \geqslant 2$ sur A, $\Phi$ une forme sesquilinéaire hermitienne non dégénérée sur E, satisfaisant à la condition (T) (§ 4, nº 2). Montrer que les seuls endomorphismes $w$ de E permutant avec tous les automorphismes $u$ appartenant au groupe spécial unitaire $\mathbf{SU}(\Phi)$ sont les homothéties, sauf lorsque l'on a simultanément $n = 2$, $J = 1$, A étant de caractéristique $\neq 2$. (Si $n \geqslant 3$, écrire que $w$ permute avec les involutions $u \in \mathbf{SU}(\Phi)$, et utiliser l'exerc. 3 du § 4 ; si $n = 2$ et $J \neq 1$, écrire que $w$ permute avec les éléments de $\mathbf{SU}(\Phi)$ dont la matrice est de la forme $\begin{pmatrix} \lambda & 0 \\ 0 & \lambda^{-1} \end{pmatrix}$ par rapport à une base orthogonale de E.)

¶ 15) Soient A un corps commutatif de caractéristique $\neq 2$, E un espace vectoriel de dimension $n \geqslant 1$ sur A, Q une forme quadratique non dégénérée sur E. Pour tout automorphisme $u \in \mathbf{O}(Q)$, soit $w = u - 1$, et soient $r$ le rang de $w$, et $W = \overset{-1}{w}(0)$.

*a*) Montrer que $w(E)$ est le sous-espace $W^0$ orthogonal à W.

*b*) Montrer que si $n = 2$, $r = 2$, $u$ est produit de deux symétries par rapport à des droites de E. (Etablir que si $w(x)$ est isotrope pour tout vecteur non isotrope $x \in E$, $w(x)$ est isotrope pour tout $x \in E$ ; on considérera séparément le cas où A a au moins 5 éléments et le cas $A = \mathbf{F}_3$.)

*c*) On suppose $n$ et $r$ quelconques. Montrer que si $w(E)$ n'est pas totalement isotrope, $u$ est produit de $r$ symétries par rapport à des hyperplans de E, et ne peut être produit d'un nombre moindre de symétries. (Se ramener au cas où W est totalement isotrope, et procéder par récurrence sur $n$ et $r$. Si $W \neq \{0\}$, montrer qu'il existe un vecteur $a \in W^0$ tel que $w(a)$ ne soit pas isotrope, en raisonnant par l'absurde et utilisant le fait qu'un plan dont toutes les droites sauf une au plus sont isotropes est nécessairement totalement isotrope ; prendre alors la symétrie $s$ par rapport à l'hyperplan orthogonal à $w(a)$, et considérer l'automorphisme $su$. Si $W = \{0\}$, prendre $a \in E$ tel que $w(a)$ ne soit pas isotrope, et, avec la même signification pour $s$, considérer encore l'automorphisme $su$, et utiliser *b*).)

*d*) On suppose que $w(E)$ soit totalement isotrope. Si $s$ est une symétrie par rapport à un hyperplan non isotrope H, montrer que le sous-espace des vecteurs invariants par $su$ est $H \cap W$, donc est de dimension $n - r - 1$, et en déduire que $su$ ne peut être produit de moins de $r + 1$ symétries par rapport à des hyperplans. Déduire alors de *c*) que $u$ est produit de $r + 2$ symétries par rapport à des hyperplans, mais ne peut être produit d'un nombre moindre de symétries.

*e*) Déduire de *c*) et *d*) que tout automorphisme orthogonal est produit de $n$ symétries au plus par rapport à des hyperplans.

*f*) Montrer que si $n$ est impair (resp. pair), pour tout automorphisme $u \in \mathbf{O}(Q)$ de déterminant 1 (resp. $-1$), il existe un vecteur $x \neq 0$ invariant par $u$ (utiliser *e*)).

16) Les hypothèses étant les mêmes que dans l'exerc. 15, montrer que, si $n \geqslant 3$, le groupe $\mathbf{SO}(Q)$ est engendré par les symétries par rapport aux sous-espaces non isotropes de E de dimension $n - 2$ (raisonner comme dans la prop. 5 du nº 4).

¶ 17) Les hypothèses sont les mêmes que dans l'exerc. 15.

*a*) Montrer que, pour $n \geqslant 2$, le groupe des commutateurs $\Omega(Q)$ du groupe orthogonal $\mathbf{O}(Q)$ est engendré par les éléments $(st)^2$, où $s$ et $t$ parcourent l'ensemble des symétries par rapport à des hyperplans (utiliser la prop. 5 du n° 4, et remarquer que pour tout groupe $\Gamma$, le sous-groupe engendré par les carrés des éléments de $\Gamma$ contient le groupe des commutateurs de $\Gamma$).

*b*) Montrer que si $n \geqslant 3$, le groupe des commutateurs de $\mathbf{SO}(Q)$ est engendré par les carrés des éléments de $\mathbf{SO}(Q)$ (utiliser l'exerc. 16) ; en déduire que ce groupe est identique à $\Omega(Q)$, et que le groupe quotient $\mathbf{SO}(Q)/\Omega(Q)$ est un groupe commutatif dont tous les éléments sont d'ordre 2.

*c*) On dit qu'un plan $P \subset E$ est *hyperbolique* s'il est non isotrope et s'il contient des droites isotropes (nécessairement au nombre de 2). On dit qu'un automorphisme $u \in \mathbf{O}(Q)$ est *hyperbolique* s'il existe un plan hyperbolique P tel que $u(x) = x$ pour tout $x \in P^0$ ; on dit alors que $u$ est une transformation hyperbolique associée à P. Montrer que si Q est d'indice $\geqslant 1$, tout $u \in \mathbf{O}(Q)$ est produit de transformations hyperboliques (utiliser la prop. 5 du n° 4 et l'exerc. 4 *a*) du § 4). En déduire que si P est un plan hyperbolique, tout $u \in \mathbf{O}(Q)$ peut s'écrire $u = tv$, où $t$ est une transformation hyperbolique associée à P et $v \in \Omega(Q)$.

¶ 18) Soient A un corps commutatif, E un espace vectoriel de dimension $n$ sur A, $\Phi$ une forme sesquilinéaire hermitienne non dégénérée sur E, satisfaisant à la condition (T) (§ 4, n° 2). Soient V un sous-espace vectoriel de E, $H_V$ le sous-groupe du groupe unitaire $\mathbf{U}(\Phi)$ formé des automorphismes unitaires $u$ tels que $u(V) = V$.

*a*) Montrer que, lorsque V n'est pas un sous-espace totalement isotrope de dimension $n/2$, l'image de $H_V$ par l'application $u \to \det u$ est le sous-groupe de $A^*$ formé des $\rho \in A$ tels que $\rho\bar{\rho} = 1$.

*b*) Si $n$ est pair et si V est un sous-espace totalement isotrope de dimension $n/2$, montrer que l'image de $H_V$ par l'application $u \to \det u$ est le sous-groupe de $A^*$ formé des éléments de la forme $\bar{\lambda}/\lambda$ (utiliser la prop. 2 du § 4, n° 2).

*c*) Soient V, W deux sous-espaces vectoriels de E tels que les restrictions de $\Phi$ à V et W soient équivalentes. Montrer qu'il existe $u \in \mathbf{SU}(\Phi)$ tel que $u(V) = W$ dans les cas suivants :

1° J est distinct de l'identité (utiliser le th. 3 du chap. V, § 11, n° 5).

2° $J = 1$, A est de caractéristique $\neq 2$, V et W ne sont pas des sous-espaces totalement isotropes de dimension $n/2$.

*d*) On suppose que $J = 1$, que A est de caractéristique $\neq 2$, que $n = 2m$ est pair, et que $\Phi$ est une forme bilinéaire symétrique non dégénérée d'indice $m$. Soient V, W deux sous-espaces totalement isotropes de dimension $m$ dans E ; montrer que si $\dim(V \cap W) = q$, pour tout automorphisme orthogonal $u$ tel que $u(V) = W$, on a $\det u = (-1)^{m-q}$ (utiliser *b*) et la prop. 2 du § 4, n° 2). En déduire que l'ensemble des sous-espaces totalement isotropes de dimension $m$ est réunion de deux classes d'intransitivité $N_1$, $N_2$ pour le groupe $\mathbf{SU}(\Phi)$ ; si V et W sont dans la même classe (resp. dans des classes différentes), la dimension de $V \cap W$ a même parité que $m$ (resp. n'a pas même parité que $m$). Pour qu'une similitude $u$ (pour $\Phi$) soit directe, il faut et il suffit que $u(N_1) = N_1$ (utiliser l'exerc. 4 *c*) du § 4.

19) Soient A un corps, E un espace vectoriel de dimension finie et $> 0$ sur A, $\Phi$ une forme sesquilinéaire $\varepsilon$-hermitienne sur E, non dégénérée et non alternée. Soit $u$ un automorphisme de E tel que l'on ait

$$\Phi(u(x), u(x)) = \alpha\Phi(x, x)$$

pour tout $x \in E$, avec $\alpha \in A$. Montrer que $u$ est une similitude de multiplicateur $\alpha$ sauf lorsque les conditions suivantes sont simultanément vérifiées : A est commutatif et de caractéristique 2, J est l'identité (utiliser l'exerc. 8 du § 1).

20) Soient A un corps, L un espace hermitien de dimension finie sur A ; on suppose que la forme métrique $\Phi$ de L satisfasse à la condition (T) (§ 4, n° 2). Montrer que si l'indice de $\Phi$ est $> 0$, il peut y avoir des similitudes de L, de multiplicateur $\neq 1$, et qui n'admettent aucun point fixe (utiliser le raisonnement de la prop. 6 du n° 6, et la prop. 2 du § 4, n° 2).

21) Soient A un corps commutatif de caractéristique $\neq 2$, L un espace euclidien de dimension finie sur A, $\Phi$ la forme métrique de L.

*a*) Montrer que toute bijection $u$ de L sur lui-même, telle que

$$\Phi(u(x) - u(y), u(x) - u(y)) = \Phi(x - y, x - y)$$

quels que soient $x$, $y$ dans L, est un déplacement (utiliser l'exerc. 7 du § 1).

*b*) Montrer que le groupe des déplacements est engendré par les symétries par rapport aux hyperplans non isotropes de l'espace affine L (en utilisant la prop. 5 du n° 4, se ramener à prouver que toute translation non isotrope est produit de deux telles symétries).

22) Dans un espace hermitien L, on dit que deux variétés linéaires sont *perpendiculaires* si leurs directions sont des sous-espaces faiblement orthogonaux (§ 3, exerc. 11). On suppose L de dimension finie ; soient $V_1$, $V_2$ deux variétés linéaires, $W_1$, $W_2$ leurs directions respectives. On suppose que $p = \dim(W_1 + W_2) < n$ ; montrer que si $W_1 + W_2$ n'est pas isotrope, il existe au moins une variété linéaire U de dimension $n - p$, perpendiculaire à $V_1$ et à $V_2$, et rencontrant chacune des variétés $V_1$, $V_2$ en un seul point ; en outre, si $q = \dim(W_1 \cap W_2)$, la réunion de toutes les variétés linéaires U ayant les propriétés précédentes est une variété linéaire de dimension $n - p + q$.

23) Soient A un corps commutatif de caractéristique $\neq 2$, E un espace vectoriel de dimension finie $n + 1 \geqslant 2$ sur A, Q une forme quadratique sur E, $\Phi$ la forme bilinéaire symétrique associée à Q. L'ensemble C des $x \in E$ tels que $Q(x) = 0$ est appelé le *cône isotrope* de sommet 0 et d'équation $Q(x) = 0$. S'il n'est pas réduit à 0, l'image S de $C - \{0\}$ dans

l'espace projectif $\mathbf{P}(E)$, par l'application canonique $\pi$ de $E - \{0\}$ sur $\mathbf{P}(E)$ (chap. II, 2e éd., App. III), est appelée *quadrique projective* (resp. *conique projective* si $n = 2$) d'équation homogène $Q(x) = 0$. On dit que S est *dégénérée* si Q est dégénérée. On dit que deux variétés linéaires projectives $V_1$, $V_2$ de $\mathbf{P}(E)$ sont *conjuguées* par rapport à S si $\overset{-1}{\pi}(V_1)$ et $\overset{-1}{\pi}(V_2)$ sont orthogonaux (pour $\Phi$). La *polaire* $V^0$ d'une variété linéaire projective $V \subset \mathbf{P}(E)$ par rapport à S est la variété telle que $\overset{-1}{\pi}(V^0) \cup \{0\}$ soit le sous-espace totalement orthogonal (pour $\Phi$) à $\overset{-1}{\pi}(V) \cup \{0\}$ ; si V est un hyperplan et si S est non dégénérée, $V^0$ est réduite à un point, appelé *pôle* de V. Une variété linéaire projective V est dite *tangente* à S si $\overset{-1}{\pi}(V) \cup \{0\}$ est un sous-espace isotrope (pour $\Phi$).

On suppose dans ce qui suit que S est non vide et non dégénérée.

*a*) Montrer que l'intersection de S et d'une variété linéaire projective V est vide ou est une quadrique *dans* V ; pour que cette quadrique soit dégénérée, il faut et il suffit que V soit tangente à S.

*b*) Montrer que l'hyperplan tangent à S en un point $z \in S$ est la réunion des droites passant par $z$ et tangentes à S.

*c*) On suppose $z \notin S$. Pour toute droite D passant par $z$ et rencontrant S en deux points $a$, $b$ (distincts ou non), soit $z'$ le *conjugué harmonique* de $z$ par rapport à $a$ et $b$, c'est-à-dire le point de D tel que $\begin{bmatrix} a & b \\ z' & z \end{bmatrix} = -1$ (chap. II, 2e éd., App. III, exerc. 4) ; montrer que $z'$ appartient à l'hyperplan polaire de $z$ par rapport à S, et qu'il existe $n$ de ces points formant une famille projectivement libre dans $\mathbf{P}(E)$ et appartenant à S (cf. § 4, exerc. 4 *a*)).

*d*) On suppose que $n = 3$ et que $\Phi$ est d'indice maximum $\nu = 2$. L'ensemble des droites contenues dans S est alors réunion de deux ensembles $N_1$, $N_2$ tels que toute droite de $N_1$ rencontre toute droite de $N_2$, mais que deux droites distinctes de $N_1$ (resp. $N_2$) ne se rencontrent pas (exerc. 18 *d*)). Soient D, D′ deux droites distinctes appartenant à $N_1$ ; pour tout $z \in D$ il existe une droite $\Delta \in N_2$ et une seule passant par $z$ ; si $u(z)$ est le point où $\Delta$ rencontre D′, montrer que $u$ est une application linéaire projective de D sur D′.

*e*) Supposant toujours $n = 3$, soient D, D′, D″ trois droites de $\mathbf{P}(E)$ dont deux quelconques ne se rencontrent pas. Montrer que la réunion des droites rencontrant D, D′ et D″ est une quadrique non dégénérée.

24) Les hypothèses et notations sont celles de l'exerc. 23, la quadrique S étant supposée non vide et non dégénérée.

*a*) Montrer que le sous-groupe $\Gamma$ du groupe projectif **PGL**(E) formé des bijections linéaires projectives transformant S en elle-même, est l'image canonique du groupe des similitudes relativement à Q. (Utiliser l'exerc. 23 *c*) ci-dessus, l'exerc. 2 *a*) du § 4 et l'exerc. 8 du § 1.)

*b*) Soit $a$ un point de $\mathbf{P}(E)$ n'appartenant pas à S, et soit $\Phi_1$ la restriction de $\Phi$ à l'hyperplan orthogonal à $\overset{-1}{\pi}(a)$ dans E. Montrer que le sous-groupe de $\Gamma$ laissant $a$ invariant est isomorphe au quotient du groupe orthogonal $\mathbf{U}(\Phi_1)$ par son centre.

*c*) Soient $b$ un point de S, F l'hyperplan (isotrope) orthogonal à $\overset{-1}{\pi}(b)$ dans E, M un supplémentaire (non isotrope) de $\overset{-1}{\pi}(b)$ par rapport à F, et $\Phi_2$ la restriction de $\Phi$ à M. Montrer que le sous-groupe de $\Gamma$ laissant $b$ invariant est isomorphe au groupe des similitudes d'un espace euclidien L de dimension $n-1$, ayant comme forme métrique la forme inverse (§ 1, nº 7) de $\Phi_2$. (Remarquer que si une similitude pour $\Phi$ transforme la droite $\overset{-1}{\pi}(b)$ en elle-même, elle transforme F en lui-même, et est entièrement déterminée par sa restriction à F).

25) Soient A un corps commutatif de caractéristique $\neq 2$, L un espace affine de dimension finie $n \geqslant 2$ sur A. On identifie L au complémentaire d'un hyperplan projectif $H_0$ (« hyperplan à l'infini ») d'un espace projectif $\mathbf{P}(E)$ de dimension $n$ (chap. II, 2ᵉ éd., App. III, nº 4). On dit qu'un ensemble non vide $S \subset L$ est une *quadrique affine* (resp. *conique affine* si $n = 2$) si S est l'intersection de L et d'une quadrique (resp. conique) projective dans $\mathbf{P}(E)$ (exerc. 23).

*a*) Montrer que s'il existe une quadrique projective non dégénérée $\overline{S} \subset \mathbf{P}(E)$ telle que $S = L \cap \overline{S}$, cette quadrique est la seule ayant ces propriétés, sauf lorsque $n = 2$, $A = \mathbf{F}_3$ et que S est réduit à 2 éléments (remarquer qu'en dehors de ce cas exceptionnel, pour tout point $z \in H_0$ n'appartenant pas à $\overline{S}$, il existe une droite passant par $z$ et rencontrant S en deux points distincts). On dit alors que S est une quadrique affine *non dégénérée*. On dit que deux variétés linéaires affines $V_1$, $V_2$ contenues dans L sont *conjuguées* par rapport à S si les variétés linéaires projectives $\overline{V}_1$, $\overline{V}_2$ telles que $V_i = L \cap \overline{V}_i$ $(i = 1, 2)$ sont conjuguées par rapport à $\overline{S}$ ; on définit de même la *polaire* (lorsqu'elle n'est pas contenue dans $H_0$) où le *pôle* d'une variété linéaire affine par rapport à S, et les variétés linéaires affines *tangentes* à S.

*b*) On suppose que S est non dégénérée ; montrer qu'on peut prendre une origine $a$ dans L telle qu'en identifiant L de cette façon à un espace vectoriel, il y ait une base $(e_i)$ de L telle que S soit l'ensemble des $x = \sum_{i=1}^{n} \xi_i e_i$ satisfaisant à une équation de l'une des deux formes

$$\alpha_1\xi_1^2 + \cdots + \alpha_n\xi_n^2 = 1$$
$$\alpha_1\xi_1^2 + \cdots + \alpha_{n-1}\xi_{n-1}^2 + \xi_n = 0.$$

Dans le premier cas, le point $a$ est bien déterminé et est le pôle par rapport à $\overline{S}$ de l'hyperplan à l'infini $H_0$ (appelé *centre* de S). (Distinguer deux cas suivant que $H_0$ est ou non tangent à $\overline{S}$ ; utiliser le th. 1 du § 6, nº 1 et la prop. 2 du § 4, nº 2.)

26) Soient A un corps commutatif algébriquement clos de caractéristique $\neq 2$, E un espace vectoriel de dimension finie sur A, Q une forme quadratique non dégénérée sur E. Soit $u \in \mathbf{O}(Q)$ ; avec les notations de l'exerc. 12 du § 4, on a $G(p, p) = \{0\}$ sauf pour $p(X) = X - 1$

et $p(X) = X + 1$. Soit M un élément minimal de l'ensemble des sous-espaces non isotropes contenus dans $G(p, p)$ et stables pour $u$, et soit $p^h$ le polynôme minimal de la restriction de $u$ à M. Montrer que si $h$ est impair, M est un sous-module indécomposable de $E_u$, et que si $h$ est pair, M est somme directe de deux sous-modules indécomposables isomorphes de $E_u$. (Pour voir que si $h = 2k$ est pair, M ne peut être indécomposable, montrer que $N = p^k(u)(M)$ serait alors totalement isotrope ; si $(e_i)_{1 \leqslant i \leqslant 2k}$ est une base de M telle que $u(e_i) = \varepsilon e_i + e_{i+1}$ pour $i \leqslant 2k - 1$, $u(e_{2k}) = \varepsilon e_{2k}$ (avec $\varepsilon = \pm 1$), montrer que $e_k$ ne peut être orthogonal à $e_{k+1}$, et en déduire que la relation $Q(u(e_k)) = Q(e_k)$ conduit à une contradiction).

27) Soient A un corps commutatif de caractéristique 2, E un espace vectoriel sur A, de dimension finie $n$, Q une forme quadratique sur E, $\Phi$ la forme bilinéaire associée, qui est alternée, donc de rang pair $2m$ (§ 5, n° 1, cor. 1 du th. 1).

*a*) Montrer que si $E^0$ est le sous-espace de E (de dimension $n - 2m$) orthogonal à E pour $\Phi$, on a $Q(\lambda x + \mu y) = \lambda^2 Q(x) + \mu^2 Q(y)$ quels que soient $x$, $y$ dans $E^0$ ; autrement dit, la restriction $Q_0$ de Q à $E^0$ est une application semi-linéaire de $E^0$ (considéré comme espace vectoriel sur A) dans A (considéré comme espace vectoriel sur le sous-corps $A^2$), relatif à l'isomorphisme $\xi \rightarrow \xi^2$ de A sur $A^2$. Soit $q$ la dimension (sur A) du noyau $E^0 \cap \overset{-1}{Q}(0)$ de Q, et soit $E_1$ un supplémentaire de $E^0 \cap \overset{-1}{Q}(0)$ par rapport à $E^0$ ; on a $n - 2m - q \leqslant [A : A^2]$.

*b*) Déduire de *a*) qu'il existe une base $(e_i)_{1 \leqslant i \leqslant n}$ de E, dont les $2m$ premiers vecteurs forment une base d'un supplémentaire $E_2$ de $E^0$ dans E, les $n - 2m - q$ suivants une base de $E_1$, telle que l'on ait, pour $x = \sum_{i=1}^{n} \xi_i e_i$

$$Q(x) = \sum_{i=1}^{m} (\alpha_i \xi_i^2 + \xi_i \xi_{m+i} + \beta_i \xi_{m+i}^2) + \sum_{i=2m+1}^{n-q} \gamma_i \xi_i^2$$

les $\gamma_i$ $(2m + 1 \leqslant i \leqslant n - q)$ étant des éléments de A linéairement indépendants par rapport à $A^2$.

*c*) On appelle *indice* de Q la dimension maxima des sous-espaces totalement singuliers V de E tels que $V \cap E^0 = \{0\}$. Montrer que si $\nu$ est l'indice de Q, on peut prendre la base $(e_i)$ de E ayant les propriétés énoncées dans *b*) de sorte que $\alpha_i = \beta_i = 0$ pour $1 \leqslant i \leqslant \nu$ et que la restriction de Q au sous-espace de $E_2$ engendré par $e_{\nu+1}, \ldots, e_m, e_{m+\nu+1}, \ldots, e_{2m}$ soit une forme quadratique (non dégénérée) d'indice 0.

*d*) On suppose $q = 0$ ; soit $\mathbf{O}(Q)$ le groupe des automorphismes de E laissant invariante Q. Si $u \in \mathbf{O}(Q)$, montrer que $u(x) = x$ pour tout $x \in E^0$. Pour tout $x \in E_2$, soit $u(x) = u_0(x) + u_2(x)$, où $u_0(x) \in E^0$ et $u_2(x) \in E_2$ ; montrer que $u_2$ appartient au groupe symplectique $\mathbf{Sp}(\Phi_2)$ (où $\Phi_2$ est la restriction de $\Phi$ à $E_2$) et que l'on a $Q(u_2(x)) + Q(x) \in Q(E^0)$. Réciproquement, pour tout automorphisme $u_2 \in \mathbf{Sp}(\Phi_2)$ tel que $Q(u_2(x)) + Q(x) \in Q(E^0)$ pour tout $x \in E_2$, montrer qu'il existe une application linéaire $u_0$ de $E_2$

dans $E^0$ et une seule telle que l'application linéaire égale à $u_0 + u_2$ dans $E_2$, à l'identité dans $E^0$, appartienne à $\mathbf{O}(Q)$.

*e*) On suppose que A soit un corps *parfait* ($A^2 = A$) et que $q = 0$. Déduire de *b*) que tout sous-espace vectoriel de E, de dimension $\geqslant 3$, contient au moins un vecteur $x$ tel que $Q(x) = 0$. Si $n$ est *impair*, on a nécessairement $m = \nu$ et $n = 2m + 1$, de sorte qu'il existe une base $(e_i)$ de E par rapport à laquelle on a

$$Q(\sum_{i=1}^{n} \xi_i e_i) = \xi_1\xi_{m+1} + \cdots + \xi_m\xi_{2m} + \xi_{2m+1}^2,$$

et (avec les notations de *d*)) $\mathbf{O}(Q)$ est isomorphe à $\mathbf{Sp}(\Phi_2)$ ; toutes les formes quadratiques telles que $q = 0$ sont alors équivalentes. Si $n$ est *pair*, on a nécessairement $n = 2m$, $\nu = m$ ou $\nu = m - 1$, et il existe une base $(e_i)$ de E par rapport à laquelle on a

$$(1) \qquad Q(\sum_{i=1}^{n} \xi_i e_i) = \xi_1\xi_{m+1} + \cdots + \xi_{m-1}\xi_{2m-1} + \xi_m\xi_{2m} + \lambda(\xi_m^2 + \xi_{2m}^2)$$

où $\lambda \in A$. Soit $A_1$ le corps obtenu en adjoignant à A les racines du polynôme $\lambda X^2 + X + \lambda$ ; montrer que ce corps est indépendant de la base $(e_i)$ par rapport à laquelle Q peut s'écrire sous la forme (1), et que pour que deux formes quadratiques (telles que $q = 0$) soient équivalentes, il faut et il suffit que les extensions quadratiques de A qui leur correspondent de cette façon soient identiques (utiliser le th. de Witt). Cas où A est un corps fini de caractéristique 2.

¶ 28) Soient A un corps commutatif de caractéristique 2, distinct de $\mathbf{F}_2$, E un espace vectoriel de dimension $n = 2m$ sur A, Q une forme quadratique non dégénérée sur E.

*a*) Montrer que le groupe orthogonal $\mathbf{O}(Q)$ est engendré par les symétries (qui ne sont autres ici que les transvections appartenant à $\mathbf{O}(Q)$ (§ 4, exerc. 6)) (raisonner comme dans l'exerc. 11 du § 5). En déduire que le groupe des commutateurs de $\mathbf{O}(Q)$ est engendré par les carrés des éléments de $\mathbf{O}(Q)$ (cf. exerc. 17).

*b*) On suppose que Q soit d'indice maximum ; soient V, W deux sous-espaces totalement singuliers de E (§ 4, n° 1) de dimension $m$. Soit $u$ une symétrie $x \to x + \frac{\Phi(x, a)}{Q(a)} a$ (§ 4, exerc. 6) ; soit $k$ la dimension de $V \cap W$. Montrer que la dimension de $V \cap u(W)$ est $k + 1$ si $a$ est orthogonal à $V \cap W$, $k - 1$ dans le cas contraire (dans le premier cas remarquer que $a = x + y$, ou $x \in V$, $y \in W$, et montrer que $u(y) = x$ ; dans le second, remarquer que $u$ ne peut laisser invariant aucun vecteur singulier non orthogonal à $a$).

*c*) On suppose de nouveau que l'indice de Q soit quelconque. Montrer que le sous-groupe $\mathbf{SO}(Q)$ de $\mathbf{O}(Q)$, formé des automorphismes de E qui sont produits d'un nombre *pair* de symétries, est un sous-groupe distingué d'indice 2 de $\mathbf{O}(Q)$. (Montrer que le produit d'un nombre impair de symétries ne peut être l'identité, en considérant l'extension de Q à l'espace vectoriel E' obtenu par extension du corps des scalaires de E à sa clôture algébrique ; utiliser alors *b*).) (Cf. § 9, exerc. 9.)

*d*) Si $V_1$, $V_2$ sont deux sous-espaces totalement singuliers de E, de même dimension $< m$, montrer qu'il existe un automorphisme $u \in \mathbf{SO}(Q)$ tel que $u(V_1) = V_2$. Au contraire, si $V_1$ et $V_2$ sont deux sous-espaces totalement singuliers de dimension $m$, pour qu'il existe un automorphisme $u \in \mathbf{SO}(Q)$ tel que $u(V_1) = V_2$, il faut et il suffit que la dimension de $V_1 \cap V_2$ ait même parité que $m$ (raisonner comme dans l'exerc. 18, en utilisant *b*)).

*e*) On dit qu'un plan $P \subset E$ est *hyperbolique* s'il est non isotrope et contient des droites singulières (nécessairement au nombre de 2). On dit qu'une transformation $u \in \mathbf{O}(Q)$ est *hyperbolique* s'il existe un plan hyperbolique P tel que $u(x) = x$ pour tout $x \in P^0$ ; on dit alors que $u$ est une transformation hyperbolique associée à P. Montrer que si Q est d'indice $> 0$, tout $u \in \mathbf{O}(Q)$ est produit de transformations hyperboliques (utiliser *a*)). En déduire que si P est un plan hyperbolique, toute transformation $u \in \mathbf{O}(Q)$ peut s'écrire $u = sv$, où $s$ est une transformation hyperbolique associée à P et $v$ appartient au groupe des commutateurs de $\mathbf{O}(Q)$.

29) Les hypothèses étant celles de l'exerc. 28, on suppose de plus que Q est d'indice maximum $m$ ; soit $(e_i)$ une base symplectique de E (pour la forme alternée $\Phi$ associée à Q) formée de vecteurs singuliers (§ 4, n° 2, prop. 2), de sorte que la matrice de $\Phi$ par rapport à cette base soit la matrice notée $R$ dans l'exerc. 14 du § 5. Avec les notations de ce dernier exercice, montrer que, pour qu'une matrice symplectique $({}^tD + S)^{-1}(D + S)$ soit la matrice d'un automorphisme $u \in \mathbf{O}(Q)$, il faut et il suffit que $S$ soit *alternée* (écrire que tout vecteur $u(e_i)$ est singulier, en remarquant que l'on a $({}^tD + S).u(e_i) = (D + S).e_i$).

## § 7. Formes hermitiennes et corps ordonnés

Dans tout ce paragraphe on désigne par K un *corps ordonné maximal* (donc commutatif et de caractéristique nulle ; cf. chap. VI, § 2), et on suppose que l'on est dans l'un des trois cas suivants :

1°) A = K, J est l'identité ;

2°) A est le corps K($i$), obtenu par adjonction à K d'une racine carrée $i$ de $-1$, et, pour tout $\lambda \in A$, $\bar{\lambda}$ est le conjugué de $\lambda$ (chap. II, § 7, n° 7).

3°) A est le corps des quaternions sur K correspondant au couple $(-1, -1)$ (ou, comme nous dirons pour abréger, *le corps des quaternions sur* K), et, pour tout $\lambda \in A$, $\bar{\lambda}$ est le conjugué de $\lambda$ (cf. chap. II, § 7, n° 8 et chap. VIII, § 11, n° 2).

Si $\Phi$ est une forme hermitienne sur E, on a donc, dans tous les cas, $\Phi(x, x) \in K$ pour tout $x \in E$, puisque $\Phi(x, x) = \overline{\Phi(x, x)}$.

## 1. *Formes hermitiennes positives.*

DÉFINITION 1. — *Une forme hermitienne* $\Phi$ *sur* E *est dite positive* (resp. *négative*) *si* $\Phi(x, x) \geqslant 0$ (resp. $\Phi(x, x) \leqslant 0$) *pour tout* $x \in$ E.

Lorsque $A = K$, on dit encore que la forme quadratique $Q(x) = \frac{1}{2}\Phi(x, x)$ à laquelle est associée $\Phi$ est *positive* (resp. *négative*).

Supposons E de dimension finie sur A, et soit $(e_i)$ $(i = 1, \ldots, n)$ une base orthogonale de E (§ 6, n° 1, th. 1). Pour qu'une forme hermitienne $\Phi$ sur E soit positive, il faut et il suffit que $\Phi(e_i, e_i) \geqslant 0$ pour $i = 1, \ldots, n$. Soit $\Phi$ une forme hermitienne *positive non dégénérée* sur E ; puisque tout élément positif de K est un carré, donc de la forme $\rho\bar{\rho}$ $(\rho \in A)$, il existe dans E des *bases orthonormales* pour $\Phi$ (§ 6, n° 1, cor. 1 du th. 1).

PROPOSITION 1. — *Supposons* E *de dimension finie, et* $A = K$ *ou* $A = K(i)$. *Si* $\Phi$ *est une forme hermitienne positive non dégénérée sur* E, *alors les extensions de* $\Phi$ *à* $\bigotimes^p E$ *et* $\bigwedge^p E$ $(p > 0)$, *ainsi que la forme inverse de* $\Phi$, *sont des formes hermitiennes positives non dégénérées.*

Ceci résulte aussitôt de l'existence d'une base orthonormale de E, et de la prop. 2, § 6, n° 1.

La prop. 1 reste vraie si on y remplace partout « positive non dégénérée » par « positive ».

PROPOSITION 2. — *Soit* $\Phi$ *une forme hermitienne positive sur* E. *Pour* $x, y$ *dans* E, *on a*

$$\Phi(x, y)\overline{\Phi(x, y)} \leqslant \Phi(x, x)\Phi(y, y). \tag{1}$$

L'inégalité est en effet immédiate lorsque les vecteurs $x$ et $y$ sont proportionnels. Supposons donc $x$ et $y$ linéairement indépendants. Soient A' le sous-corps (commutatif) $K(\Phi(x, y))$ de A, F le plan vectoriel sur A' engendré par $x$ et $y$, et $\Phi_F$ la restriction de $\Phi$ à F ; celle-ci prend ses valeurs dans A'. D'après la prop. 1, le discriminant de $\Phi_F$ par rapport à la base $(x, y)$ est $\geqslant 0$. Or ce discriminant est $\Phi(x, x)\Phi(y, y) - \Phi(x, y)\overline{\Phi(x, y)}$. CQFD.

Corollaire. — *L'ensemble des vecteurs isotropes de* E *est le sous-espace* $E^0$ *orthogonal de* E *pour* $\Phi$. *Pour que* $\Phi$ *soit non dégénérée, il faut et il suffit que l'on ait* $\Phi(x, x) > 0$ *pour tout* $x \neq 0$.

Proposition 3. — *Supposons* E *de dimension finie et* A *commutatif* ($A = K$ *ou* $A = K(i)$). *Soient* $\Phi$ *une forme hermitienne sur* E, $X$ *sa matrice par rapport à une base* $(x_j)$ $(j = 1, \ldots, n)$ *de* E ; *pour toute partie* H *de* $[1, n]$, *notons* $X_{H,H}$ *le mineur de* $X$ *obtenu en supprimant les lignes et les colonnes d'indices* $j \notin H$ (chap. III, § 6, nº 3).

*a*) *Si* $\Phi$ *est positive non dégénérée, on a* $X_{H,H} > 0$ *pour toute partie* H *de* $[1, n]$.

*b*) *Réciproquement, si, en posant* $H_j = [1, j]$, *on a* $X_{H_j,H_j} > 0$ *pour* $j = 1, \ldots, n$, $\Phi$ *est positive non dégénérée.*

Supposons d'abord $\Phi$ positive non dégénérée. Les éléments $(x_j)$ $(j \in H)$ forment une base d'un sous-espace F de E, et le mineur $X_{H,H}$ est le discriminant de la restriction $\Phi_F$ de $\Phi$ à F par rapport à cette base ; or, comme $\Phi_F(x, x) > 0$ pour tout $x \neq 0$ dans F, $\Phi_F$ est positive non dégénérée (cor. de la prop. 2) ; on a donc $X_{H,H} > 0$ (prop. 1). Pour démontrer *b*), remarquons que, avec les notations de la prop. 1, § 6, nº 1, le mineur $X_{H_j,H_j}$ est égal à $D_{j+1,j+1}$ ; il existe donc (prop. 1, § 6, nº 1) une base orthogonale $(e_j)$ $(j = 1, \ldots, n)$ de E telle que $\Phi(e_j, e_j) > 0$ pour $j = 1, \ldots, n$ ; par conséquent $\Phi$ est positive non dégénérée.

*Remarque.* — Il résulte de l'existence de bases orthonormales que deux formes hermitiennes positives non dégénérées sur deux espaces vectoriels de même dimension finie sont *équivalentes* (§ 1, nº 6). Soient alors L un espace hermitien de dimension finie sur A, dont la forme métrique est positive non dégénérée, et $V_1$ et $V_2$ deux variétés linéaires de *même dimension* dans L (§ 6, nº 6) ; comme les restrictions de la forme métrique aux directions $T_1$ et $T_2$ de $V_1$ et $V_2$ d'une part, aux sous-espaces orthogonaux $T_1^0$ et $T_2^0$ d'autre part, sont équivalentes, il existe un automorphisme unitaire $u$ de l'espace T des translations de L tel que $u(T_1) = T_2$ et $u(T_1^0) = T_2^0$ ; il existe donc *un déplacement* $v$ *de* L *tel que* $v(V_1) = V_2$. Soient $(a, b)$, $(a', b')$ deux couples de points de L ; pour qu'il existe un déplacement $v$ de L tel que $v(a) = a'$ et $v(b) = b'$, il faut et il suffit donc (avec la notation du § 6, n° 6) que l'on ait $e(a, b) = e(a', b')$ ; l'élément $\sqrt{e(a, b)}$ de A (chap. VI, § 2, n° 4) est appelé la *distance* de $a$ et $b$ dans l'espace hermitien L.

## 2. *La loi d'inertie.*

THÉORÈME 1 (« loi d'inertie »). — *Supposons que* A *satisfasse aux hypothèses du début de ce paragraphe, et que* E *soit de dimension finie n. Soit* $\Phi$ *une forme hermitienne sur* E. *Alors :*

*a) Il existe une décomposition de* E *en somme directe du sous-espace* $E^0$ *orthogonal à* E, *et de deux sous-espaces* $E^+$ *et* $E^-$ *tels que la restriction de* $\Phi$ *à* $E^+$ (resp. $E^-$) *soit positive* (resp. *négative*) *et non dégénérée.*

*b) Il existe une base orthogonale* $(e_i)_{1 \leqslant i \leqslant n}$ *de* E *telle que*

$$\Phi\Big(\sum_{i=1}^{n} \xi_i e_i, \sum_{i=1}^{n} \eta_i e_i\Big) = \sum_{i=1}^{s} \xi_i \bar{\eta}_i - \sum_{i=s+1}^{s+t} \xi_i \bar{\eta}_i. \tag{2}$$

*c) Les dimensions s de* $E^+$ *et t de* $E^-$ *sont les mêmes pour toutes les décompositions en somme directe satisfaisant aux conditions énoncées dans a) ; l'entier s* (resp. *t*) *est le maximum des dimensions des sous-espaces* F *de* E *tels que la restriction de* $\Phi$ *à* F *soit positive* (resp. *négative*) *et non dégénérée.*

*d) Le rang de* $\Phi$ *est* $s + t$.

*e) Si* $\Phi$ *est non dégénérée, son indice est égal à* $\inf(s, t)$ (§ 4, n° 2, déf. 2).

Soit, en effet, $(x_i)$ $(i = 1, \ldots, n)$ une base orthogonale de E (§ 6, n° 1, th. 1) ; rappelons que l'on a $\Phi(x, x) \in K$ pour tout $x \in E$. On peut supposer que l'on a $\Phi(x_i, x_i) > 0$ pour $i = 1, \ldots, s$, $\Phi(x_i, x_i) < 0$ pour $i = s + 1, \ldots, s + t$ et $\Phi(x_i, x_i) = 0$ pour $i = s + t + 1, \ldots, n$. Ceci démontre $a$), car on prend pour $E^+$ (resp. $E^-$) le sous-espace engendré par $x_1, \ldots, x_s$ (resp. par $x_{s+1}, \ldots, x_{s+t}$), et $E^0$ est alors engendré par $x_{s+t+1}, \ldots, x_n$. On en déduit $b$) en remarquant que $\Phi(x_i, x_i)$ est de la forme $\rho\bar{\rho}$ (resp.

$-\rho\bar{\rho}$) ($\rho \in A^*$) pour $i = 1, \ldots, s$ (resp. $i = s+1, \ldots, s+t$). Pour démontrer *c*), considérons un sous-espace P de E tel que la restriction de $\Phi$ à P soit positive et non dégénérée; on a alors $P \cap (E^- + E^0) = \{0\}$, et la somme $P + E^- + E^0$ est donc directe ; on en conclut que $\dim P \leqslant \dim E^+ = s$, et ceci démontre *c*). L'assertion *d*) résulte aussitôt de *a*).

Supposons enfin que $\Phi$ soit non dégénérée, posons $q = \inf(s, t)$, et montrons que $q$ est l'indice de $\Phi$. Avec les notations de *b*), les vecteurs $e_i + e_{s+i}$ (resp. $e_i - e_{s+i}$) ($i = 1, \ldots, q$) engendrent un sous-espace totalement isotrope F (resp. F′). Comme K est de caractéristique 0, $F + F'$ est engendré par $e_1, \ldots, e_q, e_{s+1}, \ldots, e_{s+q}$ et est donc non isotrope. La restriction de $\Phi$ au sous-espace $H = (F + F')^0$ est alors positive (ou négative) et non dégénérée, et H ne contient donc aucun vecteur isotrope $\neq 0$. Comme $F^0$ contient F et H, et que $\dim(F + H) = \operatorname{codim} F' = \operatorname{codim} F$, on a $F^0 = F + H$. Ainsi un vecteur isotrope $z$ orthogonal à F est nécessairement dans F, car, dans la somme directe $F + H$, la composante de $z$ dans H est isotrope. Par conséquent F est un sous-espace totalement isotrope maximal, et ceci démontre *e*).

Définition 2. — *Avec les notations du th.* 1, *le couple* $(s, t)$ *s'appelle la signature de* $\Phi$.

### 3. *Réduction d'une forme par rapport à une forme hermitienne positive.*

Dans ce n° nous supposerons que E est de dimension finie $n$ sur A, et nous noterons $\Phi$ une forme hermitienne *positive non dégénérée* sur E.

Comme les applications linéaires de E dans $E^*$ associées à $\Phi$ sont bijectives, quels que soient les éléments $x, y, z$ de E avec $y \neq 0$, il existe un élément $t$ de E et un seul tel que $\Phi(x, z) = \overline{\Phi(t, y)}$. En particulier, *si* $A = K$ *ou* $A = K(i)$ et si $u$ est une application *semi-linéaire* pour J de E dans lui-même (chap. II, App. I, n° 1), il existe, pour tout $x \in E$, un élément $u^*(x)$ et un seul tel que pour tout $y \in E$, $\Phi(x, u(y)) = \overline{\Phi(u^*(x), y)}$. On voit aussitôt que $u^*$ est une application semi-linéaire pour J de E dans lui-même ; on l'appelle l'*adjoint* de $u$.

*Remarques.* — 1) Lorsque J est l'identité, on retrouve la notion d'adjoint d'un homomorphisme définie au § 1, n° 8.

2) Supposons toujours $A = K$ ou $A = K(i)$. Soit $E^J$ le A-module à droite défini au § 1, n° 2, déf. 5. La forme $\Phi$ est une forme bilinéaire sur $E \times E^J$, $\Phi^J$ est une forme bilinéaire sur $E^J \times E$, et $u$ est une application A-linéaire de E dans $E^J$. L'adjoint de cet homomorphisme, au sens du § 1, n° 8, est une application A-linéaire de E dans $E^J$ ; on voit aussitôt que celle-ci coïncide avec l'application $u^*$ ci-dessus définie.

On dit qu'un endomorphisme $u$ de E est *normal* (pour $\Phi$) si l'on a $uu^* = u^*u$.

*Exemples d'endomorphismes normaux* :

1) les automorphismes *unitaires* pour $\Phi$ (§ 6, n° 2), qui sont caractérisés par la relation $u^{-1} = u^*$ (§ 1, n° 8, cor. de la prop. 8) ;

2) les endomorphismes $u$ tels que $u^* = u$ ; ceux-ci sont appelés endomorphismes *hermitiens*.

Pour tout endomorphisme hermitien $u$ de E, posons $\Phi_u(x, y) = \Phi(u(x), y)$ ; on a

$$\Phi_u(y, x) = \Phi(u(y), x) = \Phi(y, u(x)) = \overline{\Phi(u(x), y)} = \overline{\Phi_u(x, y)}.$$

ce qui montre que $\Phi_u$ est une forme hermitienne sur E. Réciproquement soit $\Psi$ une forme hermitienne sur E ; comme l'application $s_\Phi$ de E dans $E^*$ associée à $\Phi$ est bijective, il existe, pour tout $x \in E$, un élément $u(x)$ de E et un seul tel que $\Psi(x, y) = \Phi(u(x), y)$ ; on vérifie aisément que $u$ est un endomorphisme hermitien de E. Ainsi $u \to \Phi_u$ est une bijection, dite *canonique*, de l'ensemble des endomorphismes hermitiens de E sur l'ensemble des formes hermitiennes sur E.

Supposons que $A = K$ ou $A = K(i)$ ; étant donnée une forme *bilinéaire* $\Psi$ sur E, il existe, pour tout $x \in E$, un élément $u(x)$ de E et un seul tel que $\Psi(x, y) = \overline{\Phi(u(x), y)}$ ; on voit aussitôt que $u$ est une application *semi-linéaire* (pour J) de E dans lui-même. Comme $\overline{\Phi(u(x), y)} = \Phi(y, u(x)) = \overline{\Phi(u^*(y), x)}$, on voit que, pour que $\Psi$ soit symétrique (resp. alternée), il faut et il suffit que l'on ait $u^* = u$ (resp. $u^* = -u$).

THÉORÈME 2. — *Soit* S *un ensemble d'endomorphismes de* E (resp. *d'applications semi-linéaires de* E *dans* E *lorsque* A = K *ou* A = K($i$)) *stable pour l'application* $u \to u^*$. *Alors, si* V *est un sous-espace de* E *stable pour* S, *son orthogonal* $V^0$ *est stable pour* S. *D'autre part* E *est somme directe de sous-espaces stables pour* S, *minimaux dans l'ensemble des sous-espaces* $\neq \{0\}$ *et stables pour* S, *et deux à deux orthogonaux.*

Soit en effet V un sous-espace de E stable pour S ; quels que soient $x \in V^0$, $y \in V$ et $u \in S$, on a $u^*(y) \in V$, d'où $\Phi(y, u(x)) = \Phi(u^*(y), x) = 0$ (resp. $\Phi(y, u(x)) = \overline{\Phi(u^*(y), x)} = 0$), et par conséquent $u(x) \in V^0$ ; ainsi $V^0$ est stable pour S, ce qui démontre notre première assertion. Pour la seconde nous procéderons par récurrence sur la dimension $n$ de E, le cas $n = 0$ étant trivial. Pour $n \neq 0$ il existe un sous-espace $V \neq \{0\}$ de E stable pour S et minimal, par exemple un sous-espace stable $\neq \{0\}$ de dimension minimale. Il suffit alors d'appliquer à $V^0$ l'hypothèse de récurrence, puisque l'adjoint de la restriction de $u$ à $V^0$ (par rapport à la restriction de $\Phi$) est identique à la restriction à $V^0$ de l'adjoint de $u$.

COROLLAIRE 1. — *On suppose que* A = K *ou que* A = K($i$). *Soit* B *une sous-algèbre de* $\mathcal{L}_A(E)$, *stable pour l'application* $u \to u^*$. *Alors* E *est un* B-*module semi-simple, et est somme directe de sous-modules simples deux à deux orthogonaux. L'algèbre* B *est semi-simple.*

En effet, comme tout sous-B-module V de E admet un supplémentaire, par exemple $V^0$, le B-module V est semi-simple (chap. VIII, § 3, n° 3, prop. 7). Comme tout sous-B-module $\neq \{0\}$ et minimal de E est simple, E est somme directe de sous-modules simples deux à deux orthogonaux. Enfin B est une algèbre semi-simple, puisqu'elle admet un module semi-simple et fidèle E dont le contremodule est de type fini (chap. VIII, § 5, n° 1, prop. 3).

COROLLAIRE 2. — *Les hypothèses et notations étant celles du cor.* 1, *on suppose de plus que l'algèbre* B *est commutative. Alors tous ses éléments sont des endomorphismes* (*normaux*) *semi-simples de* E. *Lorsque* A = K (resp. A = K($i$)), E *est somme directe de sous*-B-

*modules simples deux à deux orthogonaux, qui sont des espaces vectoriels de dimension* 1 *ou* 2 (resp. 1) *sur* A.

La première assertion résulte du chap. VIII, § 9, n° 1, prop. 2, puisque B est semi-simple. D'autre part tout B-module simple est isomorphe à un B-module de la forme $B/\mathfrak{m}$, où $\mathfrak{m}$ est un idéal maximal de B, donc à un corps commutatif L de degré fini sur A ; lorsque $A = K$ (resp. $A = K(i)$), le corps L est nécessairement isomorphe à K ou $K(i)$ (resp. $K(i)$), puisque $K(i)$ est algébriquement clos (chap. VI, § 2, n° 6, th. 3).

Proposition 4. — *Soit u un endomorphisme normal de* E. *Lorsque* A *est égal à* $K(i)$ *ou au corps des quaternions sur* K, *il existe une base orthonormale (pour* $\Phi$*) de* E *formée de vecteurs propres de u. Lorsque* $A = K$, *u est semi-simple et* E *est somme directe de sous-espaces stables pour u, deux à deux orthogonaux, et de dimension* 1 *ou* 2.

Examinons d'abord le cas où A est commutatif ($A = K$ ou $A = K(i)$). Alors la sous-algèbre $B = A[u, u^*]$ de $\mathcal{L}_A(E)$ est commutative puisque $u$ est normal ; elle est stable par l'application $v \to v^*$ en vertu des formules (32) et (33) du § 1, n° 8. L'assertion relative au cas $A = K$ résulte alors aussitôt du cor. 2 du th. 2. Lorsque $A = K(i)$, ce corollaire montre aussi que E est somme directe de sous-espaces vectoriels $Ax_i$ ($i = 1, \ldots, n$) de dimension 1, deux à deux orthogonaux et stables pour $u$ ; si l'on pose $e_i = (\Phi(x_i, x_i))^{-1/2}x_i$, $(e_i)$ est la base orthonormale cherchée.

Lorsque A est le corps des quaternions sur K, il nous suffira de même de démontrer, en vertu du th. 2, que tout élément minimal de l'ensemble des sous-espaces $\neq \{0\}$ de E stables par $u$ et $u^*$ est de dimension 1. Or un tel sous-espace V contient nécessairement un vecteur propre $x \neq 0$ de $u$ (*), comme on le voit en remarquant que le corps de quaternions A contient $K(i)$ comme sous-corps algébriquement clos, et en restreignant à $K(i)$ le corps des

(*) Si E est un espace vectoriel à gauche sur un corps non commutatif A, et $u$ un endomorphisme de E, on dit encore qu'un vecteur $x \neq 0$ de E est un *vecteur propre* pour $u$ s'il existe $a \in A$ tel que $u(x) = ax$ ; le scalaire $a$ est alors appelé *valeur propre* de $u$. On notera que, pour tout $b \neq 0$ dans A, le vecteur $bx$ est un vecteur propre pour $u$, et que la valeur propre correspondante est $bab^{-1}$.

scalaires de V. Il ne reste donc plus qu'à montrer que le vecteur propre $x$ de $u$ est aussi un vecteur propre de $u^*$. Posons $u(x) = ax\,(a \in \mathrm{A})$ ; on a alors $\Phi(u(x), x) = a\Phi(x, x) = \Phi(x, x)a = \Phi(x, \bar{a}x)$ puisque $\Phi(x, x)$ appartient au centre de A, et d'autre part $\Phi(u(x), x) = \Phi(x, u^*(x))$ ; il en résulte que l'on a $\Phi(x, u^*(x) - \bar{a}x) = 0$, et on peut donc écrire $u^*(x) = \bar{a}x + z$, où $z$ est un vecteur orthogonal à $x$. On a donc

$$\Phi(u^*(x), u^*(x)) = \bar{a}a\Phi(x, x) + \Phi(z, z) = \Phi(u(x), u(x)) + \Phi(z, z).$$

Or, comme $u$ est normal, on a

$$\begin{aligned}\Phi(u(x), u(x)) &= \Phi(x, u^*u(x)) = \Phi(x, uu^*(x))\\ &= \Phi(uu^*(x), x) = \Phi(u^*(x), u^*(x)).\end{aligned}$$

Par conséquent on a $\Phi(z, z) = 0$, ce qui, par hypothèse, entraîne $z = 0$ et $u^*(x) = \bar{a}x$. CQFD.

*Remarque.* — Il résulte du th. 2 que les sous-espaces propres relatifs à deux valeurs propres distinctes de $u$ sont orthogonaux.

PROPOSITION 5. — *Soit $u$ un endomorphisme hermitien de* E. *Les valeurs propres de $u$ appartiennent à* K, *et il existe une base orthonormale de* E *formée de vecteurs propres de $u$.*

Lorsque A est égal à K($i$) ou au corps des quaternions sur K, il suffit, en vertu de la prop. 4, de démontrer la première assertion ; or, si $x$ est un vecteur propre $\neq 0$ de $u$ et $a$ la valeur propre correspondante, on a, en vertu de l'hypothèse $u = u^*$,

$$a\Phi(x, x) = \Phi(u(x), x) = \Phi(x, u(x)) = \Phi(x, x)\bar{a}\ ;$$

comme $\Phi(x, x)$ est un élément non nul du centre de A, il en résulte que $a = \bar{a}$, donc $a \in \mathrm{K}$. Par conséquent une matrice hermitienne a toutes ses valeurs propres dans K. Supposons maintenant que A soit égal à K. La matrice $M$ de $u$ par rapport à une base orthonormale de E est alors symétrique ; c'est donc une matrice hermitienne si on la considère comme une matrice sur K($i$). La première partie de la démonstration montre alors que cette matrice a toutes ses valeurs propres dans K, et admet donc, si $\mathrm{E} \neq \{0\}$, des vecteurs propres $\neq 0$ dans E. Il en résulte que tout sous-espace stable pour $u$ et minimal est nécessairement de dimension 1, et la conclusion s'ensuit aussitôt, comme dans la prop. 4.

PROPOSITION 6. — a) *Soit* $\Psi$ *une forme hermitienne* (resp. *bilinéaire symétrique si* $A = K$ *ou* $A = K(i)$) *sur* E. *Il existe une base de* E *qui est orthonormale pour* $\Phi$ *et orthogonale pour* $\Psi$.

*b) Supposons* $A = K$ *ou* $A = K(i)$, *et soit* $\Psi$ *une forme bilinéaire alternée sur* E. *Il existe une base de* E *qui est orthonormale pour* $\Phi$ *et par rapport à laquelle la matrice de* $\Psi$ *est de la forme*

$$\begin{pmatrix} 0 & a_1 & 0 & 0\ldots0 \\ -a_1 & 0 & 0 & 0\ldots0 \\ 0 & 0 & 0 & a_2\ldots0 \\ 0 & 0 & -a_2 & 0\ldots0 \\ \ldots & \ldots & \ldots & \ldots \end{pmatrix}.$$

*où les* $a_i$ *sont* $\geqslant 0$ *dans* K.

Lorsque $\Psi$ est hermitienne, notre assertion résulte aussitôt de la prop. 5 et de la correspondance canonique entre formes hermitiennes sur E et endomorphismes hermitiens pour $\Phi$. Dans les deux autres cas, soit $u$ l'application semi-linéaire de E dans lui-même définie au début de ce nº par la formule $\Psi(x, y) = \overline{\Phi(u(x), y)}$. Alors $u^2$ est une application A-linéaire ; lorsque $\Psi$ est symétrique (resp. alternée), on a $u = u^*$ (resp. $u = -u^*$), donc $u^2$ est hermitien ; d'où aussi

$$\Phi(u^2(x), x) = \overline{\Phi(x, u^2(x))} = \Phi(u^*(x), u(x)) = \Phi(u(x), u(x))$$
$$(\text{resp.} -\Phi(u(x), u(x)))\,;$$

ceci montre que la forme hermitienne $(x, y) \rightarrow \Phi(u^2(x), y)$ est positive (resp. négative). Appliquons alors le th. 2, et soit V un élément minimal de la famille des sous-espaces $\neq \{0\}$ de E stables pour $u$ et pour $u^*$. Comme $u^2$ est un endomorphisme hermitien, V contient un vecteur propre $x \neq 0$ de $u^2$ ; posons $u^2(x) = ax$, où $a \in K$ (prop. 5).

Lorsque $\Psi$ est symétrique, l'inégalité $\Phi(u^2(x), x) \geqslant 0$ montre que l'on a $a \geqslant 0$. Posons $y = a^{1/2}x + u(x)$ ; on a $u(y) = a^{1/2}u(x) + ax = a^{1/2}y$, et $Ay$ est stable pour $u$ et $u^* = u$. Si $y = 0$, $Ax$ est stable pour $u$ et $u^*$ ; en tous cas, V est un sous-espace de dimension 1, et notre conclusion résulte aussitôt du th. 2.

Lorsque $\Psi$ est alternée, on a $a \leqslant 0$ ; posons

$$y = (-a)^{1/2}x + u(x), \qquad z = (-a)^{1/2}x - u(x).$$

On a $u(y) = -(-a)^{1/2}z$, $u(z) = (-a)^{1/2}y$ et

$$\Phi(y, z) = -a\Phi(x, x) - \Phi(u(x), u(x)) = -\Phi(ax, x) + \Phi(u^2(x), x) = 0.$$

Si $y = z = 0$, on a $a = 0$ et $u(x) = 0$, donc $\mathrm{A}x$ est stable pour $u$ et $u^*$, V est de dimension 1, et la matrice de la restriction de $\Psi$ à V est nulle puisque $\Psi$ est alternée. Sinon, $y$ et $z$ sont tous deux $\neq 0$, ils engendrent V, et comme ils sont orthogonaux, V est de dimension 2 et la matrice de la restriction de $\Psi$ à V est de la forme $\begin{pmatrix} 0 & b \\ -b & 0 \end{pmatrix}$. Enfin, en vertu de la formule $\Psi(x', y') = \overline{\Phi(u(x'), y')}$, on a $\Psi(x', y') = 0$ lorsque $x'$ et $y'$ appartiennent à deux sous-espaces stables par $u$ et orthogonaux pour $\Phi$. Ceci démontre l'existence d'une base orthonormale de E (pour $\Phi$) par rapport à laquelle la matrice de $\Psi$ a la forme indiquée. CQFD.

*Exercices.* — 1) On suppose vérifiées les hypothèses du début du § 7 ; soit $\Phi$ une forme hermitienne positive sur E.

*a*) Pour que l'on ait $\Phi(x, x)\Phi(y, y) = \Phi(x, y)\overline{\Phi(x, y)}$, il faut et il suffit que $x$ et $y$ soient linéairement dépendants ou que le plan engendré par $x$ et $y$ soit isotrope.

*b*) On suppose que, pour tout $x \in \mathrm{E}$, $\Phi(x, x)$ soit un carré dans K. Montrer que pour deux vecteurs quelconques $x$, $y$ de E, on a

$$\sqrt{\Phi(x + y, x + y)} \leqslant \sqrt{\Phi(x, x)} + \sqrt{\Phi(y, y)}.$$

Si $\Phi$ est non dégénérée, les deux membres de cette inégalité ne peuvent être égaux que si $\alpha x + \beta y = 0$, où $\alpha$ et $\beta$ sont deux éléments de K, non tous deux nuls et tels que $\alpha\beta \leqslant 0$.

2) On suppose $\mathrm{A} = \mathrm{K}$ ou $\mathrm{A} = \mathrm{K}(i)$. Soit $X$ une matrice carrée hermitienne d'ordre $n$ sur A, telle que pour toute partie non vide H de $[1, n]$, on ait $X_{\mathrm{H},\mathrm{H}} \geqslant 0$ (notations de la prop. 3 du n° 1).

*a*) Soit $\lambda$ un élément $> 0$ de K ; montrer que la matrice $X + \lambda I$ est positive non dégénérée (utiliser la prop. 3 du n° 1, en raisonnant par récurrence sur $n$).

*b*) En déduire que la matrice hermitienne $X$ est *positive*.

3) On suppose que $\mathrm{A} = \mathrm{K}$ ou $\mathrm{A} = \mathrm{K}(i)$ et que E est de dimension finie. Soient $\Phi_1$, $\Phi_2$ deux formes hermitiennes positives sur E, et soient $V = (\alpha_{ij})$, $W = (\beta_{ij})$ les matrices de ces formes par rapport à une même base $(e_i)$ de E. Montrer que la forme hermitienne $\Phi$ dont la matrice $(\gamma_{ij})$ par rapport à $(e_i)$ est telle que $\gamma_{ij} = \alpha_{ij}\beta_{ij}$ pour tout couple d'indices, est positive ; en outre, si $\Phi_1$ et $\Phi_2$ sont non dégénérées, il en est de même de $\Phi$. (Dans le calcul de $\Phi(x, x)$, exprimer les $\alpha_{ij}$ à l'aide des valeurs $\Phi_1(c_i, c_i)$ pour une base orthogonale $(c_i)$ de E relative à $\Phi_1$.)

4) On suppose que $A = K$ ou $A = K(i)$. Soit $R$ une matrice hermitienne d'ordre $n$ sur A ; on dit que $R$ a pour signature $(s, t)$ si la forme hermitienne sur $A^n$ ayant $R$ pour matrice par rapport à la base canonique, a pour signature $(s, t)$. On désigne par $\Delta_k$ le mineur principal de $R$ obtenu en supprimant dans $R$ les lignes et les colonnes d'indice $> k$ ; on suppose que $\Delta_{s+t} \neq 0$ et que, pour aucun indice $k < s + t$, $\Delta_k$ et $\Delta_{k+1}$ ne soient simultanément nuls (cf. § 6, exerc. 1 *b*)). Montrer que si $\Delta_k = 0$ pour un $k < s + t$, $\Delta_{k-1}$ et $\Delta_{k+1}$ ont des signes opposés (méthode de l'exerc. 1 *a*) du § 6) et que le nombre $s - t$ est égal à

$$\operatorname{sgn} \Delta_1 + \operatorname{sgn} (\Delta_1\Delta_2) + \cdots + \operatorname{sgn} (\Delta_{s+t-1}\Delta_{s+t})$$

(utiliser l'exerc. 2 du § 6).

5) On suppose que $A = K$ ou $A = K(i)$ ; soient $R$, $S$ deux matrices hermitiennes sur A, de signatures $(s, t)$ et $(s', t')$ respectivement (exerc. 4) ; montrer que la matrice $R \otimes S$ est une matrice hermitienne de signature $(ss' + tt', st' + s't)$.

6) Soient K un corps ordonné maximal, L une algèbre simple de rang fini sur K. Si $(s, t)$ est la signature de la forme bilinéaire symétrique $(x, y) \to \operatorname{Tr}_{L/K}(xy)$ sur L, montrer que l'on a :

$s - t = m$ si L est isomorphe à une algèbre de matrices d'ordre $m$ sur K ;

$s - t = 0$ si L est isomorphe à une algèbre de matrices sur le corps $K(i)$ ;

$s - t = -2m$ si L est isomorphe à une algèbre de matrices d'ordre $m$ sur le corps des quaternions sur K.

7) On suppose que A satisfait aux conditions du début du § 7 et que E est de dimension finie $n$. Soit $\Phi$ une forme hermitienne positive non dégénérée sur E.

*a*) Montrer que toute similitude pour $\Phi$ s'écrit d'une seule manière comme produit d'une homothétie de rapport $\geqslant 0$ dans K, et d'une transformation unitaire.

*b*) Pour toute base $(a_i)_{1 \leqslant i \leqslant n}$ de E, montrer qu'il existe une base orthonormale et une seule $(e_i)_{1 \leqslant i \leqslant n}$ de E satisfaisant aux conditions suivantes : 1° pour tout $m$ tel que $1 \leqslant m \leqslant n$, le sous-espace engendré par $a_1, \ldots, a_m$ est identique au sous-espace engendré par $e_1, \ldots, e_m$ ; 2° on a $\Phi(a_i, e_i) > 0$ dans K, pour tout indice $i$ (cf. § 6, n° 1, prop. 1).

*c*) Déduire de *b*) que pour toute matrice carrée inversible $M$ d'ordre $n$ sur A, il existe un couple de matrices $(L, U)$ d'ordre $n$ et un seul, tel que $U$ soit une matrice unitaire, que $L = (\lambda_{ij})$ n'ait que des zéros au-dessous de sa diagonale et des termes diagonaux $\lambda_{ii}$ appartenant à K et $> 0$, et enfin que $M = LU$.

¶ 8) On suppose $A = K$ ; soit L un espace hermitien de dimension finie sur A, dont la forme métrique est positive non dégénérée. Soient M, N deux parties de L, $u$ une bijection de M sur N telle que l'on ait $e(u(a), u(b)) = e(a, b)$ quels que soient les points $a$, $b$ de M. Montrer qu'il existe un déplacement dont la restriction à M soit égale à $u$ (raisonner par récurrence sur la dimension de la variété linéaire affine engendrée par M, comme dans le procédé d'orthogonalisation de Gram-Schmidt). La proposition s'étend-elle au cas où A est égal à K($i$) ou au corps des quaternions sur K ?

9) On suppose remplies les conditions du n° 3, et en outre que A est le corps des quaternions sur K. Soit $u$ un endomorphisme normal de E. Montrer que E est somme directe de sous-espaces $F_k$ ($1 \leqslant k \leqslant r$), deux à deux orthogonaux, tels que dans chacun des $F_k$ il existe une base orthonormale $(e_{ik})$ ($1 \leqslant i \leqslant n_k$) et que l'on ait $u(e_{ik}) = \lambda_k e_{ik}$ pour $1 \leqslant i \leqslant n_k$, deux $\lambda_k$ d'indices distincts n'étant pas transformés l'un de l'autre par un automorphisme intérieur de A. En outre, si $(F'_k)$ est une seconde décomposition de E ayant les mêmes propriétés, avec un système $(\lambda'_k)$ de valeurs propres, on a $F'_k = F_k$ (à une permutation près des indices) et $\lambda'_k = \alpha_k \lambda_k \alpha_k^{-1}$ ; l'ensemble des vecteurs propres de $u$ pour la valeur propre $\lambda_k$ est le sous-espace sur le commutant $A_k$ de $\lambda_k$ dans A, engendré par les $e_{ik}$ ($1 \leqslant i \leqslant n_k$).

10) On suppose remplies les conditions du n° 3, et en outre que A est égal à K($i$) ou au corps des quaternions sur K. Soit $u$ un endomorphisme normal de E.

*a*) Montrer que pour qu'un sous-espace vectoriel F de E soit tel que $u(F) \subset F$, il faut et il suffit que F soit engendré par des vecteurs propres de $u$ ; on a alors $u(F^0) \subset F^0$ et $u^*(F) \subset F$.

*b*) Pour que $u$ soit unitaire (resp. pour que $u^* = u$, $u^* = -u$), il faut et il suffit que pour toute valeur propre $\lambda$ de $u$, on ait $\lambda\bar{\lambda} = 1$ (resp. $\bar{\lambda} = \lambda$, $\bar{\lambda} = -\lambda$).

*c*) On dit qu'un endomorphisme hermitien $u$ de E est *positif* (resp. *positif et non dégénéré*) si la forme hermitienne $(x, y) \to \Phi(u(x), y)$ qui lui correspond canoniquement est positive (resp. positive et non dégénérée) ; il faut et il suffit pour cela que toutes les valeurs propres de $u$ soient $\geqslant 0$ (resp. $> 0$).

*d*) Montrer que pour tout entier $m > 0$, il existe un endomorphisme normal $v$ de E tel que $v^m = u$. Si $u$ est hermitien positif, il existe un seul endomorphisme hermitien positif $v$ tel que $v^m = u$, et il existe un polynôme $f \in K[X]$ tel que $v = f(u)$ ; ce dernier résultat est aussi valable lorsque A = K.

11) On suppose remplies les conditions du n° 3, et en outre que A = K. Soit $u$ un endomorphisme normal de E.

*a*) Soit V un élément minimal de l'ensemble des sous-espaces de E non réduits à 0, stables pour $u$ et $u^*$ ; montrer que si V est de dimension 2, la restriction de $u$ à V est une similitude directe de multiplicateur $> 0$.

*b*) Montrer que tout sous-espace de E stable pour $u$ est aussi stable pour $u^*$. (Soit $E_0$ l'espace vectoriel obtenu à partir de E par extension à K($i$) du corps des scalaires ; $\Phi$ est la restriction à E d'une forme hermitienne positive non dégénérée sur $E_0$ et $u$ la restriction à E d'un endomorphisme normal $u_0$ de $E_0$ (pour cette forme) ; en outre E est l'ensemble des $x \in E_0$ invariants par une bijection semi-linéaire involutive $j$ de $E_0$, et on a $u_0 j = j u_0$. Appliquer alors l'exerc. 10 *a*).)

12) On suppose remplies les conditions du n° 3, et en outre que A est égal à K($i$) ou au corps des quaternions sur K. Montrer que pour tout

endomorphisme $u$ de E, il existe une base orthonormale de E par rapport à laquelle la matrice de $u$ n'ait que des zéros au-dessous de la diagonale. (Procéder par récurrence sur la dimension de E, en considérant un vecteur propre de $u$.)

13) Soient A un corps vérifiant les conditions du début du § 7, E, F deux espaces vectoriels de dimension finie sur A, $\Phi$ (resp. $\Psi$) une forme hermitienne positive non dégénérée sur E (resp. F). Montrer que, pour toute application linéaire $u$ de E dans F, l'adjoint $u^*$ de $u$ (pour $\Phi$ et $\Psi$ ; cf. § 1, nº 8) est tel que $u^*u$ et $uu^*$ soient des endomorphismes hermitiens positifs (exerc. 10 *c*)) de E et F respectivement.

14) On suppose remplies les conditions du nº 3. Soient $u$ un endomorphisme de E, $h_1$, $h_2$ les deux endomorphismes hermitiens positifs de E, tels que l'on ait $h_1^2 = u^*u$, $h_2^2 = uu^*$ (exerc. 13 et 10 *d*)).

*a*) Montrer qu'il existe un endomorphisme unitaire $v$ tel que $u = vh_1 = h_2v$ et en particulier que $h_1$ et $h_2$ sont semblables (remarquer que $\overset{-1}{u}(0) = \overset{-1}{h_1}(0)$ et que si V est le sous-espace orthogonal à $\overset{-1}{u}(0)$, on a $\Phi(u(x), u(x)) = \Phi(h_1(x), h_1(x))$ pour tout $x \in \mathrm{V}$). Pour que $v$ soit déterminé de façon unique, il faut et il suffit que $u$ soit bijective. Pour qu'on puisse prendre $v$ permutable avec $h_1$, il faut et il suffit que $u$ soit normal.

*b*) Déduire de *a*) que toute matrice carrée $M$ d'ordre $n$ sur A peut s'écrire $UDV$, où $U$ et $V$ sont des matrices unitaires et $D$ une matrice diagonale dont les éléments sont $\geqslant 0$, et ont pour carrés les valeurs propres de $MM^*$.

15) On suppose remplies les conditions du nº 3. Montrer que toute matrice hermitienne positive $H$ sur A peut s'écrire sous la forme $LL^*$, où $\mathrm{L} = (\lambda_{ij})$ n'a que des zéros au-dessous de sa diagonale et des termes diagonaux appartenant à K et $\geqslant 0$ ; en outre $L$ est déterminée de manière unique par ces conditions lorsque $H$ est inversible (cf. exerc. 10 *d*) et 7 *c*)).

¶ 16) On suppose remplies les conditions du nº 3 et en outre que $\mathrm{A} = \mathrm{K}(i)$. Soit $u$ un endomorphisme de E.

*a*) L'ensemble des valeurs propres de $u$ est contenu dans l'ensemble U des valeurs de $\Phi(x, u(x))$ lorsque $x$ parcourt l'ensemble des éléments de E tels que $\Phi(x, x) = 1$.

*b*) On dit qu'une partie C de $\mathrm{A} = \mathrm{K}(i)$ est *convexe* si, pour tout couple d'éléments $(\xi, \eta) \in \mathrm{C}^2$ et tout $\tau \in \mathrm{K}$ tel que $0 \leqslant \tau \leqslant 1$ on a $\tau\xi + (1-\tau)\eta \in \mathrm{C}$. Montrer que l'ensemble U est convexe. (Se ramener au cas où $n = 2$ ; en écrivant $u$ sous la forme $v + iw$, où $v$ et $w$ sont hermitiens, et en remplaçant au besoin $u$ par $\lambda u$, où $\lambda \in \mathrm{A}$ et $\lambda\bar{\lambda} = 1$, montrer que tout revient à prouver la propriété suivante. Soient $f(\xi_1, \xi_2) = \xi_1\bar{\xi}_1 + \xi_2\bar{\xi}_2$, $g(\xi_1, \xi_2) = a\xi_1\bar{\xi}_1 + b\xi_2\bar{\xi}_2$ ($a \in \mathrm{K}$, $b \in \mathrm{K}$), $h(\xi_1, \xi_2) = \alpha\xi_1\bar{\xi}_1 + \beta\xi_1\bar{\xi}_2 + \bar{\beta}\xi_2\bar{\xi}_1 + \gamma\xi_2\bar{\xi}_2$ ($\alpha \in \mathrm{K}$, $\gamma \in \mathrm{K}$, $\beta \in \mathrm{A}$) ; soient $(\eta_1, \eta_2) \in \mathrm{A}^2$, $(\zeta_1, \zeta_2) \in \mathrm{A}^2$ tels que $f(\eta_1, \eta_2) = f(\zeta_1, \zeta_2) = 1$, $g(\eta_1, \eta_2) = g(\zeta_1, \zeta_2) = 1$, $h(\eta_1, \eta_2) > 0$, $h(\zeta_1, \zeta_2) < 0$ ; il existe alors $(\theta_1, \theta_2) \in \mathrm{A}^2$ tel que $f(\theta_1, \theta_2) = 1$, $g(\theta_1, \theta_2) = 1$ et $h(\theta_1, \theta_2) = 0$. On commencera par remarquer que pour tout couple $(\xi_1, \xi_2)$, il existe $\mu \in \mathrm{A}$ tel que $\mu\bar{\mu} = 1$ et $\beta\mu\xi_1\bar{\xi}_2 + \overline{\beta\mu}\xi_2\bar{\xi}_1 = 0$, ce qui permettra de se ramener au cas où $\beta = 0$ ; utiliser la prop. 5 du chap. VI, § 2, nº 5.)

*c*) Montrer que si $u$ est normal, U est le plus petit ensemble convexe contenant toutes les valeurs propres de $u$. Donner un exemple où $u$ n'est pas normal mais où U possède encore la propriété précédente. (Prendre pour valeurs propres de $u$ les éléments $\pm 1 \pm i$ comme valeurs propres simples, et 0 comme valeur propre double.)

¶ 17) On suppose remplies les conditions du nº 3 ; pour tout $\xi \in A$, on désigne par $|\xi|$ l'élément $\rho \geqslant 0$ de K tel que $\rho^2 = \xi\bar{\xi}$ (*valeur absolue* de $\xi$). Pour toute matrice carrée $M = (\alpha_{ij})$ sur A, on pose $f(M) = \max_i |\alpha_{ii}|$, $g(M) = \max_{i,j} |\alpha_{ij}|$, et on désigne par $\varphi(M)$ la plus grande valeur absolue des valeurs propres de $M$ (on montrera que cette définition a un sens lorsque A est le corps des quaternions sur K).

*a*) Soient $A$, $B$, $D$ trois matrices carrées d'ordre $n$ sur A. Montrer que si $D$ est diagonale, on a

$$(1) \qquad g^2(ADB^*) \leqslant f^2(D)f(AA^*)f(BB^*)$$

(utiliser l'inégalité (1) du nº 1). En déduire que

$$(2) \qquad g(ABB^*A^*) \leqslant f(AA^*)\varphi(BB^*)$$

(appliquer la prop. 5 à la matrice hermitienne $BB^*$). En déduire que, pour $m$ matrices carrées arbitraires $A_i$ $(1 \leqslant i \leqslant m)$ sur A, on a

$$(3) \qquad g^2(A_1A_2\ldots A_m) \leqslant f(A_1A_1^*)\varphi(A_2A_2^*)\ldots\varphi(A_{m-1}A_{m-1}^*)f(A_m^*A_m)$$

$$(4) \qquad \varphi^2(A_1A_2\ldots A_m) \leqslant \varphi(A_1A_1^*)\varphi(A_2A_2^*)\ldots\varphi(A_mA_m^*)$$

$$(5) \qquad g^2(A_1A_2\ldots A_m) \leqslant \varphi(A_1A_1^*)\ldots\varphi(A_mA_m^*).$$

(Pour (3), raisonner par récurrence à partir de (2). Pour (4), utiliser l'exerc. 12 ; déduire enfin (5) de (3).)

Montrer que l'inégalité (3) ne subsiste plus nécessairement lorsque l'on y remplace $A_m^*A_m$ par $A_mA_m^*$ (observer que l'on peut avoir $f(A^*A) \neq f(AA^*)$), ou lorsqu'on remplace $\varphi(A_iA_i^*)$ par $f(A_iA_i^*)$ pour $2 \leqslant i \leqslant m-1$ (prendre tous les $A_i$ égaux à la matrice carrée dont tous les éléments sont 1).

*b*) Soit $u$ un endomorphisme normal de E ; si $\lambda$ est valeur propre de $u$ (élément de K($i$) lorsque A = K), $\lambda\bar{\lambda}$ est une valeur propre de $u^*u$. Pour toute matrice *normale* $M$ (matrice d'un endomorphisme normal de E par rapport à une base orthonormale), on a donc $\varphi^2(M) = \varphi(MM^*)$. En déduire que l'on a aussi $g(M) \leqslant \varphi(M)$, et plus généralement, si $M_1, \ldots, M_m$ sont normales,

$$(6) \qquad g(M_1\ldots M_m) \leqslant \varphi(M_1)\ldots\varphi(M_m)$$

$$(7) \qquad \varphi(M_1\ldots M_m) \leqslant \varphi(M_1)\ldots\varphi(M_m)$$

(utiliser (4) et (5)).

*c*) Montrer que si $H$ est une matrice hermitienne positive sur A, on a $f(H) = g(H) \leqslant \varphi(H)$ (utiliser (3) et *b*), en écrivant $H = AA^*$).

¶ 18) On suppose remplies les conditions du nº 3.

*a*) Pour tout endomorphisme $u$ de E, soit $(e_i)$ une base orthonormale de E formée de vecteurs propres de $u^*u$, et soit $\rho_i$ la valeur propre de $u^*u$ correspondant au vecteur $e_i$ ; on pose $s(u) = (\sum_{i=1}^{n} \rho_i)^{1/2}$ (racine carrée de $\mathrm{Tr}(u^*u)$ lorsque A est commutatif) ; on a $s(u^*) = s(u)$. Si $u$, $v$ sont deux endomorphismes de E, $U$, $V$ leurs matrices par rapport à une même base orthonormale de E, montrer que pour la matrice $UV^* + VU^*$, à éléments dans K, on a $(\mathrm{Tr}(UV^* + VU^*))^2 \leqslant 4s(u)s(v)$ (remarquer que $(u^* + \lambda v^*)(u + \lambda v)$ est hermitien positif pour tout $\lambda \in \mathrm{K}$) ; en déduire que $s(u + v) \leqslant s(u) + s(v)$. Si en outre A est commutatif, on a

$$|\mathrm{Tr}(uv)|^2 \leqslant s(u)s(v) \qquad \text{et} \qquad |\mathrm{Tr}(u)| \leqslant \sqrt{n}\, s(u)$$

(écrire $u$ comme un produit en utilisant l'exerc. 14 *b*)).

*b*) On suppose en outre A commutatif (donc égal à K ou K($i$)). Si $H_1$, $H_2$ sont deux matrices carrées hermitiennes positives, montrer que l'on a $\mathrm{Tr}(H_1H_2) \geqslant 0$ (se ramener au cas où $H_2$ est une matrice diagonale). En déduire que l'on a (notations de l'exerc. 17)

$$|\mathrm{Tr}(H_1H_2)| \leqslant \varphi(H_1)\mathrm{Tr}(H_2) \leqslant \mathrm{Tr}(H_1)\mathrm{Tr}(H_2).$$

Conclure de ces inégalités que pour deux endomorphismes quelconques $u$, $v$ de E, on a alors $s(uv) \leqslant s(u)s(v)$.

*c*) Supposant toujours A commutatif, soit $\prod_{i=1}^{n} (x - \lambda_i)$ la décomposition en facteurs linéaires du polynôme caractéristique d'un endomorphisme quelconque $u$ de E ; montrer que l'on a $\sum_{i=1}^{n} |\lambda_i|^2 \leqslant (s(u))^2$ et que, pour que les deux membres de cette inégalité soient égaux, il faut et il suffit que $u$ soit normal (utiliser l'exerc. 12).

19) On suppose remplies les conditions du nº 3. Soit $M$ une matrice carrée d'ordre $n$ sur A ; montrer que pour toute sous-matrice carrée $N$ de $M$ (obtenue en supprimant dans $M$ un certain nombre de lignes et les colonnes de *mêmes* indices que ces lignes), on a (notations de l'exerc. 17) $\varphi^2(N) \leqslant \varphi(MM^*)$ (appliquer convenablement la formule (4) de l'exerc. 17). Si en particulier $M$ est une matrice normale, $\varphi(N) \leqslant \varphi(M)$ (cf. exerc. 17 *b*)).

20) On suppose remplies les conditions du nº 3 et en outre que A est égal à K ou à K($i$). Appliquer les résultats des exerc. 17 à 19 à l'extension de $\Phi$ aux $p$-èmes puissances extérieures (§ 1, nº 9) et aux puissances extérieures $p$-èmes des endomorphismes ou matrices considérés. En particulier, montrer que, si $\prod_{i=1}^{n} (\mathrm{X} - \lambda_i)$ et $\prod_{i=1}^{n} (\mathrm{X} - \rho_i^2)$ sont les décompositions en facteurs linéaires des polynômes caractéristiques d'un

endomorphisme $u$ de E et de l'endomorphisme $u^*u$, et si on suppose $|\lambda_i| \geqslant |\lambda_{i+1}|$ et $\rho_i \geqslant \rho_{i+1} \geqslant 0$ pour $1 \leqslant i \leqslant n-1$, on a

$$|\lambda_1\lambda_2\ldots\lambda_h| \leqslant \rho_1\rho_2\ldots\rho_h$$

pour $1 \leqslant h \leqslant n-1$ et $|\lambda_1\lambda_2\ldots\lambda_n| = \rho_1\rho_2\ldots\rho_n$.

21) On suppose remplies les conditions du nº 3. Soit $u$ un endomorphisme hermitien de E et soit $\prod_{i=1}^{n}(X-\lambda_i)$ la décomposition en facteurs linéaires de son polynôme caractéristique ; on suppose $\lambda_i \geqslant \lambda_{i+1}$ pour $1 \leqslant i \leqslant n-1$.

*a*) Montrer que la plus grande (resp. la plus petite) des valeurs propres $\lambda_i$ dans K est égale à la plus grande (resp. la plus petite) des valeurs de $\Phi(u(x), x)$ lorsque $x$ parcourt l'ensemble des $x \in E$ tels que $\Phi(x, x) = 1$. (Raisonner directement, ou appliquer l'exerc. 16 *c*) en se ramenant au cas où $A = K(i)$ (§ 3, exerc. 4).)

*b*) Soit $\Psi_V$ la restriction à un sous-espace vectoriel V de E de la forme hermitienne $\Psi$ associée à $u$, et soit $u_V$ l'endomorphisme hermitien de V associé à $\Psi_V$. Montrer que $\lambda_k$ est la plus petite des plus grandes valeurs propres des $u_V$, lorsque V parcourt l'ensemble des sous-espaces vectoriels de E, de dimension $n-k+1$ (utiliser la prop. 5).

22) On suppose remplies les conditions du nº 3, et en outre que A est égal à $K(i)$ ou au corps des quaternions sur K. Soient $u$, $v$ deux endomorphismes normaux de E ; soit $(E_i)_{1 \leqslant i \leqslant r}$ (resp. $(F_j)_{1 \leqslant j \leqslant s}$) la décomposition de E en somme directe de sous-espaces deux à deux orthogonaux, tels que dans $E_i$ (resp. $F_j$) il y ait une base orthonormale formée de vecteurs propres de $u$ (resp. $v$) pour une même valeur propre $\lambda_i$ (resp. $\mu_j$), et que $\lambda_h$ et $\lambda_i$ (resp. $\mu_j$ et $\mu_k$) ne soient pas transformés l'un de l'autre par un automorphisme intérieur de A si $h \neq i$ (resp. $j \neq k$) (cf. prop. 4 et exerc. 9). Pour qu'un endomorphisme $w$ de E soit tel que $uw = wv$, il faut et il suffit que pour tout $j$ $(1 \leqslant j \leqslant s)$, $w(F_j)$ soit contenu dans un des $E_i$ et que l'image par $w$ de tout vecteur propre de $v$ relatif à la valeur propre $\mu_j$ soit un vecteur propre de $u$ relatif à la valeur propre $\mu_j$ (ce qui implique en particulier que $\mu_j$ et $\lambda_i$ sont transformés l'un de l'autre par un automorphisme intérieur de A). En déduire que s'il en est ainsi, on a alors $u^*w = wv^*$.

¶ 23) On suppose remplies les conditions du nº 3. Soient $u$ et $v$ deux endomorphismes de E.

*a*) On suppose $u$ et $uv$ normaux. Pour que $vu$ soit normal, il faut et il suffit que $v$ et $u^*u$ soient permutables. (Pour voir que la condition est nécessaire, utiliser la relation $u(vu) = (uv)u$ et l'exerc. 22 ; pour voir qu'elle est suffisante, utiliser les exerc. 14 *a*) et 10 *d*).)

*b*) On suppose $u$, $v$ et $uv$ normaux ; soit $\beta$ la plus grande valeur propre de $uu^*$, et soit F le sous-espace de E formé des vecteurs propres de $uu^*$ relatifs à la valeur propre $\beta$. Montrer que $v(F) \subset F$. (Remarquer que pour tout endomorphisme normal $u$ et tout $x \in E$, on a

$$\Phi(u(x), u(x)) = \Phi(u^*(x), u^*(x)).$$

Se ramener au cas où A est égal à $K(i)$ ou au corps des quaternions sur K ; F admet alors une base formée de vecteurs propres pour $u$ (et $u^*$) ; remarquer que pour un tel vecteur $z$, on a $\Phi(u^*uv(z), v(z)) = \beta\Phi(v(z), v(z))$.) En déduire que $vu$ est normal (raisonner par récurrence sur le nombre des valeurs propres distinctes de $u^*u$). Si $h$ (resp. $h'$) est l'endomorphisme hermitien positif tel que $h^2 = uu^*$ (resp. $h'^2 = vv^*$) et si on pose $u = hu_1$, $v = h'v_1$, où $u_1$ et $v_1$ sont unitaires, $h$ permutable à $u_1$ et $h'$ à $v_1$ (exerc. 14 $a$)), montrer que les couples $(h, h')$, $(h, v_1)$ et $(h', u_1)$ sont permutables ; réciproque. En déduire que $u^m v^n$, $v^n u^m$, $uv^*$ et $v^*u$ sont alors normaux ($m$ et $n$ entiers $> 0$ arbitraires).

¶ 24) On suppose remplies les conditions du n° 3. Soit $\Gamma$ un groupe d'automorphismes de E tel que tout $u \in \Gamma$ soit normal. Montrer qu'il existe une décomposition de E en somme directe de sous-espaces $E_k$ ($1 \leqslant k \leqslant r$) deux à deux orthogonaux, tels que la restriction à $E_k$ de tout $u \in \Gamma$ soit de la forme $\lambda_k v_k$, où $\lambda_k$ est un élément $> 0$ de K et où $v_k$ est un endomorphisme unitaire de $E_k$ (décomposer chaque $u \in \Gamma$ sous la forme $hv$, où $v$ est unitaire, $h$ hermitien positif et $h^2 = uu^*$ (exerc. 14 $a$)) ; utiliser l'exerc. 23 $b$) et appliquer le cor. 2 du th. 2 à l'algèbre engendrée par les endomorphismes hermitiens $h$ correspondant aux $u \in \Gamma$). En déduire que si $\Gamma$ est fini, les éléments $u \in \Gamma$ sont unitaires.

25) On suppose que A = K (corps ordonné maximal). Soit L un espace euclidien de dimension $n$ sur A, dont la forme métrique est positive non dégénérée.

Soit S une quadrique affine non dégénérée dans L (§ 6, exerc. 25). Si S admet un centre $a$ et si on prend $a$ pour origine dans L, montrer qu'il existe une base orthonormale $(e_i)$ pour L telle que, par rapport à cette base, S ait pour équation $\lambda_1\xi_1^2 + \cdots + \lambda_n\xi_n^2 = 1$. En outre, si deux bases orthonormales ont cette propriété, les éléments $\lambda_i \in K$ qui leur correspondent sont les mêmes à l'ordre près.

Si S n'admet pas de centre, montrer qu'il existe un point $b$ de S et ($b$ étant pris pour origine) une base orthonormale pour L telle que, par rapport à cette base, S ait pour équation $\lambda_1\xi_1^2 + \cdots + \lambda_{n-1}\xi_{n-1}^2 + \xi_n = 0$. (Si $\overline{S}$ est la quadrique projective telle que $S = L \cap \overline{S}$, $c$ le pôle (à l'infini) par rapport à $\overline{S}$ de l'hyperplan à l'infini $H_0$, déterminer $b$ par la condition que la droite passant par $b$ et $c$ soit perpendiculaire à l'hyperplan tangent à S au point $b$).

¶ 26) $a$) Soient K un corps commutatif, S une partie de K telle que K soit un corps S-ordonnable maximal (chap. VI, § 2, exerc. 8). Soient $f$ un polynôme de K[X], L son corps des racines. Montrer que si, pour toute structure d'ordre (total) sur K compatible avec sa structure d'anneau, L admet une structure d'extension ordonnée de K, on a nécessairement L = K. (Raisonner par l'absurde : en procédant comme dans l'exerc. 8 $e$) du chap. VI, § 2, se ramener au cas où on aurait $[L : K] = 2$. Conclure en remarquant que si $b \in K$ n'est pas un carré, il existe une structure d'ordre total sur K, compatible avec sa structure d'anneau, et pour laquelle $b < 0$ (cf. chap. VI, § 2, n° 3, lemme du th. 1)).

$b$) Etendre les résultats du n° 3 (la prop. 6 exceptée) au cas où K est un corps S-ordonnable maximal (*). (Commencer par démontrer l'analogue de la prop. 5, en utilisant *a*). Etablir ensuite l'analogue du cor. 2 du th. 2 pour le cas où l'algèbre commutative B est formée d'endomorphismes hermitiens, en utilisant la prop. 10 du chap. VIII, § 9, nº 4. Passer au cas d'un endomorphisme normal $u$ pour $A = K(i)$ en remarquant qu'on peut alors écrire $u = v + iw$, où $v$ et $w$ sont hermitiens et permutables. Enfin, si A est le corps des quaternions sur K, $E_0$ l'espace E considéré comme espace vectoriel de dimension $2n$ sur $K(i)$, et si on pose $\Phi(x, y) = \Phi_1(x, y) + \Phi_2(x, y)j$, où $\Phi_1$ et $\Phi_2$ prennent leurs valeurs dans $K(i)$, remarquer que si $u$ est normal pour $\Phi$, il est aussi normal pour $\Phi_1$.)

¶ 27) Soient K un corps ordonné maximal, E un espace vectoriel de dimension $n$ sur K, $\Phi$ une forme bilinéaire symétrique non dégénérée sur E, de signature $(s, t)$ distincte de $(n, 0)$ et de $(0, n)$. Soit $(e_i)$ une base orthogonale pour $\Phi$, telle que $\Phi(e_i, e_i) = 1$ pour $1 \leqslant i \leqslant s$, $\Phi(e_i, e_i) = -1$ pour $s + 1 \leqslant i \leqslant n$. Pour toute transformation orthogonale $u \in \mathbf{U}(\Phi)$, soit

$$U = \begin{pmatrix} M & N \\ P & Q \end{pmatrix}$$

la matrice de $u$ par rapport à $(e_i)$, écrite sous forme d'un tableau carré de matrices correspondant à la partition de $[1, n]$ en $[1, s]$ et $[s + 1, n]$.

*a*) Démontrer les relations

$$\begin{aligned} {}^tM.M - {}^tP.P &= I_s \\ {}^tQ.Q - {}^tN.N &= I_t \\ {}^tM.N - {}^tP.Q &= 0. \end{aligned}$$

*b*) Soit $R$ une matrice sur K à $t$ lignes et $s$ colonnes, telle que $I_s - {}^tR.R$ soit la matrice d'une forme hermitienne (sur $K^s$) positive et non dégénérée. Montrer que $\det(M + \lambda NR)$ ne change pas de signe pour $-1 \leqslant \lambda \leqslant 1$ dans K (montrer, en utilisant *a*), que ${}^t(M + \lambda NR)(M + \lambda NR)$ est la matrice d'une forme symétrique positive non dégénérée).

*c*) On pose $\sigma(u) = \sigma(U) = \operatorname{sgn}(\det M)$ ; montrer que, pour deux éléments quelconques $u$, $v$ du groupe orthogonal $\mathbf{U}(\Phi)$, on a $\sigma(uv) = \sigma(u)\sigma(v)$ (utiliser *a*) et *b*)). En déduire que le groupe des commutateurs du groupe spécial orthogonal $\mathbf{SU}(\Phi)$ est distinct de $\mathbf{SU}(\Phi)$ (cf. § 10, exerc. 9).

## § 8. Types de formes quadratiques

*Dans ce paragraphe on suppose que* A *est un corps commutatif.*

### 1. *Types de formes quadratiques.*

Étant donnée une forme quadratique Q (§ 3, nº 4) sur un espace vectoriel E sur A, nous dirons que E est l'*espace de défini-*

(*) Ces résultats (inédits) nous ont été communiqués par I. Kaplansky.

*tion* de Q et que dim(E) est la *dimension de* Q. Étant données deux formes quadratiques Q, Q′ sur des espaces vectoriels E, E′ sur A, nous noterons $Q \top Q'$ leur somme directe (§ 3, n° 4). Rappelons que la somme directe de deux formes neutres est neutre (§ 4, n° 2).

Introduisons la relation suivante :

« Q et Q′ sont des formes quadratiques non dégénérées de dimensions finies sur A, et il existe des formes quadratiques neutres, N, N′ telles que $Q \top N$ soit équivalente à $Q' \top N'$ ».

Cette relation, que nous noterons $Q \sim Q'$, est manifestement réflexive et symétrique. Elle est également transitive : en effet, si Q, Q′, Q″ sont des formes quadratiques telles que $Q \sim Q'$ et $Q' \sim Q''$, il existe des formes quadratiques neutres M, M′, N, N′ telles que $Q \top M$ soit équivalente à $Q' \top M'$ et $Q' \top N$ à $Q'' \top N'$ ; alors $Q \top (M \top N)$ est équivalente à $(Q \top M) \top N$, donc à $(Q' \top M') \top N$, et aussi à $(Q' \top N) \top M'$, donc encore à $(Q'' \top N') \top M'$ et à $Q'' \top (N' \top M')$ ; comme $M \top N$ et $N' \top M'$ sont neutres, on a bien $Q \sim Q''$. La relation $Q \sim Q'$ est donc une *relation d'équivalence* entre Q et Q′. Il est clair que, si Q et Q′ sont deux formes quadratiques non dégénérées de dimensions finies et équivalentes, on a $Q \sim Q'$.

Pour toute forme quadratique Q sur A, non dégénérée et de dimension finie, nous poserons

$$\theta(Q) = \tau_X(X \sim Q), \tag{1}$$

et nous dirons que $\theta(Q)$ est le *type* de Q. Si Q et Q′ sont deux formes quadratiques sur A, non dégénérées et de dimensions finies, les relations $Q \sim Q'$ et $\theta(Q) = \theta(Q')$ sont équivalentes.

PROPOSITION 1. — *Soient* Q *et* Q′ *deux formes quadratiques sur* A, *non dégénérées et de dimensions finies. Pour que* Q *et* Q′ *soient équivalentes, il faut et il suffit qu'elles aient même dimension et même type.*

La condition est évidemment nécessaire. Supposons-la satisfaite. Il existe alors des formes neutres N, N′ telles que $Q \top N$ et $Q' \top N'$ soient équivalentes. Comme ces deux formes ont même dimension, il en est de même de N et N′, qui sont par suite équivalentes (§ 4, n° 2, cor. 2 de la prop. 2). Donc Q et Q′ sont équivalentes en vertu du th. de Witt (§ 4, n° 3, cor. 1 du th. 1).

PROPOSITION 2. — *La relation « il existe une forme quadratique* Q *sur* A, *non dégénérée et de dimension finie, telle que* $X = \theta(Q)$ » *est collectivisante en* X (*Ens.*, chap. II, § 1, nº 4).

Soient en effet V un espace vectoriel de dimension infinie sur A, $\mathfrak{S}$ l'ensemble des formes quadratique non dégénérées définies sur les sous-espaces de dimensions finies de V, et $\mathfrak{W}$ l'ensemble des $\theta(Q)$ pour $Q \in \mathfrak{S}$. Il est clair que toute forme quadratique Q' non dégénérée et de dimension finie sur A est équivalente à au moins un élément de $\mathfrak{S}$ ; d'où $\theta(Q') \in \mathfrak{W}$, ce qui démontre notre assertion.

## 2. *Groupe des types de formes quadratiques.*

Nous allons munir l'ensemble $\mathfrak{W}$ des types de formes quadratiques non dégénérées de dimensions finies sur A d'une structure de *groupe commutatif*. Nous définirons une addition dans $\mathfrak{W}$ par la formule

$$T + T' = \theta(T \perp T') \qquad (T, T' \text{ dans } \mathfrak{W}), \tag{2}$$

Cette addition est commutative puisque $T' \perp T$ est équivalente à $T \perp T'$. Elle est associative car, si T, T' et T'' sont des éléments de $\mathfrak{W}$, on a

$$\begin{aligned}(T + T') + T'' &\sim (T + T') \perp T'' \sim (T \perp T') \perp T'' \\ &\sim T \perp (T' \perp T'') \sim T \perp (T' + T'') \sim T + (T' + T''),\end{aligned}$$

d'où $(T + T') + T'' = T + (T' + T'')$ puisque deux éléments de $\mathfrak{W}$ qui ont le même type sont égaux. De plus l'addition que l'on vient de définir possède un élément neutre : il est clair en effet que toutes les formes neutres ont le même type $T_0$, à savoir celui de la forme nulle de dimension nulle ; on voit aussitôt que $T_0$ est l'élément neutre cherché. Enfin l'existence, pour tout $T \in \mathfrak{W}$, d'un élément opposé à T résulte aussitôt de la proposition suivante :

PROPOSITION 3. — *Soit* Q *une forme quadratique non dégénérée et de dimension finie sur un espace vectoriel* V *sur* A. *Notons* $-Q$ *la forme quadratique sur* V *définie par* $(-Q)(x) = -Q(x)$ $(x \in V)$. *Alors la forme* $Q \perp (-Q)$ *est neutre.*

En effet la restriction de $Q \perp (-Q)$ à la diagonale D de $V \times V$

est nulle. L'indice de cette forme est donc $\geqslant \frac{1}{2} \dim (V \times V)$ (§ 4, n° 2, déf. 2), et par conséquent est égal à $\frac{1}{2} \dim (V \times V)$ (*ibid.*, formule (4)). Il en résulte que $Q \perp (-Q)$ est neutre (*ibid.*).

Ceci permet de poser la définition suivante :

Définition 1. — *L'ensemble des types de formes quadratiques non dégénérées et de dimensions finies sur* A, *muni de l'addition définie par* (2), *s'appelle le groupe des types de formes quadratiques, ou groupe de Witt, de* A.

*Remarques.* — 1) Toute forme quadratique Q non dégénérée et de dimension finie dont le type est nul (c'est-à-dire telle que $\theta(Q) = T_0$ avec les notations ci-dessus) est une forme neutre. Il existe en effet des formes neutres N, N' telles que $Q \perp N$ soit équivalente à N'. Ceci montre que Q est de dimension paire, donc qu'il existe une forme neutre $N_1$ de même dimension que Q. Comme Q et $N_1$ ont même type, il résulte de la prop. 1 qu'elles sont équivalentes, donc que Q est neutre.

2) Pour toute forme quadratique Q de dimension finie sur A, notons $\delta(Q)$ la classe modulo 2 de la dimension de Q. On a

$$\delta(Q \perp Q') = \delta(Q) + \delta(Q').$$

Comme toute forme neutre N est de dimension paire, on a $\delta(N) = 0$ ; la relation $Q \sim Q'$ entraîne donc $\delta(Q) = \delta(Q')$. Ainsi la restriction de $\delta$ au groupe $\mathfrak{W}$ des types de formes quadratiques sur A est un homomorphisme de $\mathfrak{W}$ dans le groupe $\mathbf{Z}/(2)$. Cet homomorphisme est surjectif lorsque A est de caractéristique $\neq 2$, mais ne l'est pas si A est de caractéristique 2 car une forme quadratique de dimension impaire est alors dégénérée puisque sa forme bilinéaire associée est alternée (cf. § 5).

3) Soit $a$ un élément $\neq 0$ de A. Si N est une forme neutre, il en est de même de $a$N. Il en résulte que la relation $Q \sim Q'$ entraîne $aQ \sim aQ'$. Pour tout élément T du groupe $\mathfrak{W}$, nous poserons

$$a.T = \theta(aT). \tag{3}$$

Nous obtenons ainsi une loi de composition externe entre le groupe $A^*$ des éléments non nuls de A et le groupe $\mathfrak{W}$. Les formules suivantes résultent immédiatement de la définition :

$$a.(T + T') = a.T + a.T', \qquad ab.T = a.(b.T) \tag{4}$$
$$(a, b \text{ dans } A^*, \quad T, T' \text{ dans } \mathfrak{W}).$$

Par contre, si $a$, $b$ et $a+b$ sont dans $A^*$, on n'a pas en général $(a+b).T = a.T + b.T$ ($T \in \mathfrak{W}$).

Proposition 4. — *Soit* Q *une forme quadratique non dégénérée sur un espace vectoriel* E *de dimension finie sur* A. *Supposons* A *de caractéristique* $\neq 2$, *et soit* $(x_1, \ldots, x_n)$ *une base orthogonale de* V. *Notons* $T_1$ *le type de la forme quadratique* $Q_1$ *définie sur l'espace vectoriel* A *et telle que* $Q_1(1) = 1$. *Le type de* Q *est alors* $\sum_{i=1}^{n} Q(x_i).T_1$.

En effet la forme Q est équivalente à

$$(Q(x_1)Q_1) \top \ldots \top (Q(x_n)Q_1)$$

Corollaire. — *Les hypothèses et notations étant celles de la prop.* 3, *les éléments* $a.T_1$ ($a \in A^*$) *forment un ensemble de générateurs du groupe des types de formes quadratiques sur* A.

Chercher la structure du groupe des types de formes quadratiques sur A revient donc à chercher les relations **Z**-linéaires qui existent entre les éléments de la forme $a.T_1$. Si $b \in A^*$, la forme $Q_1$ définie dans la prop. 4 est manifestement équivalente à $b^2Q_1$ ; on a donc $a.T_1 = ab^2.T_1$, ce qui montre que $a.T_1$ ne dépend que de la classe de $a$ modulo le sous-groupe $(A^*)^2$ des carrés d'éléments de $A^*$. Par ailleurs il résulte de la prop. 3 que l'on a $(-a).T_1 = -a.T_1$. Cependant il existe en général d'autres relations **Z**-linéaires entre les $a.T_1$ que celles qui se déduisent des relations que nous venons d'indiquer.

Proposition 5. — *On suppose que* A *est un corps ordonné maximal. Soient* Q *une forme quadratique non dégénérée de dimension finie sur* A, *et* $(s, t)$ *sa signature* (§ 7, n° 2, déf. 2). *Alors le type de* Q *est* $(s-t).T_1$, *et le groupe* $\mathfrak{W}$ *des types de formes quadratiques sur* A *est un groupe monogène infini engendré par* $T_1$.

En effet, comme $A^*/(A^*)^2$ est d'ordre 2 et que $(-1).T_1 = -T_1$, $\mathfrak{W}$ est engendré par $T_1$ et est par suite monogène. Pour tout $n > 0$, $n.T_1$ est le type des formes quadratiques non dégénérées positives de dimension $n$ ; comme ces formes ne sont pas neutres, on a $n.T_1 \neq 0$, ce qui montre que $\mathfrak{W}$ est infini. Enfin une forme de signature $(s, t)$ est isomorphe, avec les notations de la prop. 4, à la somme directe de $s$ formes $Q_1$ et de $t$ formes $-Q_1$ (§ 7, n° 2, th. 1) ; il en résulte que son type est $(s-t).T_1$.

### 3. *Anneau des types de formes quadratiques.*

Nous supposerons, dans ce n°, que A est un corps *de caractéristique* $\neq 2$.

Étant données deux formes quadratiques Q, Q′ sur des espaces vectoriels V, V′ sur A, nous appellerons *produit tensoriel* de Q et Q′, et nous noterons $Q \otimes Q'$ la forme quadratique sur $V \otimes V'$ dont la forme bilinéaire associée est le produit tensoriel (§ 1, n° 9, déf. 11) des formes bilinéaires associées à Q et Q′. On voit aisément que $Q \otimes Q'$ vérifie la relation

$$(5) \qquad (Q \otimes Q')(x \otimes x') = Q(x)Q'(x') \qquad (x \in V,\ x' \in V').$$

Si Q et Q′ sont non dégénérées et de dimensions finies, il en est de même de $Q \otimes Q'$ (§ 1, n° 9, prop. 9).

Soient Q, Q′, Q″ des formes quadratiques sur les espaces vectoriels V, V′, V″. En faisant usage de l'isomorphisme canonique de $V \otimes V'$ sur $V' \otimes V$ (resp. de $(V \otimes V') \otimes V''$ sur $V \otimes (V' \otimes V'')$, de $(V \times V') \otimes V''$ sur $(V \otimes V'') \times (V' \otimes V'')$), on voit aussitôt que $Q \otimes Q'$ est équivalente à $Q' \otimes Q$ (resp. $(Q \otimes Q') \otimes Q''$ à $Q \otimes (Q' \otimes Q'')$, $(Q \top Q') \otimes Q''$ à $(Q \otimes Q'') \top (Q' \otimes Q'')$).

Soient Q et Q′ deux formes quadratiques non dégénérées de dimensions finies. Si Q est *neutre*, il en est de même de $Q \otimes Q'$. Soient en effet V, V′ les espaces de définition de Q, Q′, $2n$ et $n'$ leurs dimensions, et W un sous-espace totalement singulier de dimension $n$ de V (§ 4, n° 2) ; alors, $W \otimes V'$ est un sous-espace totalement singulier, et sa dimension est la moitié de celle de $V \otimes V'$ ; on en déduit, comme dans la prop. 3, que $Q \otimes Q'$ est neutre. De même $Q \otimes Q'$ est neutre toutes les fois que Q′ est neutre.

On déduit de là que, si Q, Q′, $Q_1$, $Q'_1$ sont des formes quadratiques non dégénérées et de dimensions finies sur A, et si l'on suppose que l'on a $\theta(Q_1) = \theta(Q)$ et $\theta(Q'_1) = \theta(Q')$, alors on a $\theta(Q_1 \otimes Q'_1) = \theta(Q \otimes Q')$. Il suffit en effet de vérifier ceci dans le cas où $Q_1 = Q \mathbin{\text{т}} N$ et $Q'_1 = Q' \mathbin{\text{т}} N'$, N et N′ étant des formes neutres ; dans ce cas $Q_1 \otimes Q'_1$ est équivalente à

$$(Q \otimes Q') \mathbin{\text{т}} (Q \otimes N' \mathbin{\text{т}} Q' \otimes N \mathbin{\text{т}} N \otimes N')$$

et la seconde parenthèse désigne une forme neutre ; ceci démontre notre assertion.

Soit maintenant $\mathfrak{W}$ le groupe des types de formes quadratiques sur A. Définissons, sur l'ensemble $\mathfrak{W}$, une seconde loi de composition, notée multiplicativement, par la formule

$$TT' = \theta(T \otimes T') \qquad (T, T' \text{ dans } \mathfrak{W}). \tag{6}$$

Il résulte aussitôt de ce que nous venons de voir que cette loi de composition est commutative, associative et distributive par rapport à l'addition. Elle admet un élément unité, à savoir le type $T_1$ de la forme quadratique $Q_1$ définie sur l'espace vectoriel A et telle que $Q_1(1) = 1$ : on a en effet, d'après (5), $Q_1 \otimes Q = Q$ pour toute forme quadratique Q. Le groupe additif $\mathfrak{W}$, muni de la multiplication que nous venons de définir, est donc un anneau commutatif à élément unité ; on l'appelle *anneau des types de formes quadratiques* de A (ou *anneau de Witt* de A, lorsqu'aucune confusion n'est à craindre).

*Remarques.* — 1) Il est clair que, si $a$ est un élément de $A^*$, on a

$$a.(TT') = (a.T)T' = T(a.T') \tag{7}$$

quels que soient les éléments T, T′ de $\mathfrak{W}$. On remarquera d'ailleurs que l'on a $a.T = T_a T$, en notant $T_a$ le type de la forme quadratique $aQ_1$ sur A.

2) Puisque A est de caractéristique $\neq 2$, tout élément T de $\mathfrak{W}$ se met sous la forme $\sum_{i=1}^{n} a_i.T_1$ où $a_i \in A^*$ (nº 2, prop. 4). On a

$$\left(\sum_{i=1}^{n} a_i.T_1\right)\left(\sum_{j=1}^{q} b_j.T_1\right) = \sum_{i,j} a_i b_j.T_1 \qquad (a_i, b_j \text{ dans } A^*). \tag{8}$$

3) Supposons que A soit un *corps ordonné maximal.* Alors l'anneau $\mathfrak{W}$ est isomorphe à **Z** (prop. 5), l'entier correspondant au

type d'une forme de signature $(s, t)$ étant $s - t$ (*ibid.*). Comme le produit tensoriel de deux formes Q, Q' de signatures $(s, t)$, $(s', t')$ est une forme de dimension $(s + t)(s' + t')$, il en résulte, au moyen d'un calcul élémentaire, que la signature de $Q \otimes Q'$ est $(ss' + tt', st' + ts')$.

## § 9. Algèbres de Clifford

*Dans ce paragraphe, nous supposerons l'anneau* A *commutatif. Nous désignerons par* Q *une forme quadratique sur le* A*-module* E, *et par* $\Phi$ *la forme bilinéaire associée* (§ 3, n° 4).

### *1. Définition et propriété universelle de l'algèbre de Clifford.*

DÉFINITION 1. — *On appelle algèbre de Clifford de* Q *et on note* C(Q) *l'algèbre quotient de l'algèbre tensorielle* T(E) *du module* E *par l'idéal bilatère (noté* I(Q)) *engendré par les éléments de la forme* $x \otimes x - Q(x).1$ $(x \in E)$.

Nous noterons $\rho_Q$ (ou simplement $\rho$ quand aucune confusion n'est à craindre) l'application de E dans C(Q) composée de l'application canonique de E dans T(E) et de l'application canonique $\sigma$ de T(E) sur C(Q) ; l'application $\rho_Q$ est dite *canonique*. Remarquons que C(Q) est engendrée par $\rho_Q(E)$, et que, pour $x \in E$, on a

$$\rho(x)^2 = Q(x).1 \; ; \tag{1}$$

d'où, en remplaçant $x$ par $x + y$ ($x$, $y$ dans E)

$$\rho(x)\rho(y) + \rho(y)\rho(x) = \Phi(x, y).1 \tag{2}$$

*Exemple.* — Si E admet une base composée d'un seul élément $e$, T(E) est isomorphe à l'algèbre de polynômes A[X], et C(Q) est une extension quadratique de A, ayant pour base $(1, u)$, où $u$ est l'élément $u = \rho(e)$ et vérifie $u^2 = Q(e)$.

Notons $T^h$ la puissance tensorielle $h$-ème $\overset{h}{\otimes} E$ dans T(E), et soit $T^+$ (resp. $T^-$) la somme des $T^h$ pour $h$ pair (resp. impair).

Comme T(E) est somme directe de $T^+$ et $T^-$ et que I(Q) est engendré par des éléments de $T^+$, I(Q) est somme directe de $T^+ \cap I(Q)$ et $T^- \cap I(Q)$, et C(Q) est somme directe des deux sous-modules $C^+(Q) = \sigma(T^+)$ et $C^-(Q) = \sigma(T^-)$ (que l'on note aussi $C^+$ et $C^-$). Les éléments de $C^+$ seront dits *pairs* (resp. *impairs*). On a les relations

$$(3) \qquad C^+C^+ \subset C^+, \qquad C^+C^- \subset C^-, \qquad C^-C^+ \subset C^-, \qquad C^-C^- \subset C^+.$$

En particulier $C^+$ est une sous-algèbre de C(Q).

Proposition 1. — *Soit $f$ une application linéaire de* E *dans une algèbre* D *sur* A *telle que $f(x)^2 = Q(x).1$ pour tout $x \in E$. Il existe un homomorphisme $\bar{f}$ et un seul de* C(Q) *dans* D *tel que $f = \bar{f} \circ \rho_Q$.*

L'unicité de $\bar{f}$ résulte de ce que C(Q) est engendrée par $\rho_Q(E)$. Soit $h$ l'unique homomorphisme de T(E) dans D qui prolonge $f$ ($h$ est défini par $h(x_1 \otimes \cdots \otimes x_n) = f(x_1) \ldots f(x_n)$). On a

$$h(x \otimes x - Q(x).1) = (f(x)^2 - Q(x)).1 = 0,$$

et par suite $h$ s'annule sur I(Q) et définit par passage au quotient l'homomorphisme $\bar{f}$ cherché.

La prop. 1 exprime que C(Q) est solution d'un problème d'application universelle (*Ens.*, chap. IV, § 3, nº 1).

Prenons en particulier pour D l'algèbre *opposée* de C(Q) et pour $f$ l'application $\rho$ ; la prop. 1 entraîne qu'il existe un anti-automorphisme $\beta$ et un seul de C(Q) dont la restriction à $\rho(E)$ soit l'identité ; on l'appelle l'*antiautomorphisme principal* de C(Q). Il est clair que $\beta^2 = 1$.

D'autre part soient Q′ une forme quadratique sur un A-module E′ et $f$ une application linéaire de E dans E′ telle que $Q' \circ f = Q$. On a $\rho_{Q'}(f(x))^2 = Q'(f(x)).1 = Q(x).1$, et par suite il existe un homomorphisme $C(f)$ et un seul de C(Q) dans C(Q′) tel que $C(f) \circ \rho_Q = \rho_{Q'} \circ f$. Si $f$ est l'identité, $C(f)$ est l'identité ; si Q″ est une forme quadratique sur un A-module E″ et $g$ une application linéaire de E′ dans E″ telle que $Q'' \circ g = Q'$, on a $C(g \circ f) = C(g) \circ C(f)$. Lorsque E′ est un sous-module de E et $f$ l'injection canonique de E′ dans E (de sorte que Q′ est la restriction de Q à E′), on dit que $C(f)$ est l'homomorphisme *canonique* de C(Q′) dans C(Q).

Prenons en particulier $Q' = Q$ et pour $f$ l'application $x \to -x$ ; on voit qu'il existe un *automorphisme* $\alpha$ et un seul de $C(Q)$ tel que $\alpha \circ \rho = -\rho$ ; on l'appelle l'*automorphisme principal* de $C(Q)$. Il est clair que $\alpha^2 = 1$, et que la restriction de $\alpha$ à $C^+$ (resp. $C^-$) est l'identité (resp. l'application $u \to -u$).

PROPOSITION 2. — *Soient* $A'$ *un anneau commutatif,* $\varphi$ *un homomorphisme de* $A$ *dans* $A'$, $Q'$ *la forme quadratique sur* $E' = A' \otimes_A E$ *déduite de* $Q$ *par extension des scalaires* (§ 3, n° 4, prop. 3). *Il existe un isomorphisme* $j$ *et un seul de l'algèbre* $A' \otimes_A C(Q)$ *sur* $C(Q')$ *tel que* $j(1 \otimes \rho_Q(x)) = \rho_{Q'}(1 \otimes x)$ *pour tout* $x \in E$.

Il suffit de démontrer que l'algèbre $C' = A' \otimes_A C(Q)$ et l'application $1 \otimes \rho_Q$ de $E'$ dans $C'$ forment une solution du même problème d'application universelle que $C(Q')$ et $\rho_{Q'}$. Or, soient $D'$ une algèbre sur $A'$ et $f'$ une application $A'$-linéaire de $E'$ dans $D'$ telle que $f'(x')^2 = Q'(x').1$ pour tout $x' \in E'$. L'application $g : x \to f'(1 \otimes x)$ de $E$ dans $D'$ (considéré comme $A$-module grâce à l'homomorphisme $\varphi$) est $A$-linéaire et on a $g(x)^2 = Q'(1 \otimes x).1 = Q(x).1$ pour tout $x \in E$. Il existe donc un $A$-homomorphisme $\overline{g}$ et un seul de $C(Q)$ dans $D'$ tel que $\overline{g}(\rho_Q(x)) = f'(1 \otimes x)$. Par suite il existe un $A'$-homomorphisme $\overline{f'}$ et un seul de $C'$ dans $D'$ tel que $\overline{f'}(1 \otimes \rho_Q(x)) = f'(1 \otimes x)$ pour tout $x \in E$ ; par linéarité il en résulte que $\overline{f'}((1 \otimes \rho_Q)(x')) = f'(x')$ pour tout $x' \in E'$. CQFD.

## 2. *Quelques opérations dans l'algèbre tensorielle.*

Dans ce n° nous désignerons par $e_x$ ($x \in E$) l'application linéaire $u \to x \otimes u$ de l'algèbre tensorielle $T(E)$ dans elle-même.

*Lemme* 1. — *Soit* $f$ *un élément du dual* $E^*$ *de* $E$. *Il existe une application linéaire* $i_f$ *et une seule de* $T(E)$ *dans elle-même telle que*

(4) $$i_f(1) = 0$$

(5) $$i_f \circ e_x + e_x \circ i_f = f(x).I \qquad \textit{pour tout } x \in E$$

(*où* I *désigne l'application identique*). *L'application* $f \to i_f$ *de* $E^*$ *dans* $\mathcal{L}(T(E))$ *est linéaire. On a* $i_f(T^n) \subset T^{n-1}$, $(i_f)^2 = 0$, *et* $i_f \circ i_g + i_g \circ i_f = 0$ *pour* $f$, $g$ *dans* $E^*$. *L'application* $i_f$ *est nulle sur la sous-algèbre de*

T(E) *engendrée par le noyau de* $f$. *L'idéal* I(Q) *est stable par* $i_f$ ; *par passage au quotient* $i_f$ *définit donc une application linéaire* (*notée encore* $i_f$) *de* C(Q) *dans elle-même.*

En effet la formule (5) s'écrit

$$i_f(x \otimes u) = -x \otimes i_f(u) + f(x) . u \qquad (x \in \mathrm{E},\ u \in \mathrm{T(E)}). \tag{6}$$

Comme (4) détermine complètement $i_f$ sur $\mathrm{T}^0$, et que (6) détermine $i_f$ sur $\mathrm{T}^n$ si on connaît ses valeurs sur $\mathrm{T}^{n-1}$, l'unicité de $i_f$ est démontrée. D'autre part, pour $x \in \mathrm{E}$ et $u \in \mathrm{T}^{n-1}$, le second membre de (6) est bilinéaire sur $\mathrm{E} \times \mathrm{T}^{n-1}$ ; ceci démontre l'existence de $i_f$ par récurrence sur $n$ (chap. III, § 1, nº 2) et prouve aussi, par récurrence sur $n$, que $i_f(\mathrm{T}^n) \subset \mathrm{T}^{n-1}$. Si $f = ag + bh$ ($a$, $b$ dans A, $g$, $h$ dans E*) il est clair que $ai_g + bi_h$ vérifie (4) et (5), donc est égal à $i_f$. On a

$$(i_f)^2 \circ e_x = - i_f \circ e_x \circ i_f + f(x) i_f = e_x \circ (i_f)^2$$

et, comme $(i_f)^2(1) = 0$, on en déduit par récurrence sur $n$ que $(i_f)^2$ est nul sur $\mathrm{T}^n$. En remplaçant $f$ par $f + g$, la relation $(i_f)^2 = 0$ donne $i_f \circ i_g + i_g \circ i_f = 0$. Un raisonnement par récurrence analogue aux précédents montre que $i_f$ est nulle sur la sous-algèbre engendrée par le noyau de $f$. Enfin (6) entraîne que l'ensemble des éléments $u$ de I(Q) tels que $i_f(u) \in \mathrm{I(Q)}$ est un idéal à gauche de T(E) ; de plus, si $u = (x \otimes x - \mathrm{Q}(x) . 1) \otimes v$ ($x \in \mathrm{E}$, $v \in \mathrm{T(E)}$), on a

$$\begin{aligned} i_f(u) &= f(x) x \otimes v - x \otimes i_f(x \otimes v) - \mathrm{Q}(x) i_f(v) \\ &= f(x) x \otimes v - f(x) x \otimes v + x \otimes x \otimes i_f(v) - \mathrm{Q}(x) i_f(v) \\ &= (x \otimes x - \mathrm{Q}(x) . 1) \otimes i_f(v) ; \end{aligned}$$

donc I(Q) est stable par $i_f$, et la dernière assertion s'ensuit. CQFD.

Soit F une forme bilinéaire sur E ; dans le reste de ce paragraphe nous désignerons par $i_x^{\mathrm{F}}$ ($x \in \mathrm{E}$) l'application $i_f$ correspondant à la forme linéaire $f : y \to \mathrm{F}(x, y)$ sur E.

*Lemme* 2. — *Il existe une application linéaire* $\lambda_{\mathrm{F}}$ *et une seule de* T(E) *dans elle-même telle que*

$$\lambda_{\mathrm{F}}(1) = 1 \tag{7}$$

$$\lambda_{\mathrm{F}} \circ e_x = (e_x + i_x^{\mathrm{F}}) \circ \lambda_{\mathrm{F}} \qquad (x \in \mathrm{E}). \tag{8}$$

*Quel que soit* $f \in E^*$, *on a*

(9) $$\lambda_F \circ i_f = i_f \circ \lambda_F.$$

En effet la formule (8) équivaut à

(10) $$\lambda_F(x \otimes u) = x \otimes \lambda_F(u) + i_x^F(\lambda_F(u)) \quad (x \in E,\ u \in T(E)).$$

Comme (7) détermine entièrement $\lambda_F$ sur $T^0$, et que (10) détermine $\lambda_F$ sur $T^n$ si on connaît ses valeurs sur $T^{n-1}$, l'unicité de $\lambda_F$ est démontrée. D'autre part, pour $x \in E$ et $u \in T^{n-1}$, le second membre de (10) est bilinéaire sur $E \times T^{n-1}$ ; ceci démontre l'existence de $\lambda_F$ par récurrence sur $n$. Il reste à démontrer (9), ce que nous ferons par récurrence ; les deux membres de (9) sont nuls sur $T^0$ ; supposons (9) vraie sur $\sum_{h=0}^{n-1} T^h$ ; on a alors, pour $x \in E$ et $u \in T^{n-1}$ :

$$\begin{aligned}(\lambda_F \circ i_f)(x \otimes u) &= (-\lambda_F \circ e_x \circ i_f + f(x)\lambda_F)(u)\\ &= -(e_x + i_x^F) \circ \lambda_F \circ i_f(u) + f(x)\lambda_F(u)\\ &= -(e_x + i_x^F) \circ i_f \circ \lambda_F(u) + f(x)\lambda_F(u)\\ &= (i_f \circ e_x \circ \lambda_F - f(x)\lambda_F + i_f \circ i_x^F \circ \lambda_F + f(x)\lambda_F)(u)\\ &= (i_f \circ (e_x + i_x^F) \circ \lambda_F)(u) = (i_f \circ \lambda_F)(x \otimes u),\end{aligned}$$

d'où notre dernière assertion.

*Lemme* 3. — *Soient* F *et* G *deux formes bilinéaires sur* E. *On a* $\lambda_F \circ \lambda_G = \lambda_{F+G}$. *Pour toute forme bilinéaire* F *sur* E, $\lambda_F$ *est une bijection de* T(E) *sur elle-même.*

En effet, $\lambda_F \circ \lambda_G$ possède les propriétés caractéristiques (7) et (8) de $\lambda_{F+G}$ : on a $(\lambda_F \circ \lambda_G)(1) = 1$, et

$$\begin{aligned}\lambda_F \circ \lambda_G \circ e_x &= \lambda_F \circ (e_x + i_x^G) \circ \lambda_G = (e_x + i_x^G + i_x^F) \circ \lambda_F \circ \lambda_G\\ &= (e_x + i_x^{F+G}) \circ \lambda_F \circ \lambda_G.\end{aligned}$$

D'autre part, si $F = 0$, on a $i_x^F = 0$ pour tout $x \in E$, et par suite $\lambda_F = I$, ce qui entraîne que, pour toute F, on a $\lambda_F \circ \lambda_{-F} = \lambda_{-F} \circ \lambda_F = I$.

### *3. Base de l'algèbre de Clifford.*

Proposition 3. — *Soient* Q *et* Q′ *deux formes quadratiques et* F *une forme bilinéaire sur* E *telles que* $Q'(x) = Q(x) + F(x, x)$ *pour tout* $x \in E$. *L'application* $\lambda_F$ *applique l'idéal* I(Q′) *sur l'idéal* I(Q), *et définit un isomorphisme (noté* $\overline{\lambda_F}$*) du* A*-module* C(Q′) *sur le* A*-module* C(Q).

Comme $\lambda_F$ est une bijection dont $\lambda_{-F}$ est la bijection réciproque (lemme 3), il suffit de démontrer l'inclusion $\lambda_F(I(Q')) \subset I(Q)$. Comme I(Q) est un idéal à gauche stable par $i_x^F$ (lemme 1), (8) montre que l'ensemble des $u \in T(E)$ tels que $\lambda_F(u) \in I(Q)$ est un idéal à gauche. Il suffit donc de démontrer que, quels que soient $u \in T(E)$ et $x \in E$, on a $\lambda_F(x \otimes x \otimes u - Q'(x)u) \in I(Q)$. Or, d'après (8) et le lemme 1, on a

$$\lambda_F \circ e_x^2 = (e_x + i_x^F)^2 \circ \lambda_F = (e_x^2 + F(x, x)) \circ \lambda_F,$$

d'où

$$\begin{aligned}\lambda_F(x \otimes x \otimes u - Q'(x)u) &= (e_x^2 + F(x, x) - Q'(x)) \circ \lambda_F(u) \\ &= (x \otimes x - Q(x)) \otimes \lambda_F(u) \in I(Q).\end{aligned}$$

*Lemme* 4. — *Si la forme quadratique* Q *est nulle,* C(Q) *n'est autre que l'algèbre extérieure de* E.

En effet l'algèbre extérieure de E n'est autre que le quotient de T(E) par l'idéal bilatère J engendré par les éléments de la forme $a \otimes v \otimes a$ ($a \in E$, $v \in T(E)$) (chap. III, § 5, n° 5 et n° 9). Il est clair que $I(Q) \subset J$. Il suffit donc de montrer que $a \otimes v \otimes a \in I(Q)$. C'est évident si $v \in T^0$. Supposons cette assertion démontrée pour $v \in \sum_{h=0}^{n-1} T^h$, et soient $x \in E$ et $u \in T^{n-1}$ ; on a

$$\begin{aligned}a \otimes x \otimes u \otimes a = (a + x) \otimes (a + x) \otimes u \otimes a \\ - a \otimes a \otimes u \otimes a - x \otimes a \otimes u \otimes a - x \otimes x \otimes u \otimes a\end{aligned}$$

et les quatre termes du second membre appartiennent à I(Q).

Supposons en particulier que le module E admette une *base* $(x_i)_{i \in L}$, et ordonnons totalement l'ensemble d'indices L. On sait (chap. III, § 5, n° 6) que l'algèbre extérieure de E admet comme base la famille formée des éléments $x_H$, où H parcourt l'ensemble des parties finies de L et où $x_H$ est l'élément $x_{h_1} \wedge \ldots \wedge x_{h_q}$, $(h_1, \ldots, h_q)$ désignant la suite strictement croissante des éléments de H.

D'autre part, considérons la forme bilinéaire F définie par $F(x_i, x_j) = -\Phi(x_i, x_j)$ si $i > j$, $F(x_i, x_j) = 0$ si $i < j$ et $F(x_i, x_i) = -Q(x_i)$. Il est clair que $Q(x) + F(x, x) = 0$ ; avec les notations de la prop. 3, il résulte de cette proposition et du lemme 4 que $\bar{\lambda}_F$ est un isomorphisme de $\bigwedge E$ sur C(Q), qui est donc un A-module libre. Démontrons, par récurrence sur le nombre d'éléments de H, que l'on a

$$(11) \qquad \bar{\lambda}_F(x_H) = \rho(x_{h_1}) \ldots \rho(x_{h_q})$$

(où $(h_1, \ldots, h_q)$ est la suite strictement croissante des éléments de H). C'est évident si H a 0 ou 1 élément. Supposons (11) vérifiée pour les parties ayant au plus $q-1$ éléments. Considérons une partie H à $q$ éléments, notons $j$ son plus petit élément, et écrivons $H = \{j\} \cup K$, où K est une partie à $q-1$ éléments. On a, d'après (8) et l'hypothèse de récurrence

$$\bar{\lambda}_F(x_H) = \bar{\lambda}_F(x_j \wedge x_K) = \rho(x_j)\bar{\lambda}_F(x_K) + i^F_{x_j}(\bar{\lambda}_F(x_K)) = x'_H + i^F_{x_j}(x'_K),$$

en posant, pour toute partie finie J de L, $x'_J = \rho(x_{j_1}) \ldots \rho(x_{j_s})$, où $(j_1, \ldots, j_s)$ est la suite croissante des éléments de J. Or, pour $i \in K$, $x_i$ appartient au noyau de la forme linéaire $y \to F(x_j, y)$, donc $i^F_{x_j}(x'_K) = 0$ (lemme 1). Ceci démontre le résultat cherché.

Nous avons donc démontré le théorème suivant :

THÉORÈME 1. — *Supposons que le* A-*module* E *admette une base* $(x_i)_{i \in L}$, *l'ensemble d'indices* L *étant muni d'une structure d'ordre total. Pour toute partie finie* H *de* L, *posons* $x_H = \rho(x_{h_1})\rho(x_{h_2}) \ldots \rho(x_{h_q})$, *où* $(h_1, \ldots, h_q)$ *est la suite strictement croissante des éléments de* H. *Alors les éléments* $x_H$ *forment une base du* A-*module* C(Q).

COROLLAIRE 1. — *Si* E *est un module libre de dimension* $n$, C(Q) *est un module libre de dimension* $2^n$ ; *de plus, si* $n > 0$, $C^+$ *et* $C^-$ *sont des modules libres de dimension* $2^{n-1}$.

Ceci résulte aussitôt des propriétés des coefficients binômiaux.

COROLLAIRE 2. — *Si* E *est un module libre, l'application canonique* $\rho$ *de* E *dans* C(Q) *et l'application* $a \to a.1$ *de* A *dans* C(Q) *sont injectives.*

COROLLAIRE 3. — *Supposons que* E *soit somme directe de deux sous-modules libres* $E_1$ *et* $E_2$. *Soient* $Q_i$ *la restriction de* Q *à* $E_i$ *et* $p_i$ *l'application canonique de* $C(Q_i)$ *dans* C(Q) $(i = 1, 2)$. *Alors l'appli-*

*cation linéaire p de* $C(Q_1) \otimes C(Q_2)$ *dans* C(Q) *déduite de l'application bilinéaire* $(a, b) \to p_1(a)p_2(b)$ *de* $C(Q_1) \times C(Q_2)$ *dans* C(Q) *est une bijection.*

Il suffit en effet de considérer la base de E obtenue en prenant la réunion d'une base de $E_1$ et d'une base de $E_2$.

COROLLAIRE 4. — *Les hypothèses et notations étant celles du cor.* 3, *supposons de plus que* $E_1$ *et* $E_2$ *soient orthogonaux, et transportons à* $C(Q_1) \otimes C(Q_2)$, *au moyen de la bijection p, la structure d'algèbre de* C(Q). *Si* $a_i$ *et* $b_i$ *sont des éléments pairs ou impairs de* $C(Q_i)$ $(i = 1, 2)$, *on a* $(a_1 \otimes a_2)(b_1 \otimes b_2) = \varepsilon(a_1b_1) \otimes (a_2b_2)$, *avec* $\varepsilon = 1$ *sauf si* $a_2$ *et* $b_1$ *sont impairs, auquel cas* $\varepsilon = -1$.

Il suffit en effet de démontrer que $p_2(a_2)p_1(b_1) = \varepsilon p_1(b_1)p_2(a_2)$, et on peut, pour cela, supposer que $p_2(a_2)$ (resp. $p_1(b_1)$) est un produit $x_1 \ldots x_h$ (resp. $y_1 \ldots y_k$) d'éléments de $\rho_Q(E_2)$ (resp. $\rho_Q(E_1)$). Comme $E_1$ et $E_2$ sont orthogonaux, on a

$$x_iy_j + y_jx_i = \Phi(x_i, y_j) = 0,$$

d'où

$$x_1 \ldots x_hy_1 \ldots y_k = (-1)^{hk}y_1 \ldots y_kx_1 \ldots x_h.$$

Les conclusions des cor. 3 et 4 restent vraies si on omet l'hypothèse que $E_1$ et $E_2$ sont des modules libres (cf. exerc. 1).

## 4. Structure de l'algèbre de Clifford.

Dans ce n°, nous supposerons que A est un *corps*, que E est un espace vectoriel de dimension *finie m* sur A, et que la forme quadratique Q est *non dégénérée* (ce qui, d'après le th. 1 du § 5, n° 1, exige que *m* soit pair si A est de caractéristique 2). Puisque E est libre, l'application canonique $\rho$ est injective (n° 3, cor. 2 du th. 1). Nous identifierons désormais E et son image dans C(Q).

THÉORÈME 2. — *Supposons que la dimension de* E *soit un nombre pair* $m = 2r$ *et que* Q *soit neutre* (§ 4, n° 2). *Alors l'algèbre* C(Q) *est séparable* (chap. VIII, § 7, n° 5, déf. 1) *et est isomorphe à l'algèbre des endomorphismes d'un espace vectoriel de dimension* $2^r$ *sur* A. *De plus si* $m > 0$, $C^+(Q)$ *est séparable et est composée directe de deux idéaux isomorphes à l'algèbre des endomorphismes d'un espace vectoriel de dimension* $2^{r-1}$ *sur* A.

En effet, comme Q est neutre, on peut décomposer E en somme directe de deux sous-espaces N et P totalement singuliers de dimensions $r$ (§ 4, n° 2, cor. 1 de la prop. 2). La restriction de Q à N étant nulle, la sous-algèbre S de C(Q) engendrée par N s'identifie à l'algèbre extérieure de N (n° 3, lemme 4). Pour $n \in \mathrm{N}$, nous noterons $e'_n$ l'application $t \rightarrow nt$ de S dans elle-même.

Soit $(n_1, \ldots, n_r)$ une base de N ; nous noterons $(p_1, \ldots, p_r)$ la base de P telle que $\Phi(n_i, p_j) = \delta_{ij}$ (§ 4, n° 2, prop. 2). Pour $p \in \mathrm{P}$, nous noterons $p'$ la forme linéaire $n \rightarrow \Phi(n, p)$ sur N, et $i_p$ l'endomorphisme de S déduit par passage au quotient de l'endomorphisme $i_{p'}$ de T(N) associé à $p'$ comme il a été dit au lemme 1 du n° 2. On a, d'après (5),

$$e'_n \circ i_p + i_p \circ e'_n = \Phi(n, p) \qquad (n \in \mathrm{N},\ p \in \mathrm{P}). \tag{12}$$

Posons, pour $x = n + p \in \mathrm{E}$ (avec $n \in \mathrm{N}$ et $p \in \mathrm{P}$), $s(x) = e'_n + i_p$. Il est clair que $s$ est une application linéaire de E dans $\mathcal{L}(\mathrm{S})$. Comme on a

$$s(x)^2 = (e'_n + i_p)^2 = \mathrm{Q}(n) + \Phi(n, p) = \mathrm{Q}(x)$$

en vertu de (12) et du lemme 1 (n° 2), $s$ se prolonge en un homomorphisme (que nous noterons encore $s$) de C(Q) dans $\mathcal{L}(\mathrm{S})$ (n° 1, prop. 1). Nous allons montrer que cet homomorphisme est surjectif, ce qui, puisque C(Q) et $\mathcal{L}(\mathrm{S})$ sont toutes deux de dimension $2^{2r}$, entraînera que $s$ est un isomorphisme et démontrera notre première assertion.

Notons en effet I l'intervalle $[1, r]$. Pour toute partie H de I, nous poserons $\mathrm{H}' = \mathrm{I} - \mathrm{H}$ et nous désignerons par $n_{\mathrm{H}}$ (resp. $p_{\mathrm{H}}$) le produit des $n_i$ (resp. $p_i$) pour $i \in \mathrm{H}$, rangés dans l'ordre croissant des indices. Rappelons que les $n_{\mathrm{H}}$ forment une base de S (n° 3, th. 1). Posons enfin, pour deux parties quelconques H, K de I, $x_{\mathrm{H,K}} = n_{\mathrm{H}} p_{\mathrm{I}} n_{\mathrm{K}'}$. Nous allons montrer que les éléments $s(x_{\mathrm{H,K}})$ de $s(\mathrm{C}(\mathrm{Q}))$ engendrent $\mathcal{L}(\mathrm{S})$. Or, si $j \notin \mathrm{H}$, on a $s(p_j)(n_{\mathrm{H}}) = i_{p_j}(n_{\mathrm{H}}) = 0$ d'après le lemme 1, puisque les $n_i$ pour $i \in \mathrm{H}$ appartiennent au noyau de la forme linéaire $n \rightarrow \Phi(n, p_j)$ sur N ; d'autre part on a

$$s(p_j)(n_j n_{\mathrm{H}}) = (i_{p_j} \circ e'_{n_j})(n_{\mathrm{H}}) = \Phi(p_j, n_j) n_{\mathrm{H}} - n_j . s(p_j)(n_{\mathrm{H}}) = n_{\mathrm{H}}$$

(d'après (12)). Comme $s$ est un homomorphisme, on en déduit, pour deux parties quelconques H, K de I, que $s(p_{\mathrm{K}})(n_{\mathrm{H}}) = 0$ si $\mathrm{K} \not\subset \mathrm{H}$, et que $s(p_K)(n_H) = \pm n_{H-K}$ si $K \subset H$. Comme, pour $M \subset I$ et $L \subset I$, on a par définition $s(n_M)(n_L) = n_M n_L$, et que $n_M n_L$ est nul si $M \cap L \neq \emptyset$ et est égal à $\pm n_{M \cup L}$ dans le cas contraire, on conclut de ce qui précède que, pour des parties quelconques H, K, L de I, $s(x_{H,K})(n_L) = s(n_H)s(p_I)s(n_{K'})(n_L)$ est nul si $K \neq L$ et est égal à $\pm n_H$ si $K = L$. Ceci montre que les $s(x_{H,K})$ engendrent $\mathcal{L}(S)$ et termine la démonstration de la première assertion.

Pour démontrer la seconde assertion, posons $S^+ = S \cap C^+$ et $S^- = S \cap C^-$ ; il est clair que $S^+$ (resp. $S^-$) est le sous-espace de S engendré par les $n_H$ tels que H ait un nombre pair (resp. impair) d'éléments, que S est somme directe de $S^+$ et $S^-$, et que $s(C^+)$ laisse $S^+$ et $S^-$ stables. Par suite $s$ applique $C^+$ dans une sous-algèbre de $\mathcal{L}(S)$, isomorphe au produit $\mathcal{L}(S^+) \times \mathcal{L}(S^-)$ ; la restriction de $s$ à $C^+$ est un isomorphisme de $C^+$ sur cette sous-algèbre, puisque $s$ est injective et que $C^+$ et $\mathcal{L}(S^+) \times \mathcal{L}(S^-)$ sont toutes deux de dimension $2^{2r-1}$ (n° 2, cor. 1 du th. 1). CQFD.

Corollaire. — *Si $m$ est pair, mais Q d'indice quelconque, l'algèbre* C(Q) *est une algèbre centrale simple de dimension* $2^m$. *De plus, si $m > 0$, la sous-algèbre* $C^+(Q)$ *est séparable, et son centre* Z *est de dimension* 2 *sur* A. *Lorsque* Z *est un corps,* Z *est une extension quadratique séparable de* A *et* $C^+(Q)$ *est simple ; sinon,* Z *est composé direct de deux corps isomorphes à* A, *et* $C^+(Q)$ *est alors composée directe de deux sous-algèbres simples de dimensions* $2^{m-2}$.

En effet, soient A′ la clôture algébrique de A, et Q′ la forme quadratique sur $E' = A' \otimes_A E$ déduite de Q par extension des scalaires. On a vu que C(Q′) est isomorphe à $A' \otimes_A C(Q)$ (prop. 2), et il est clair que $C^+(Q')$ est isomorphe à $A' \otimes_A C^+(Q)$. Comme Q′ est neutre (§ 4, n° 2, cor. 2 de la prop. 3), le corollaire est une conséquence immédiate du th. 2 et des théorèmes de permanence du chap. VIII, § 7.

*Remarques.* — 1) Comme l'algèbre C(Q) est simple, elle n'a qu'une seule classe de représentations irréductibles ; on les appelle les *représentations spinorielles* ; quand on fixe son attention sur une de ces représentations, soit $\tau$, les éléments de l'espace où s'effectue $\tau$ répondent au nom de *spineurs*. Si Q est neutre, la restriction de $\tau$ à $C^+(Q)$ est, comme celle de $s$, somme de deux représentations absolument irréductibles inéquivalentes; les éléments des sous-espaces où s'effectuent ces deux représentations sont appelés *semi-spineurs*. Dans le cas général, si $C^+(Q)$ n'est pas simple, la restriction de $\tau$ à $C^+(Q)$ doit, puisqu'elle est fidèle, contenir des sous-représentations appartenant à chacune des deux classes de représentations irréductibles de $C^+(Q)$, donc est somme de deux représentations absolument irréductibles inéquivalentes, puisqu'il en est ainsi après extension des scalaires à la clôture algébrique A′ de A. Par contre, si $C^+(Q)$ est simple, elle n'a qu'une seule classe de représentations irréductibles, et la restriction de $\tau$ à $C^+(Q)$ est donc irréductible, puisqu'elle se décompose par extension des scalaires à A′ en deux représentations non équivalentes.

2) Supposons A de caractéristique $\neq 2$, et soit $(x_1, \ldots, x_m)$ $(m = 2r)$ une base orthogonale de E. Posons

$$z = 2^r x_1 \ldots x_m \in C(Q) ;$$

comme $x_i x_j + x_j x_i = 0$ pour $i \neq j$, on a $zx_j = -x_j z$, ce qui entraîne que $z$ appartient au centre Z de $C^+(Q)$ sans appartenir à A. On a

$$z^2 = 2^{2r}(-1)^r Q(x_1) \ldots Q(x_m) = (-1)^r D$$

en désignant par D le discriminant de $\Phi$ par rapport à la base $(x_j)$ (cf. exerc. 9).

Théorème 3. — *Supposons que la dimension de* E *soit un nombre impair* $m = 2r + 1$ (*donc que* A *soit de caractéristique* $\neq 2$).

a) *L'algèbre* $C^+(Q)$ *est centrale simple. Si* Q *est d'indice maximum* $r$, $C^+(Q)$ *est isomorphe à l'algèbre des endomorphismes d'un espace vectoriel de dimension* $2^r$ *sur* A.

b) *L'algèbre* C(Q) *est séparable. Son centre* Z *est de dimension* 2, *et* C(Q) *est isomorphe à* $Z \otimes_A C^+(Q)$, *donc est simple ou composée directe de deux sous-algèbres simples.*

Soient en effet $x_0$ un vecteur non isotrope de E, et F l'orthogonal de $x_0$ ; notons $Q_1$ la forme quadratique $y \to -Q(x_0)Q(y)$ sur F ; il est clair que $Q_1$ est non dégénérée. Comme $x_0 y = -y x_0$ (pour $y \in F$), on a $(x_0 y)^2 = -Q(x_0)Q(y) = Q_1(y)$, et par suite l'application $y \to x_0 y$ de F dans $C^+(Q)$ se prolonge en un homomorphisme $h$ de $C(Q_1)$ dans $C^+(Q)$ (n° 1, prop. 1). Or $C(Q_1)$ est simple (th. 2) et a même dimension $2^{2r}$ que $C^+(Q)$ ; ceci entraîne, puisque $h(1) = 1$, que $h$ est un isomorphisme. De plus, si Q est d'indice $r$, on peut choisir $x_0$ de telle sorte que $Q_1$ soit aussi d'indice $r$ (§ 4, nº 2, prop. 3), ce qui démontre *a*).

Soit maintenant $(x_1, \ldots, x_{2r})$ une base orthogonale de F ; posons $z = x_0 x_1 \ldots x_{2r}$. On vérifie immédiatement que $z$ commute avec $x_j$ pour $j = 0, \ldots, 2r$, donc appartient au centre de C(Q). Soit Z le sous-espace de C(Q) engendré par 1 et $z$ ; c'est une sous-algèbre du centre de C(Q) et une extension quadratique de A, car $z$ est impair et $z^2$ est égal au scalaire $(-1)^r Q(x_0) \ldots Q(x_{2r})$. Considérons l'homomorphisme $\theta$ de $Z \otimes_A C^+(Q)$ dans C(Q) défini par $\theta(u \otimes v) = uv$. Comme $z \in C^-$ et est inversible, l'application $u \to zu$ est un isomorphisme du module $C^+$ sur $C^-$, ce qui entraîne que $\theta(Z \otimes C^+)$ contient $C^+$ et $C^-$, donc coïncide avec C(Q). Comme $Z \otimes C^+$ et C(Q) ont même dimension $2^{2r+1}$, $\theta$ est un isomorphisme ; ceci démontre *b*), compte tenu des résultats du chap. VIII, § 7.

*Remarque.* — Le discriminant D de $\Phi$ par rapport à la base $(x_j)_{(j=0,\ldots,2r)}$ est égal à $2^{2r+1} Q(x_0) \ldots Q(x_{2r})$. Par suite Z est engendré par 1 et par l'élément impair $z' = 2^{r+1} z$ tel que $z'^2 = (-1)^r 2D$. L'algèbre C(Q) est donc simple si et seulement si $2(-1)^r D$ n'est pas un carré dans A.

### 5. *Groupe de Clifford.*

On suppose, dans ce nº, que A est un *corps*, que E est de dimension *finie m*, et que Q est *non dégénérée.* On identifie E avec son image canonique dans C(Q).

DÉFINITION 2. — *On appelle groupe de Clifford de* Q (resp. *groupe de Clifford spécial de* Q), *le groupe multiplicatif des éléments inversibles s de* C(Q) (resp. $C^+(Q)$) *tels que* $sEs^{-1} = E$.

Dans ce nº nous noterons G et $G^+$ le groupe de Clifford et le groupe de Clifford spécial de Q. Il est clair que l'on a $G^+ = G \cap C^+(Q)$.

THÉORÈME 4. — *Posons, pour* $s \in G$ *et* $x \in E$, $\varphi(s).x = sxs^{-1}$.

a) *L'application* $\varphi$ *est un homomorphisme de* G *dans le groupe orthogonal* **O**(Q) *de* Q *et son noyau est l'ensemble des éléments inversibles du centre* Z *de* C(Q).

b) *L'ensemble* $E \cap G$ *est l'ensemble des vecteurs non singuliers de* E ; *pour* $x \in E \cap G$, $-\varphi(x)$ *est la symétrie par rapport à l'hyperplan orthogonal à* $x$.

c) *Si* dim(E) *est paire, on a* $\varphi(G) = \mathbf{O}(Q)$, $\varphi(G^+)$ *est d'indice* 2 *dans* **O**(Q) *si* $E \neq \{0\}$, *et est égal à* **SO**(Q) *si* A *est de caractéristique* $\neq 2$.

d) *Si* dim(E) *est impaire (ce qui entraîne que* A *est de caractéristique* $\neq 2$), *on a* $\varphi(G) = \varphi(G^+) = \mathbf{SO}(Q)$.

On a en effet $Q(sxs^{-1}) = (sxs^{-1})^2 = sx^2s^{-1} = Q(x)$ pour $s \in G$ et $x \in E$, ce qui montre que $\varphi(s) \in \mathbf{O}(Q)$. Pour que $\varphi(s) = 1$, il faut et il suffit que $s$ commute avec les éléments de E, c'est-à-dire appartienne au centre Z de C(Q). Ceci démontre *a*).

Pour qu'un élément $x$ de E appartienne à G, il faut qu'il soit inversible, c'est-à-dire que ce soit un vecteur non singulier (puisque $x^2 = Q(x)$). S'il en est ainsi, on a $x^{-1} = Q(x)^{-1}x$, d'où, pour tout $y \in E$,

$$xyx^{-1} = Q(x)^{-1}xyx = Q(x)^{-1}x(\Phi(x, y) - xy) = -(y - \Phi(x, y)Q(x)^{-1}x) ;$$

ceci démontre *b*) (§ 6, n° 4).

*Lemme* 5. — *Tout élément* $s$ *de* G *est de la forme* $zs'$, *où* $z$ *est un élément inversible de* Z *et* $s'$ *appartient à* $G \cap C^+(Q)$ *ou à* $G \cap C^-(Q)$ ; *le sous-groupe* $G^+$ *est d'indice* 2 *dans* G *lorsque* $E \neq \{0\}$.

La seconde assertion résulte évidemment de la première, puisque les vecteurs non singuliers appartiennent à $G \cap C^-(Q)$. Supposons d'abord dim (E) paire, et soit $s = t' + t''$, avec $t' \in C^+(Q)$ et $t'' \in C^-(Q)$ ; on a par définition $sx = (\varphi(s).x)s$ pour tout $x \in E$ ; comme $t'x$ et $(\varphi(s).x)t'$ (resp. $t''x$ et $(\varphi(s).x)t''$) sont des éléments impairs (resp. pairs), on a $t'x = (\varphi(s).x)t'$, d'où $s^{-1}t'x = xs^{-1}t'$ pour tout $x \in E$. On en conclut que $s^{-1}t' \in Z$ et comme dim (E) est paire, $Z = A$ (n° 4, cor. du th. 2), donc $t' = as$, où $a \in A$. Si $a \neq 0$, on a donc $s = a^{-1}t'$ et $t' \in G \cap C^+(Q)$ ; si $a = 0$, $s = t'' \in G \cap C^-(Q)$ et le lemme est démontré dans ce cas. Si dim (E) est impaire, A est de caractéristique $\neq 2$, donc pour tout $s \in G$, $\varphi(s)$ est un produit de symétries par rapport à des vecteurs non singuliers $x_i$ ($i = 1, 2, \ldots, h$) (§ 6, nº 4, prop. 5) ; si on pose $s' = x_1 x_2 \ldots x_h$, on a $\varphi(s) = \varphi(s')$, donc $s = zs'$, où $z \in Z$, et $s'$ appartient à $C^+(Q)$ ou à $C^-(Q)$ suivant que $h$ est pair ou impair.

Supposons dim(E) paire. Comme tout élément $u$ de $\mathbf{O}(Q)$ se prolonge d'une manière et d'une seule en un automorphisme $\bar{u}$ de C(Q) (prop. 1), et comme C(Q) est centrale simple (th. 2), $\bar{u}$ est un automorphisme intérieur (chap. VIII, § 10, nº 1, th. 1). Il existe donc un élément $s$ de G tel que $\varphi(s) = u$. D'autre part le centre de C(Q) est contenu dans $C^+$, ce qui entraîne que $\varphi(G)/\varphi(G^+)$ est isomorphe à $G/G^+$, donc que $\varphi(G^+)$ est d'indice 2 dans $\varphi(G) = \mathbf{O}(Q)$ si $E \neq \{0\}$. Ceci démontre les deux premières assertions de $c$).

Supposons enfin que A soit de caractéristique $\neq 2$. Alors tout élément $u$ de $\mathbf{O}(Q)$ est un produit de symétries par rapport à des hyperplans orthogonaux à des vecteurs non singuliers $x_i$ ($i = 1, \ldots, h$) (§ 6, nº 4, prop. 5) ; on a par suite $u = (-1)^h \varphi(x_1 \ldots x_h)$ et $\det(u) = (-1)^h$. Pour que $u$ appartienne à $\mathbf{SO}(Q)$, il faut et il suffit que $h$ soit pair, ce qui montre que $\varphi(G^+) \supset \mathbf{SO}(Q)$. Comme $\mathbf{SO}(Q)$ est d'indice 2 dans $\mathbf{O}(Q)$ lorsque $E \neq \{0\}$, on a $\varphi(G^+) = \mathbf{SO}(Q)$ si E est de dimension *paire*, ce qui termine la démonstration de $c$). Par contre, si la dimension de E est *impaire*, $\varphi(G)$ ne contient pas la transformation orthogonale $x \to -x$ ; en effet celle-ci se prolonge en l'automorphisme principal $\alpha$ de C(Q) (nº 1), et $\alpha$ n'est pas un automorphisme intérieur puisque le centre Z de C(Q) contient un élément non nul de $C^-(Q)$ (th. 3). On a donc $\varphi(G) \neq \mathbf{O}(Q)$, et, comme $\varphi(G) \supset \varphi(G^+) \supset \mathbf{SO}(Q)$ et que $\mathbf{SO}(Q)$ est d'indice 2 dans $\mathbf{O}(Q)$, on a $\varphi(G) = \varphi(G^+) = \mathbf{SO}(Q)$. Ceci démontre $d$). CQFD.

Le sous-groupe $\varphi(G^+)$ de $\mathbf{O}(Q)$, qui est d'indice 2 si $E \neq \{0\}$, s'appelle le *groupe des rotations* de E, et ses éléments prennent le nom de *rotations* ; on le note $\mathbf{O}^+(Q)$. Remarquons que, si A n'est pas de caractéristique 2, on a $\mathbf{O}^+(Q) = \mathbf{SO}(Q)$ (cf. exerc. 9).

Proposition 4. — *Soit* $\beta$ *l'antiautomorphisme principal de* C(Q) (nº 1). *Pour tout* $s \in G^+$, $\beta(s)s$ *est un scalaire. L'application* $N : s \to \beta(s)s$ *est un homomorphisme de* $G^+$ *dans le groupe multiplicatif* $A^*$ *des éléments non nuls de* A.

En effet, pour $s \in G^+$, on a $sEs^{-1} = E$, d'où $\beta(s)^{-1}E\beta(s) = E$, ce qui montre que $\beta(s) \in G^+$. Comme $sx = (\varphi(s).x)s$ pour tout $x \in E$, on a $x\beta(s) = \beta(sx) = \beta(s)(\varphi(s).x)$, et par suite $\beta(s)sx = \beta(s)(\varphi(s).x)s = x\beta(s)s$, ce qui entraîne que $\beta(s)s$ appartient au centre de C(Q). Comme, de plus, $\beta(s)s$ appartient à $C^+(Q)$, $\beta(s)s$ est un scalaire (th. 2 et 3). Enfin on a $\beta(st)st = \beta(t)\beta(s)st = \beta(s)s\beta(t)t$, c'est-à-dire $N(st) = N(s)N(t)$ pour $s$, $t$ dans $G^+$. CQFD.

Le scalaire $N(s) = \beta(s)s$ ($s \in G^+$) s'appelle la *norme spinorielle* de $s$. On désigne par $G_0^+$ et on appelle *groupe de Clifford réduit* le noyau de l'homomorphisme N. L'image $\varphi(G_0^+)$ est notée $\mathbf{O}_0^+(Q)$ et s'appelle le *groupe orthogonal réduit* de Q. Comme le noyau de la restriction de $\varphi$ à $G^+$ est l'ensemble des éléments pairs et inversibles du centre de C(Q) (th. 4) et s'identifie donc à $A^*$ (th. 2 et 3), $\varphi(G^+)/\mathbf{O}_0^+(Q)$ est isomorphe à $G^+/A^*G_0^+$, donc aussi à $N(G^+)/N(A^*)$, et en particulier *commutatif*. Il est clair que $N(A^*)$ est le sous-groupe $(A^*)^2$ des carrés d'éléments de $A^*$. Si Q est d'indice $> 0$, il existe, quel que soit $a \in A^*$, deux éléments $x$ et $y$ de E tels que $Q(x) = a$ et $Q(y) = 1$ (§ 4, n° 2, prop. 4) ; comme $xy \in G^+$ et que $N(xy) = Q(x)Q(y) = a$, ceci montre que $N(G^+) = A^*$, donc que $\varphi(G^+)/\mathbf{O}_0^+(Q)$ est isomorphe à $A^*/(A^*)^2$.

*Exercices.* — ¶ 1) Démontrer les cor. 3 et 4 du th. 1 du n° 3 lorsque $E_1$ et $E_2$ sont deux sous-modules supplémentaires quelconques dans E. (Établir d'abord le cor. 4 : montrer pour cela que le produit tensoriel $C(Q_1) \otimes C(Q_2)$ est muni d'une structure d'algèbre par la convention de signe faite dans l'énoncé du cor. 4, et que cette algèbre S est solution du même problème d'application universelle que C(Q) ; on considérera pour cela, pour toute application linéaire $f$ de E dans une algèbre D sur A telle que $(f(x))^2 = Q(x).1$, l'homomorphisme $\bar{f}_i$ de $C(Q_i)$ dans D tel que $\bar{f}_i(1) = 1$, $\bar{f}_i(\rho_{Q_i}(x_i)) = f(x_i)$ pour $x_i \in E_i$ ($i = 1, 2$) et on prouvera qu'il existe un homomorphisme $\bar{f}$ de l'algèbre S dans D tel que

$$\bar{f}(z_1 \otimes z_2) = \bar{f}_1(z_1)\bar{f}_2(z_2)$$

pour $z_i \in C(Q_i)$ ($i = 1, 2$). Pour démontrer ensuite le cor. 3, considérer la forme quadratique Q' somme directe externe de $Q_1$ et $Q_2$ (§ 3, n° 4), et remarquer que l'on a $Q'(x) = Q(x) + F(x, x)$, F étant la forme bilinéaire définie par $F(x_1 + x_2, y_1 + y_2) = -\Phi(x_1, y_2)$ pour $x_i$, $y_i$ dans $E_i$ ($i = 1, 2$) ; utiliser alors la prop. 3.)

¶ 2) On suppose que E soit somme directe de deux sous-modules orthogonaux $E_1$, $E_2$ et on désigne par $Q_i$ la restriction de Q à $E_i$ ($i = 1, 2$) ;

on suppose en outre qu'il existe $u \in C^+(Q_2)$ tel que $u^2 = a.1$, $a$ étant inversible dans A, et que $u\rho_{Q_2}(x_2) = -\rho_{Q_2}(x_2)$ pour tout $x_2 \in E_2$. Montrer qu'il existe un isomorphisme $\varphi$ de C(Q) sur le produit tensoriel $C(aQ_1) \otimes C(Q_2)$ (tel qu'il est défini dans le chap. III, § 3, nº 1), ayant la propriété que pour tout $x = x_1 + x_2$ ($x_i \in E_i$, $i = 1, 2$), on a

$$\varphi(\rho_Q(x)) = \rho_{aQ_1}(x_1) \otimes u^{-1} + 1 \otimes \rho_{Q_2}(x_2).$$

(Prouver l'existence de l'homomorphisme $\varphi$ comme conséquence de la propriété universelle de C(Q). D'autre part, il y a un homomorphisme $g_1$ de $C(aQ_1)$ dans C(Q) tel que $g_1(\rho_{aQ_1}(x_1)) = h_2(u)\rho_{Q_1}(x_1)$, en désignant par $h_2$ l'homomorphisme canonique de $C(Q_2)$ dans C(Q) ; remarquer alors que $g_1(z_1)$ et $h_2(z_2)$ sont permutables pour $z_1 \in C(aQ_1)$ et $z_2 \in C(Q_2)$, et en déduire l'existence d'un homomorphisme réciproque de $\varphi$.)

Dans quel cas ce résultat s'applique-t-il lorsque A est un corps de caractéristique $\neq 2$ (utiliser la *Remarque* 2 suivant le cor. du th. 2) ?

3) *a*) Avec les notations du nº 2, soient $x_i$ ($1 \leqslant i \leqslant n$) des éléments de E tels que $f(x_i) = 0$ ; montrer que l'on a $i_f(x_1 \otimes x_2 \otimes \cdots \otimes x_n) = 0$. En particulier, si F est une forme bilinéaire sur E telle que $F(x_i, x_j) = 0$ pour $i > j$, on a $i^F_{x_1}(x_2 \otimes x_3 \otimes \cdots \otimes x_n) = 0$.

*b*) Avec les notations de la prop. 3 du nº 3, soient $x_i$ ($1 \leqslant i \leqslant n$) des éléments de E tels que $F(x_i, x_j) = 0$ pour $i > j$. Montrer que l'on a $\bar{\lambda}_F(\rho_{Q'}(x_1)\ldots\rho_{Q'}(x_n)) = \rho_Q(x_1)\ldots\rho_Q(x_n)$ (utiliser *a*) et la formule (10) du nº 2).

*c*) On suppose que A est un corps de caractéristique $\neq 2$ ; pour toute forme quadratique Q sur E, soit $\mu_Q$ l'application $\bar{\lambda}_F$ de C(Q) sur $\bigwedge E$ correspondant à $F(x, y) = \frac{1}{2}\Phi(x, y)$. Montrer que si les vecteurs $x_i$ ($1 \leqslant i \leqslant n$) sont deux à deux orthogonaux, on a

$$\mu_Q(x_1 x_2 \ldots x_n) = x_1 \wedge x_2 \wedge \ldots \wedge x_n.$$

En déduire que si $y_i$ ($1 \leqslant i \leqslant n$) sont $n$ vecteurs quelconques, on a

$$n!\, \mu_Q^{-1}(y_1 \wedge y_2 \wedge \ldots \wedge y_n) = \sum_{\sigma \in \mathfrak{S}_n} \varepsilon_\sigma y_{\sigma(1)} y_{\sigma(2)} \cdots y_{\sigma(n)}.$$

4) Soit $C_h$ le sous-module de C(Q) engendré par les produits de $k$ éléments de $\rho_Q(E)$ pour $0 \leqslant k \leqslant h$. Montrer que l'application

$$(x_1, \ldots, x_h) \to \rho_Q(x_1) \ldots \rho_Q(x_h)$$

définit par passage aux quotients une application multilinéaire alternée de $E^h$ dans $C_h/C_{h-1}$. On en déduit une application linéaire $\pi_h$ de $\bigwedge^h E$ dans $C_h/C_{h-1}$ ; montrer que $\pi_h$ est un isomorphisme lorsque E est un module libre. Si $f$ est une transformation orthogonale, on a $C(f) \circ \pi_h = \pi_h \circ (\bigwedge^h f)$. Lorsque A est un corps de caractéristique $\neq 2$, montrer que $\pi_h$ est la restriction de l'application $\mu_Q^{-1}$ définie dans l'exerc. 3 *c*).

5) Avec les notations du n° 2, on considère l'application $i_f$ de $\bigwedge$E dans elle-même. Montrer que l'on a

$$i_f(x_1 \wedge \ldots \wedge x_h) = \sum_{i=1}^{h} (-1)^{i-1} f(x_i)(x_1 \wedge \ldots \wedge x_{i-1} \wedge x_{i+1} \wedge \ldots \wedge x_h)$$

et en déduire que $i_f$ n'est autre que le produit intérieur droit $z \to z \llcorner f$ (chap. III, § 8, n° 4, déf. 2).

6) Montrer que, si E admet une base orthogonale $(e_1, e_2)$ pour Q, et si on pose $\alpha_i = \mathrm{Q}(e_i)$ $(i = 1, 2)$, l'algèbre C(Q) est isomorphe à l'algèbre des quaternions sur A correspondant au couple $(\alpha_1, \alpha_2)$.

7) Soient A un corps ordonné maximal, E un espace vectoriel de dimension paire $2r$ sur A, Q une forme quadratique non dégénérée sur E, positive ou négative. Montrer que, si Q est positive, C(Q) est isomorphe à une algèbre de matrices sur A lorsque $r(r-1)/2$ est pair, à une algèbre de matrices sur le corps des quaternions sur A lorsque $r(r-1)/2$ est impair. Si Q est négative, C(Q) est isomorphe à une algèbre de matrices sur A lorsque $r(r+1)/2$ est pair, à une algèbre de matrices sur le corps des quaternions sur A lorsque $r(r+1)/2$ est impair (utiliser les exerc. 2 et 6). Quelle est la structure de $\mathrm{C}^+(\mathrm{Q})$ dans ces différents cas ?

8) Soient A l'anneau $\mathbf{Z}/(4)$, E le A-module $\mathbf{Z}/(2)$ ; si on pose $\mathrm{Q}(0) = 0$, $\mathrm{Q}(u) = 1$ pour l'unique élément $u \neq 0$ de E, Q est une forme quadratique sur E. Montrer que les A-modules C(Q) et $\bigwedge$E ne sont pas isomorphes (on prouvera que C(Q) est isomorphe à la somme directe de deux modules isomorphes à E).

¶ 9) On suppose que A est un corps de caractéristique 2, E un espace vectoriel de dimension finie paire $2r$, Q une forme quadratique non dégénérée sur E.

*a*) Soit $(e_i)$ une base symplectique (§ 5, n° 1) de E pour la forme bilinéaire alternée $\Phi$ associée à Q. Montrer que l'élément

$$z = e_1e_2 + e_3e_4 + \cdots + e_{2r-1}e_{2r}$$

de $\mathrm{C}^+(\mathrm{Q})$ forme, avec l'élément unité, une base du centre Z de $\mathrm{C}^+(\mathrm{Q})$. Pour que Z soit somme directe de deux corps, il faut et il suffit que l'élément

$$\Delta(\mathrm{Q}) = \mathrm{Q}(e_1)\mathrm{Q}(e_2) + \mathrm{Q}(e_3)\mathrm{Q}(e_4) + \cdots + \mathrm{Q}(e_{2r-1})\mathrm{Q}(e_{2r})$$

(appelé *pseudo-discriminant* de Q par rapport à la base symplectique $(e_i)$) soit de la forme $\lambda^2 + \lambda$, avec $\lambda \in \mathrm{A}$.

*b*) Soit $u$ une similitude pour $\Phi$ (§6, n° 5) de multiplicateur $\mu(u)$, et soit $\mathrm{Q}_1(x) = \mathrm{Q}(u(x))$. On pose

$$u(e_{2i-1}) = \sum_{j=1}^{r} a_{ij}e_{2j-1} + \sum_{j=1}^{r} b_{ij}e_{2j},$$

$$u(e_{2i}) = \sum_{j=1}^{r} c_{ij}e_{2j-1} + \sum_{j=1}^{r} d_{ij}e_{2j},$$

et $Q(e_{2i-1}) = \alpha_i$, $Q(e_{2i}) = \beta_i$ $(1 \leqslant i \leqslant r)$. Montrer que l'on a

$$\Delta(Q_1) = (\mu(u))^2\Delta(Q) + (D(u))^2 + \mu(u)D(u)$$

où

$$D(u) = \sum_{i,j}(\alpha_j a_{ij} c_{ij} + \beta_j b_{ij} d_{ij} + b_{ij} c_{ij})$$

(*invariant de Dickson* de $u$ par rapport à la base $(e_i)$). (Remarquer que l'élément

$$(\mu(u))^{-1}(u(e_1)u(e_2) + u(e_3)u(e_4) + \cdots + u(e_{2r-1})u(e_{2r}))$$

appartient à Z.) Pour que $u$ soit une similitude pour Q (§ 4, exerc. 9) de multiplicateur $\mu(u)$, il faut et il suffit que $D(u) = 0$ ou $D(u) = \mu(u)$; les similitudes pour Q telles que $D(u) = 0$ sont dites *directes*.

*c*) Montrer que, si $v$ est une similitude pour $\Phi$, $u$ une similitude pour Q, on a

$$D(uv) = \mu(v)D(u) + \mu(u)D(v)$$

(considérer l'invariant de Dickson de $v$ par rapport à la base symplectique formée des $u(e_{2i-1})$ et $(\mu(u))^{-1}u(e_{2i})$ pour $1 \leqslant i \leqslant r$). En déduire que les similitudes directes pour Q forment un sous-groupe distingué d'indice 2 dans le groupe des similitudes pour Q.

*d*) Si $u$ est la symétrie par rapport à l'hyperplan orthogonal à un vecteur non singulier dans E, montrer que $D(u) = 1$. En déduire que le groupe $\varphi(G^+)$ (notations du n° 5) est le groupe $\mathbf{SO}(Q)$ défini dans l'exerc. 28 *c*) du § 6.

*e*) Soit $u \in \mathbf{O}(Q)$, et supposons A algébriquement clos. Montrer que, pour que $u \in \mathbf{SO}(Q)$, il faut et il suffit que le nombre des diviseurs élémentaires du module $E_u$ soit *pair*. (Avec les notations de l'exerc. 15 du § 5, remarquer d'abord que si $p$, $q$ sont deux facteurs irréductibles distincts du polynôme minimal de $u$, le nombre des sous-modules indécomposables dont $G(p, q)$ est somme directe est égal au nombre des sous-modules indécomposables dont $G(q, p)$ est somme directe. Remarquer d'autre part que $G(p, p) = \{0\}$ sauf pour $p = X - 1$. Prouver enfin qu'on peut se borner au cas où $E_u$ est égal à $G(p, p)$ (avec $p = X - 1$) et est indécomposable. Il y a alors une base symplectique $(e_i)$ de E telle que $e_1, e_3 \ldots, e_{2k-1}$ forment une base de $(p(u))^{2r-k}(E)$ pour $1 \leqslant k \leqslant r$; montrer que $e_1, e_3, \ldots, e_{2r-3}$ sont des vecteurs singuliers, et conclure que $D(u) = 1$.)

¶ 10) On suppose que A est un corps, E un espace vectoriel de dimension finie, Q une forme quadratique *dégénérée* sur E; soient M un sous-espace supplémentaire de $E^0$ dans E, B l'algèbre de Clifford (semi-simple) de la restriction de Q à M.

*a*) On suppose d'abord A de caractéristique $\neq 2$. Soient L l'algèbre de Clifford de la restriction de Q à $E^0$ (isomorphe à $\bigwedge E^0$), $\mathfrak{R}_0$ son radical (idéal engendré dans L par $E^0$, et de codimension 1 dans L); montrer que le radical $\mathfrak{R}$ de C(Q) s'obtient (à une isomorphie près) en définissant la structure d'algèbre sur $B \otimes_A \mathfrak{R}_0$ comme dans le cor. 4 du th. 1, que $C(Q)/\mathfrak{R}$ est isomorphe à B et C(Q) est somme directe de B et de $\mathfrak{R}$.

*b*) On suppose A de caractéristique 2. Soit F le sous-espace de $E^0$ formé des vecteurs *singuliers* $x \in E^0$, et soit N un supplémentaire de F par rapport à $E^0$. Si $(a_i)_{1 \leqslant i \leqslant d}$ est une base de N, et $Q(a_i) = \alpha_i$, les éléments $\alpha_i^{1/2}$, dans une clôture algébrique de A, sont linéairement indépendants sur A. Soit $(\alpha_i^{1/2})_{1 \leqslant i \leqslant e}$ une 2-base du corps $A_1 = A(\alpha_1^{1/2}, \ldots, \alpha_d^{1/2})$ sur A (chap. V, § 8, exerc. 1), et soit $h = \dim F$. Si $B_1$ est l'algèbre centrale simple $B \otimes_A A_1$, montrer que C(Q) est isomorphe à l'algèbre $B_1 \otimes_{A_1} L_1$, où $L_1$ est l'algèbre extérieure d'un espace vectoriel de dimension $h + d - e$ sur $A_1$. Si $\mathfrak{N}_1$ est le radical de $L_1$ (de codimension 1 (sur $A_1$) dans $L_1$), le radical $\mathfrak{N}$ de C(Q) est isomorphe à l'algèbre $B_1 \otimes_{A_1} \mathfrak{N}_1$, $C(Q)/\mathfrak{N}$ est isomorphe à $B_1$, et C(Q) est somme directe de $B_1$ et de $\mathfrak{N}$.

*c*) Les hypothèses étant celles de *b*), on suppose en outre que $h = 0$, $d = 1$, $e = 0$ (ce qui implique que dim M est pair). Si $Q_0$ est la restriction de Q à M, montrer que $C^+(Q)$ est isomorphe à $C(Q_0)$.

¶ 11) *a*) Avec les hypothèses et notations du n° 5, montrer que $N(G^+)$ est le sous-groupe de $A^*$ engendré par les produits $Q(x)Q(y)$, où $x$ et $y$ parcourent l'ensemble des vecteurs non isotropes de E. (Se ramener au cas $A \neq \mathbf{F}_2$ ; utiliser la prop. 5 et l'exerc. 28 *c*) du § 6, ainsi que l'exerc. 9 *d*) du § 9.) Cas où Q est d'indice $\geqslant 1$.

*b*) On suppose en outre que $A \neq \mathbf{F}_2$, que E est de dimension $n \geqslant 2$ et que Q est d'indice $> 0$. Montrer que $\mathbf{O}_0^+(Q)$ est le groupe des commutateurs du groupe $\mathbf{O}(Q)$. (Se ramener au cas $n = 2$, en utilisant les exerc. 17 *c*) et 28 *e*) du § 6.)

*c*) On conserve les hypothèses de *b*), et on suppose en outre que A est de caractéristique $\neq 2$ et que E est de dimension paire. Pour que l'automorphisme $x \to -x$ de E appartienne à $\mathbf{O}_0^+(Q)$ il faut et il suffit que le discriminant de Q (par rapport à une base quelconque de E) soit un carré.

¶ 12) *a*) Soit $a$ un élément inversible de A ; montrer qu'il existe un isomorphisme et un seul $\theta_a$ de $C^+(Q)$ sur $C^+(aQ)$ tel que

$$\theta_a(\rho(x)\rho(y)) = a^{-1}\rho_1(x)\rho_1(y)$$

quels que soient $x$, $y$ dans E ($\rho$ et $\rho_1$ désignant les applications canoniques de E dans C(Q) et C($a$Q) respectivement). En déduire que si A est un corps de caractéristique $\neq 2$, E un espace vectoriel de dimension impaire et Q une forme quadratique non dégénérée, C(Q) et C($a$Q) sont isomorphes (cf. exerc. 7).

*b*) On suppose que A soit un corps, E un espace vectoriel de dimension paire $2r > 0$, Q une forme quadratique non dégénérée. Soit $u$ une similitude relative à Q ; montrer qu'il existe un A-automorphisme et un seul $\bar{u}$ de l'algèbre $C^+(Q)$ tel que pour $1 \leqslant h \leqslant r$ et $x_i \in E$ $(1 \leqslant i \leqslant 2h)$, on ait

$$\bar{u}(x_1 x_2 \ldots x_{2h}) = \mu^{-h} u(x_1) u(x_2) \ldots u(x_{2h})$$

où $\mu$ désigne le multiplicateur de $u$. Pour que $\bar{u}$ soit un automorphisme intérieur, il faut et il suffit que $u$ soit une similitude directe (§ 6, n° 5 et § 9, exerc. 9 *b*)). On suppose en outre $r \geqslant 2$; alors, pour que $\bar{u}$ soit l'identité, il faut et il suffit que $u$ soit une homothétie.

Montrer que l'automorphisme $\bar{u}$ de $C^+(Q)$ est la restriction à $C^+(Q)$ d'un automorphisme intérieur de $C(Q)$.

¶ 13) On suppose que A soit un corps de caractéristique $\neq 2$, E un espace vectoriel de dimension paire $2r > 0$, Q une forme quadratique non dégénérée. On désigne par $E_h$ l'image réciproque de $\bigwedge^h E$ par l'isomorphisme $\mu_Q$ de l'exerc. 3 *c*), de sorte que $E_h$ est le sous-espace de $C(Q)$ engendré par les produits $x_1x_2\ldots x_h$, où les $x_i$ $(1 \leqslant i \leqslant h)$ sont deux à deux orthogonaux.

*a*) Soient $\alpha$ un élément de A, $s$ un élément de $E_2$. Montrer que, si $(\alpha + s)^2 \in A$, ou bien $s = 0$, ou bien $\alpha = 0$ et $s = xy$, où $x$ et $y$ sont deux vecteurs orthogonaux. (Remarquer que si $t = \mu_Q(\alpha + s)$, $t \wedge t$ appartient nécessairement à $A + \bigwedge^2 E$, en exprimant $s$ à l'aide d'une base orthogonale de E ; en déduire qu'on a nécessairement $t = \beta + x \wedge y$ avec $\beta \in A$, $x$, $y$ dans E, en utilisant le § 5, nº 1, cor. 2 du th. 1).

*b*) Soient $(x, y)$, $(u, v)$ deux couples de vecteurs orthogonaux non isotropes dans E, $P_{xy}$ et $P_{uv}$ les plans $Ax + Ay$, $Au + Av$ respectivement. Pour que l'on ait $(xy)(uv) = -(uv)(xy)$ dans $C(Q)$, il faut et il suffit que $P_{xy} + P_{uv}$ soit un sous-espace non isotrope de dimension 3, dans lequel $P_{xy}$ et $P_{uv}$ sont faiblement orthogonaux (§ 3, exerc. 11).

*c*) Soit $g$ un A-automorphisme de $C^+(Q)$ transformant $E_2$ en lui-même ; montrer qu'il existe une similitude $u$ relative à Q telle que $g = \bar{u}$ (exerc. 12 *b*)). (Soit $(e_i)_{1 \leqslant i \leqslant 2r}$ une base orthogonale de E ; en utilisant *a*) et *b*), montrer qu'il existe une base orthogonale $(x_i)$ de E telle que $g(e_1e_i) = x_1x_i$ pour $2 \leqslant i \leqslant 2r$.)

14) On suppose que A est un corps de caractéristique $\neq 2$, E un espace vectoriel de dimension $n$ sur A, Q et $Q_1$ deux formes quadratiques non dégénérées sur E ; soit $\tilde{\Delta}$ (resp. $\tilde{\Delta}_1$) la classe du discriminant $\Delta$ de Q (resp. du discriminant $\Delta_1$ de $Q_1$) par rapport à une base de E, dans le groupe $A^*/(A^*)^2$, classe qui ne dépend pas de la base choisie dans E. On suppose $n = 2$.

*a*) Montrer que si $\tilde{\Delta} = \tilde{\Delta}_1$ et si les algèbres de Clifford $C(Q)$ et $C(Q_1)$ sont isomorphes, Q et $Q_1$ sont équivalentes (considérer sur $C(Q)$ la forme quadratique $z \to z\bar{z}$, où $z \to \bar{z}$ est l'unique antiautomorphisme involutif de $C(Q)$ dont l'ensemble des invariants soit le centre de $C(Q)$ (cf. exerc. 6 et chap. VIII, § 11, exerc. 5 *e*)) ; appliquer le th. de Witt).

*b*) Pour que $C(Q)$ soit isomorphe à l'algèbre de matrices $\mathbf{M}_2(A)$ il faut et il suffit que, pour un $x \neq 0$ au moins dans E, il existe $y$, $z$ dans E tels que $Q(x) + Q(y)Q(z) = 0$ ; s'il en est ainsi, cette propriété est vraie pour tout $x \neq 0$ dans E.

¶ 15) On garde les notations et hypothèses générales de l'exerc. 14, mais on suppose $n = 3$.

*a*) Montrer que $C^+(Q)$ est isomorphe à une algèbre de quaternions sur A et que $\beta$ est l'antiautomorphisme $z \to \bar{z}$ de cette algèbre dont l'ensemble des invariants est le centre de $C^+(Q)$ ; si P est le sous-espace de $C^+(Q)$ formé des quaternions *purs* (c'est-à-dire tels que $z = -\bar{z}$ ; chap. VIII, § 11, exerc. 6), la restriction à P de la forme quadratique $z \to z\bar{z}$ est équivalente à $\lambda Q$, où $\lambda \in A$. En déduire que, pour que $C^+(Q)$ soit un corps, il faut et il suffit que Q soit d'indice 0.

*b*) Montrer que si $\tilde{\Delta} = \tilde{\Delta}_1$ et si les algèbres de Clifford $C(Q)$ et $C(Q_1)$ sont isomorphes, Q et $Q_1$ sont équivalentes. (Considérer d'abord le cas où $-\Delta$ est un carré dans K, et montrer que dans ce cas $C^+(Q)$ et $C^+(Q_1)$ sont isomorphes ; raisonner ensuite comme dans l'exerc. 14 *a*), en utilisant *a*) et l'exerc. 6 du chap. VIII, § 11. Dans le cas général, utiliser l'exerc. 12 *a*)).

*c*) Montrer que le groupe de Clifford spécial $G^+$ (pour la forme Q) est identique au groupe des éléments inversibles de $C^+(Q)$. (Si $(e_1, e_2, e_3)$ est une base orthogonale de E, et si $j = e_1e_2e_3$ dans $C(Q)$, remarquer que $x \to xj$ est un isomorphisme d'espace vectoriel de E sur P).

*d*) Déduire de *a*) et *c*) que si Q est d'indice 1, le groupe des rotations $\mathbf{O}^+(Q)$ est isomorphe au groupe projectif $\mathbf{PGL}_2(A)$ (chap. II, 2e éd., App. III, n° 6).

¶ 16) On garde les hypothèses et notations générales de l'exerc. 14, mais on suppose $n = 4$.

*a*) Donner un exemple où $\tilde{\Delta} = \tilde{\Delta}_1$ et où $C(Q)$ et $C(Q_1)$ sont isomorphes, mais où Q et $Q_1$ ne sont pas équivalentes (cf. exerc. 7).

*b*) Soient $(e_i)_{1 \leqslant i \leqslant 4}$ une base orthogonale de E pour Q, $Q_0$ la restriction de Q à l'hyperplan $H = Ae_1 + Ae_2 + Ae_3$. Montrer que, si Z est le centre de $C^+(Q)$, l'algèbre $C^+(Q)$ est isomorphe au produit tensoriel $Z \otimes_A C^+(Q_0)$. Pour tout $z \in C^+(Q)$, on a $\beta(z)z \in Z$ ; pour que $z$ appartienne au groupe de Clifford spécial $G^+$, il faut et il suffit que $z$ soit inversible et que $\beta(z)z \in A.1$. En déduire que le groupe $\mathbf{O}_0^+(Q)$ est isomorphe au quotient par $\{1, -1\}$ du groupe des éléments $z \in Z \otimes_A C^+(Q_0)$ tels que $\beta(z)z = 1$.

*c*) On suppose que $\Delta$ n'est pas un carré dans A (ce qui implique, en vertu du th. de Witt, que l'indice de Q est 0 ou 1). Si $Q'_0$ est la forme quadratique obtenue à partir de $Q_0$ par extension à $A' = A(\sqrt{\Delta})$ du corps des scalaires, déduire de *b*) que $\mathbf{O}_0^+(Q)$ est isomorphe à $\mathbf{O}_0^+(Q'_0)$. En particulier, si Q est d'indice 1, $\mathbf{O}_0^+(Q)$ est le groupe des commutateurs de $\mathbf{O}(Q)$ et est isomorphe à $\mathbf{PSL}_2(A')$ (cf. exerc. 15 *d*) et chap. III, § 7, exerc. 8).

*d*) On suppose que $\Delta$ est un carré dans A (ce qui implique, en vertu du th. de Witt, que Q est d'indice 0 ou 2) et que $Q(e_4) = 1$. Si on pose $j = e_1e_2e_3$, tout $x \in E$ peut s'écrire d'une seule manière $x = \alpha e_4 + jz$, où $\alpha \in A$ et $z$ est un quaternion pur (exerc. 15 *a*)) dans $L = C^+(Q_0)$ ; si on pose $\psi(x) = \alpha + z$, $\psi$ est un isomorphisme d'espace vectoriel de E sur L. Soit $Z = Ac' + Ac''$, où $c'$ et $c''$ sont les deux idempotents orthogonaux dans Z ; tout élément inversible $s \in C^+(Q)$ s'écrit d'une seule manière $s = uc' + vc''$, où $u$ et $v$ appartiennent à L ; pour que $s$ appartienne au groupe de Clifford spécial $G^+$, il faut et il suffit que $u\bar{u} = v\bar{v}$, et on a alors $\psi(sxs^{-1}) = u\psi(x)v^{-1}$ pour tout $x \in E$. En déduire que le quotient de $\mathbf{O}_0^+(Q)$ par son centre (qui est un groupe à 2 éléments, cf. exerc. 11 *c*)) est isomorphe au produit $\mathbf{O}_0^+(Q_0) \times \mathbf{O}_0^+(Q_0)$ ; en particulier, si Q est d'indice 2, ce groupe quotient est isomorphe à $\mathbf{PSL}_2(A) \times \mathbf{PSL}_2(A)$.

17) Soient K un corps commutatif de caractéristique $\neq 2$, A le corps $K(X_n)_{n \in \mathbf{N}}$ des fractions rationnelles sur K, par rapport à une famille dénombrable d'indéterminées (chap. IV, § 3, nº 1). Soit E un espace vectoriel sur A, ayant une base dénombrable $(e_n)_{n \in \mathbf{N}}$, et soit $\Phi$ une forme bilinéaire symétrique sur E, pour laquelle $(e_n)$ est une base orthogonale et telle que $\Phi(e_n, e_n) = X_n$ pour tout $n \in \mathbf{N}$. Si on pose $Q(x) = \Phi(x, x)$, montrer que l'algèbre de Clifford C(Q) est un corps (cf. chap. VIII, § 12, exerc. 14).

## § 10. Angles

*Dans tout ce paragraphe,* A *désigne un corps commutatif* de caractéristique $\neq 2$, E *un espace vectoriel* de dimension 2 *sur* A, *et* $\Phi$ *une forme bilinéaire symétrique non dégénérée sur* E.

### 1. *Similitudes directes dans un plan.*

Rappelons (§ 6, nº 5) qu'une similitude directe de E est un automorphisme $u$ de l'espace vectoriel E tel que $\Phi(u(x), u(y)) = (\det u)\Phi(x, y)$ quels que soient $x$, $y$ dans E.

Proposition 1. — *Soit* $A(\Phi)$ *la sous-algèbre de* $\mathcal{L}_A(E)$ *engendrée par les similitudes directes de* E.

a) *Les similitudes directes sont les éléments inversibles de* $A(\Phi)$. *L'algèbre* $A(\Phi)$ *est une algèbre commutative de degré* 2 *sur* A. *Lorsque* E *ne contient pas de vecteur isotrope* $\neq 0$, $A(\Phi)$ *est un corps, extension quadratique de* A ; *dans le cas contraire c'est la composée directe de deux corps isomorphes à* A.

b) *Soit* $(e_1, e_2)$ *une base orthogonale de* E ; *posons* $\alpha_i = \Phi(e_i, e_i)$ $(i = 1, 2)$ *et* $\delta = -\alpha_2/\alpha_1$. *Alors les matrices des éléments de* $A(\Phi)$ *par rapport à cette base sont les matrices de la forme* $\begin{pmatrix} a & \delta b \\ b & a \end{pmatrix}$ *où* $a \in A$, $b \in A$.

c) *L'espace* E *est un* $A(\Phi)$*-module libre monogène, engendré par n'importe quel vecteur non isotrope.*

Introduisons en effet une forme bilinéaire alternée auxiliaire $B \neq 0$ sur E ; alors B est non dégénérée. Il existe donc un endomorphisme $w$ de E tel que $\Phi(x, y) = B(w(x), y)$ quels que soient $x, y$ dans E. Pour tout endomorphisme inversible $u$ de E, on a

$$\begin{aligned}\Phi(u(x), u(y)) &= B(wu(x), u(y)) = B(uu^{-1}wu(x), u(y)) \\ &= (\det u)B(u^{-1}wu(x), y) ;\end{aligned}$$

pour que $u$ soit une similitude directe, il faut et il suffit donc que l'on ait

$$(\det u)B(u^{-1}wu(x), y) = (\det u)\Phi(x, y) = (\det u)B(w(x), y)$$

quels que soient $x, y$ dans E ; comme $\det u \neq 0$ et que B est non dégénérée, ceci équivaut à $u^{-1}wu = w$, ou encore à $uw = wu$. Prenons pour B la forme bilinéaire alternée dont la matrice $S$ par rapport à $(e_1, e_2)$ est $\begin{pmatrix} 0 & 1 \\ -1 & 0 \end{pmatrix}$; en notant $R$ et $W$ les matrices de $\Phi$ et de $w$ par rapport à cette base, la relation $\Phi(x, y) = B(w(x), y)$ s'écrit, en vertu de la formule (47) du § 1, n° 10, $R = {}^tW.S$ ; en explicitant ceci montre que l'on a $W = \begin{pmatrix} 0 & \alpha_2 \\ -\alpha_1 & 0 \end{pmatrix}$. Si $\begin{pmatrix} a & c \\ b & d \end{pmatrix}$ désigne la matrice de $u$ par rapport à $(e_1, e_2)$, la relation $uw = wu$ équivaut donc aux relations $b\alpha_2 = -c\alpha_1$, $a\alpha_2 = d\alpha_2$, $a\alpha_1 = d\alpha_1$, c'est-à-dire à $a = d$ et $c = \delta b$ ; ceci démontre que les matrices des similitudes directes sont les matrices inversibles de la forme $\begin{pmatrix} a & \delta b \\ b & a \end{pmatrix}$ ($a$, $b$ dans A).

Or les endomorphismes de E dont les matrices sont de la forme $\begin{pmatrix} a & \delta b \\ b & a \end{pmatrix}$ ($a$, $b$ dans A) forment un sous-espace vectoriel de dimension 2 de $\mathfrak{L}_A(E)$, engendré par 1 et par l'endomorphisme $w$ ; comme $w^2$ est l'homothétie de rapport $-\alpha_1\alpha_2$, ce sous-espace est la sous-algèbre $A(\Phi)$ de $\mathfrak{L}_A(E)$ engendrée par les similitudes directes. Les similitudes directes sont les éléments inversibles de $A(\Phi)$, c'est-à-dire ceux dont les matrices vérifient $a^2 - \delta b^2 \neq 0$. Le fait que l'algèbre $A(\Phi)$ est commutative est évident. Appliquons-lui les résultats du chap. II, § 7, n° 7 : si $\delta$ n'est pas un carré dans A, c'est-à-dire si aucun vecteur non nul de E n'est isotrope, $A(\Phi)$ est un corps ; si, au contraire, $\delta$ est un carré dans A, c'est-à-dire si E contient des vecteurs isotropes $\neq 0$, $A(\Phi)$ est composée directe de deux corps isomorphes à A. Ceci démontre $a$) et $b$).

Enfin tout vecteur non isotrope de E peut être pris comme

premier vecteur $e_1$ d'une base orthogonale $(e_1, e_2)$ (§ 6, n° 1) ; donc ses transformés $u(e_1)$ par les éléments $u$ de $A(\Phi)$ sont les vecteurs de la forme $ae_1 + be_2$ ($a$, $b$ dans A), c'est-à-dire tous les vecteurs de E, puisque toutes les matrices $\begin{pmatrix} a & \delta b \\ b & a \end{pmatrix}$ sont des matrices d'éléments de $A(\Phi)$. Autrement dit E est un $A(\Phi)$-module monogène, engendré par n'importe quel vecteur non isotrope. On voit de plus que c'est un $A(\Phi)$-module monogène libre, puisque $u(e_1) = ae_1 + be_2 = 0$ entraîne $a = b = 0$, donc $u = 0$. Ceci démontre $c$).

*Remarques.* — 1) Soit $v$ la similitude de matrice $\begin{pmatrix} 0 & \delta \\ 1 & 0 \end{pmatrix}$ par rapport à $(e_1, e_2)$ ; la similitude $w$ introduite dans la démonstration de la prop. 1 est égale à $-\alpha_1 v$ ; on a $v^2 = \delta$. Le *multiplicateur* de la similitude directe $u = a + bv$ ($a$, $b$ dans A) est égal au déterminant de sa matrice $\begin{pmatrix} a & \delta b \\ b & a \end{pmatrix}$, c'est-à-dire à $a^2 - \delta b^2 = (a + bv)(a - bv) = u.\bar{u}$, en désignant par $\bar{u}$ le conjugué de $u$ dans l'algèbre $A(\Phi)$ (chap. II, § 7, n° 7) ; autrement dit le multiplicateur de $u$ est la *norme* $N(u)$ de $u$ dans l'algèbre $A(\Phi)$ (*ibid.*). En particulier, pour qu'une similitude directe $u$ soit une rotation, il faut et il suffit que $N(u) = 1$ ; pour que $u$ soit une homothétie, il faut et il suffit que $u \in A^*$.

2) Les similitudes directes $u = a + bv$ ($a$, $b$ dans A, $b \neq 0$) dont le *carré* est une homothétie sont les homothéties et les multiples scalaires $bv$ de $v$, puisque $(a + bv)^2 = (a^2 + \delta b^2) + 2abv$. Ces derniers ne sont autres que les automorphismes de l'espace vectoriel E qui *transforment tout vecteur en un vecteur orthogonal* ; en effet la matrice d'un tel automorphisme est nécessairement de la forme $\begin{pmatrix} 0 & c \\ d & 0 \end{pmatrix}$ ($c$, $d$ dans A), et la condition de transformer le vecteur $\lambda e_1 + \mu e_2$ en un vecteur orthogonal s'écrit alors $\lambda\mu(d\alpha_2 + c\alpha_1) = 0$.

3) On vérifie aisément que, pour $x$, $y$ dans E et $u \in A(\Phi)$, on a $\Phi(u(x), y) = \Phi(x, \bar{u}(y))$. Ainsi l'endomorphisme *adjoint* d'une similitude directe $u$ est la similitude directe $\bar{u}$ *conjuguée* de $u$ dans $A(\Phi)$.

4) Comme toute *similitude inverse* de E est le produit d'une similitude directe et de la symétrie par rapport à $Ae_1$, les matrices

des similitudes inverses par rapport à $(e_1, e_2)$ sont les matrices de la forme $\begin{pmatrix} a & -\delta b \\ b & -a \end{pmatrix}$.

Nous désignerons désormais par S le groupe des similitudes de E, par $S^+$ celui des similitudes directes, par H celui des homothéties $\neq 0$, et par $O^+$ celui des rotations. Rappelons que l'on a $H \subset S^+$ (§ 6, n° 5).

Corollaire 1. — *Le groupe* $S^+$ *des similitudes directes est commutatif. Quels que soient les vecteurs non isotropes* $x$, $y$ *de* E, *il existe une similitude directe* $u$ *et une seule telle que* $y = u(x)$.

La première assertion résulte du fait que l'algèbre $A(\Phi)$ est commutative. Comme E est un $A(\Phi)$-module libre monogène engendré par $x$ (resp. $y$), il existe un élément $u$ (resp. $u'$) de $A(\Phi)$ et un seul tel que $y = u(x)$ (resp. $x = u'(y)$) ; d'où $x = u(u'(x))$, et $uu'$ est l'identité ; ceci montre que $u$ est inversible, et est donc une similitude directe.

Corollaire 2. — *Le groupe* $O^+$ *des rotations est commutatif. Quels que soient les vecteurs* $x$, $y$ *de* E *tels que* $\Phi(x, x) = \Phi(y, y) \neq 0$, *il existe une rotation* $u$ *et une seule telle que* $y = u(x)$.

La première assertion résulte du cor. 1. Celui-ci montre aussi qu'il existe une similitude directe $u$ et une seule telle que $y = u(x)$ ; comme $\Phi(u(x), u(x)) = \Phi(x, x)$, le multiplicateur de $u$ est égal à 1, et $u$ est donc une rotation.

Corollaire 3. — *Le groupe* $S^+/H$ *est commutatif. Il opère sur l'ensemble des droites non isotropes de* E. *Quelles que soient les droites non isotropes* D, D′ *de* E, *il existe un élément* $\varphi$ *et un seul de* $S^+/H$ *tel que* $D' = \varphi(D)$.

Ceci résulte du cor. 1 et du fait que H laisse globalement invariante toute droite de E.

Proposition 2. — *Le noyau de l'homomorphisme canonique de* $O^+$ *dans* $S^+/H$ *est* $\{1, -1\}$.

En effet 1 et $-1$ sont les seuls éléments de $H \cap O^+$.

PROPOSITION 3. — *L'homomorphisme* $u \to u/\bar{u} = u^2/\mathrm{N}(u)$ *de* $\mathrm{S}^+$ *dans lui-même admet* H *pour noyau, et définit, par passage au quotient, un isomorphisme de* $\mathrm{S}^+/\mathrm{H}$ *sur* $\mathrm{O}^+$.

En effet la relation $u/\bar{u} = 1$ équivaut à $u = \bar{u}$, c'est-à-dire à $u \in \mathrm{A}^* = \mathrm{H}$ ; donc H est le noyau de $u \to u/\bar{u}$. Comme $\mathrm{N}(u/\bar{u}) = 1$, $u/\bar{u}$ est une rotation (Remarque 1). Il reste à montrer que tout élément $v$ de $\mathrm{O}^+$ est de la forme $u/\bar{u}$ ($u \in \mathrm{S}^+$). Si $1 + v$ est inversible, on peut prendre $u = 1 + v$, car la relation $\mathrm{N}(v) = v\bar{v} = 1$ implique $1 + v = v(1 + \bar{v})$. Sinon, l'on a $\mathrm{N}(1 + v) = (1 + v)(1 + \bar{v}) = 0$, c'est-à-dire, en posant $v = a + bw$ ($a \in \mathrm{A}$, $b \in \mathrm{A}$, $w^2 = \delta \in \mathrm{A}$), $2(1 + a) = 0$, d'où $a = -1$ ; or les relations $a = -1$ et $\mathrm{N}(v) = a^2 - \delta b^2 = 1$ entraînent $b = 0$, d'où $v = -1$ ; comme $\bar{w} = -w$, il suffit, dans ce cas, de prendre $u = w$.

Lorsque $\mathrm{A}(\Phi)$ est un corps, la prop. 3 est un cas particulier du théorème de Hilbert (chap. V, § 11, nº 5, th. 3).

COROLLAIRE. — *Notons* $i : \mathrm{O}^+ \to \mathrm{S}^+/\mathrm{H}$ *et* $d : \mathrm{S}^+/\mathrm{H} \to \mathrm{O}^+$ *les homomorphismes définis dans les prop.* 2 *et* 3, *et écrivons additivement les groupes abéliens* $\mathrm{O}^+$ *et* $\mathrm{S}^+/\mathrm{H}$ ; *on a* $d(i(\theta)) = 2\theta$ *pour* $\theta \in \mathrm{O}^+$ *et* $i(d(\varphi)) = 2\varphi$ *pour* $\varphi \in \mathrm{S}^+/\mathrm{H}$.

En effet, si $\bar{v}$ est une rotation, on a $\bar{v} = v^{-1}$, d'où $d(i(v)) = v/\bar{v} = v^2$. D'autre part, si $\varphi \in \mathrm{S}^+/\mathrm{H}$, $\varphi$ est la classe mod. H d'une similitude directe $u$, et $d(\varphi) = u/\bar{u} = u^2/\mathrm{N}(u)$ est congru à $u^2$ mod. H ; d'où la seconde formule.

## 2. *Trigonométrie plane.*

Nous ferons choix, dans ce nº, d'un générateur $w$ de l'algèbre $\mathrm{A}(\Phi)$ tel que $w^2 \in \mathrm{A}$. Un tel générateur est déterminé à une homothétie près (nº 1, Remarque 2), donc l'élément $w^2$ de A, que nous noterons $\delta$, est déterminé modulo le sous-groupe multiplicatif $(\mathrm{A}^*)^2$ des *carrés* d'éléments non nuls de A.

*Remarque.* — Lorsque $-1$ appartient à la classe mod. $(\mathrm{A}^*)^2$ en question, on choisit en général $w$ de telle sorte que $w^2 = -1$, ce qui le détermine au signe près. Lorsque cette classe contient 1 mais non $-1$, on choisit en général $w$ de telle sorte que $w^2 = 1$, ce qui le détermine encore au signe près.

Ceci étant, tout élément $v$ de $S^+$ s'écrit, d'une façon et d'une seule, sous la forme

$$v = c_w(v) + s_w(v)w \tag{1}$$

où $c_w(v)$, $s_w(v)$ appartiennent à A ; l'élément $s_w(v)/c_w(v)$ du corps projectif $\tilde{A}$ (chap. II, 2e éd., App. III, n° 5) est noté $t_w(v)$ ; il ne dépend que de la classe de $v$ mod. H ; ainsi $t_w$ définit, par passage au quotient, une application de $S^+/H$ dans le corps projectif $\tilde{A}$, que nous noterons encore $t_w$ par abus de langage. Nous écrirons souvent $c$, $s$ et $t$ au lieu de $c_w$, $s_w$ et $t_w$. On a $c_{-w} = c_w$, $s_{-w} = -s_w$ et $t_{-w} = -t_w$.

PROPOSITION 4. — a) *Lorsque $w^2 = \delta$ n'est pas un carré dans A (c'est-à-dire lorsque E ne contient pas de droite isotrope), l'application $t$ de $S^+/H$ dans $\tilde{A}$ est une bijection.*

b) *Lorsque $\delta$ est le carré d'un élément $\gamma$ de A, l'application $t$ est une bijection de $S^+/H$ sur $\tilde{A}$ privé des éléments $1/\gamma$ et $-1/\gamma$.*

c) *En notant $S^+/H$ additivement, on a, pour $\varphi$, $\varphi'$ dans $S^+/H$*

$$t(\varphi + \varphi') = (t(\varphi) + t(\varphi'))/(1 + \delta t(\varphi)t(\varphi')) \tag{2}$$

*lorsque $t(\varphi)$ et $t(\varphi')$ sont finis et que $1 + t(\varphi)t(\varphi')$ est $\neq 0$.*

En effet, comme $S^+/H$ est un ensemble de droites (privées de 0) de $A(\Phi)$ considéré comme plan vectoriel sur A, $t$ est injective. D'autre part, pour qu'un élément $a + bw$ ($a \in A$, $b \in A$) de $A(\Phi)$ soit une similitude directe, il faut et il suffit qu'il soit inversible, c'est-à-dire que l'on ait $N(a + bw) = a^2 - \delta b^2 \neq 0$, ou encore $(b/a)^2 \neq 1/\delta$ ; ceci démontre les assertions de surjectivité dans *a*) et *b*). Enfin le produit des similitudes $1 + t(\varphi)w$ et $1 + t(\varphi')w$ est la similitude $1 + \delta t(\varphi)t(\varphi') + (t(\varphi) + t(\varphi'))w$, ce qui démontre *c*).

PROPOSITION 5. — *Notons $O^+$ additivement. Pour tout couple d'éléments $\theta$, $\theta'$ de $O^+$ on a*

$$c(\theta)^2 - \delta s(\theta)^2 = 1 \tag{3}$$

$$c(\theta + \theta') = c(\theta)c(\theta') + \delta s(\theta)s(\theta') \tag{4}$$

$$s(\theta + \theta') = s(\theta)c(\theta') + c(\theta)s(\theta'). \tag{5}$$

La relation (3) exprime en effet que $N(c(\theta) + s(\theta)w) = 1$. Pour (4) et (5) il suffit de calculer, dans $A(\Phi)$, le produit des rotations $c(\theta) + s(\theta)w$ et $c(\theta') + s(\theta')w$.

PROPOSITION 6. — *Soit d l'isomorphisme de* $S^+/H$ *sur* $O^+$ *défini dans la prop. 3. Pour tout élément* $\varphi$ *de* $S^+/H$ *tel que* $t = t(\varphi)$ *soit fini, on a*

(6) $$s(d(\varphi)) = 2t/(1 - \delta t^2), \qquad c(d(\varphi)) = (1 + \delta t^2)/(1 - \delta t^2).$$

En effet $\varphi$ est la classe mod. H de la similitude $1 + tw$, et la rotation $d(\varphi)$ est donc $(1 + tw)^2/N(1 + tw) = (1 + \delta t^2 + 2tw)/(1 - \delta t^2)$ (prop. 3), ce qui démontre (6).

COROLLAIRE. — *Pour tout élément* $\theta$ *de* $O^+$ *tel que* $t(\theta)$ *soit fini, on a*

(7) $$s(2\theta) = 2t(\theta)/(1 - \delta t(\theta)^2), \qquad c(2\theta) = (1 + \delta t(\theta)^2)/(1 - \delta t(\theta)^2).$$

*Pour tout élément* $\varphi$ *de* $S^+/H$ *tel que* $t(\varphi)$ *soit fini et* $1 + \delta t(\varphi)^2 \neq 0$, *on a*

(8) $$t(2\varphi) = 2t(\varphi)/(1 + \delta t(\varphi)^2).$$

En effet ceci résulte aussitôt de la prop. 6 et du cor. de la prop. 3.

*Remarque.* — Les formules (6) restent vraies pour $t = \infty$ à condition de remplacer les fonctions rationnelles qui figurent au second membre par leurs prolongements canoniques au corps projectif $\tilde{A}$ (chap. II, 2e éd., App. III, no 5); en effet, si $t = \infty$, $\varphi$ est la classe de $w$, et on a $d(\varphi) = -1$, $s(d(\varphi)) = 0$ et $c(d(\varphi)) = -1$; ce sont bien là les valeurs prises par les prolongements canoniques des seconds membres pour $t = \infty$. Il en est de même pour (7) lorsque $t(\theta) = \infty$, et pour (8) lorsque $t(\varphi) = \infty$ ou que $1 + \delta t(\varphi)^2 = 0$. De même la formule (2) reste vraie lorsqu'un seul des éléments $t(\varphi)$, $t(\varphi')$, $t(\varphi)$ par exemple, est infini, à condition de considérer son second membre comme une fonction rationnelle de $t(\varphi)$ seulement : en effet le produit des similitudes $1 + t(\varphi')w$ et $w$ est $\delta t(\varphi') + w$, tandis que la valeur prise par le prolongement canonique du second membre de (2) est $1/\delta t(\varphi')$. Enfin, lorsque $t(\varphi)$ et $t(\varphi')$ sont finis et que l'on a $1 + \delta t(\varphi)t(\varphi') = 0$, on a $t(\varphi) + t(\varphi') \neq 0$ (sinon $t(\varphi)^2$ serait égal à $1/\delta$, ce qui est impossible (prop. 4)) ; on peut donc convenir que la valeur du second membre de (2) est $\infty$, et cette valeur est bien celle du premier membre. Lorsque $t(\varphi)$ et $t(\varphi')$ sont tous deux infinis, le second membre de (2) n'est pas défini.

## *3. Angles.*

Nous supposerons, dans ce n° et le suivant, que A est un *corps ordonné*, donc de caractéristique nulle. Rappelons (*Rectifications au chap.* VI) que, si F est un espace vectoriel sur A, la relation « il existe $\lambda > 0$ tel que $y = \lambda x$ » est une relation d'équivalence entre éléments $x$, $y$ de $F - \{0\}$, que toute classe d'équivalence pour cette relation s'appelle une *demi-droite ouverte* d'origine 0, et que la réunion d'une demi-droite ouverte et de $\{0\}$ s'appelle une *demi-droite fermée* (ou simplement *demi-droite*) d'origine 0 ; si D est une droite et $\Delta$ une demi-droite fermée contenue dans D, D est réunion de $\Delta$ et de $-\Delta$, et ne contient pas d'autre demi-droite fermée. Nous dirons qu'une demi-droite est *isotrope* si la droite qui la contient est isotrope.

Rappelons aussi (*ibid.*) que, étant donné un espace vectoriel de dimension *finie n* sur A, une *orientation* sur F est la donnée d'une des deux demi-droites de l'espace $\overset{n}{\bigwedge} F$ ; les $n$-vecteurs appartenant à cette demi-droite sont dits *positifs*. Un espace vectoriel de dimension finie muni d'une orientation est dit *orienté*.

Les homothéties de E dont le rapport est $> 0$ forment évidemment un sous-groupe d'indice 2 de H ; nous le noterons $H^+$. L'homomorphisme canonique $i : O^+ \to S^+/H$ (cf. prop. 2) est le composé des homomorphismes canoniques de $S^+/H^+$ sur $S^+/H$ et de $O^+$ dans $S^+/H^+$; comme $O^+ \cap H^+ = \{1\}$, ce dernier homomorphisme est *injectif*.

Proposition 7. — *Supposons que* A *soit un corps ordonné maximal et que* $\Phi$ *soit une forme positive* (§ 7). *Alors les homomorphismes canoniques de* $O^+$ *dans* $S^+/H^+$ *et de* $O^+/\{1, -1\}$ *dans* $S^+/H$ *sont bijectifs, et* $S^+$ *est isomorphe à* $O^+ \times H^+$.

Nous avons déjà vu que les homomorphismes en question sont injectifs, et il suffit de montrer que le premier est surjectif. Soit $(e_1, e_2)$ une base orthonormale de E, et soit $w$ la similitude directe telle que $w(e_1) = e_2$ (cor. 1 de la prop. 1, n° 1) ; on a alors $w^2 = -1$ (prop. 1, *b*)). Étant donnée une similitude directe quelconque

$u = a + bw$ ($a \in A$, $b \in A$), on a $N(u) = a^2 + b^2 > 0$, et il existe une rotation et une seule contenue dans la même demi-droite de $A(\Phi)$ que $u$, à savoir $(a^2 + b^2)^{1/2} u$. CQFD.

Corollaire. — *Etant données deux demi-droites* D, D′ *d'origine* 0, *il existe une rotation* $v$ *et une seule telle que* $v(D) = D'$.

Les hypothèses impliquent en effet que E ne contient point de droites isotropes. Notre assertion résulte alors du cor. 1 de la prop. 1 (n° 1).

Nous supposerons désormais que A est un *corps ordonné maximal*, et que la forme $\Phi$ est *positive*. Dans l'ensemble des couples $(D_1, D_2)$ de droites (resp. demi-droites d'origine 0) de E, la relation « il existe une similitude directe (resp. une rotation) $u$ telle que $u(D_1) = D'_1$ et $u(D_2) = D'_2$ » est une relation d'équivalence entre les couples $(D_1, D_2)$ et $(D'_1, D'_2)$. La classe d'équivalence du couple $(D_1, D_2)$ s'appelle, par définition *l'angle des droites* (resp. *demi-droites*) $D_1$, $D_2$ (prises dans cet ordre) ; on le note $\widehat{(D_1, D_2)}$.

Proposition 8. — *On suppose que* A *est un corps ordonné maximal, et que la forme* $\Phi$ *est positive. Soient* $D_1$, $D_2$, $D'_1$, $D'_2$ *quatre droites* (resp. *demi-droites*) *d'origine* 0 *de* E. *Pour que les angles* $\widehat{(D_1, D_2)}$ *et* $\widehat{(D'_1, D'_2)}$ *soient égaux, il faut et il suffit que les angles* $\widehat{(D_1, D'_1)}$ *et* $\widehat{(D_2, D'_2)}$ *soient égaux.*

Démontrons la nécessité de la condition énoncée. Soit $u$ une similitude directe (resp. une rotation) telle que $u(D_1) = D'_1$ et $u(D_2) = D'_2$. Il existe, d'après le cor. 3 de la prop. 1, une similitude directe (resp. d'après le cor. de la prop. 7, une rotation) $v$ telle que $v(D_1) = D_2$. Comme le groupe $S^+$ (resp. $O^+$) est *commutatif*, on a $D'_2 = u(v(D_1)) = v(u(D_1)) = v(D'_1)$, et ceci montre que $\widehat{(D_1, D'_1)} = \widehat{(D_2, D'_2)}$. La suffisance se déduit de la nécessité en échangeant $D_2$ et $D'_1$.

Il résulte de la prop. 8 que, à tout angle $\widehat{(D_1, D_2)}$ de droites (resp. demi-droites) d'origine 0 de E, est canoniquement associé un élément bien déterminé de $S^+/H$ (resp. $O^+$), à savoir la classe mod. H des similitudes directes $v$ (resp. la rotation $v$) telles que $u(D_1) = D_2$ pour n'importe quel représentant $(D_1, D_2)$ de l'angle $(\widehat{D_1, D_2})$. On a ainsi défini une *bijection canonique* $h$ (resp. $h'$) de l'ensemble $\mathfrak{A}_0$ des angles de droites (resp. $\mathfrak{A}$ des angles de demi-droites) sur $S^+/H$ (resp. $O^+$) ; en particulier, pour tout $\varphi \in \mathfrak{A}$, on dit que $h(\varphi)$ est la *rotation d'angle* $\varphi$. Nous transporterons à $\mathfrak{A}_0$ et $\mathfrak{A}$, au moyen de $h^{-1}$ et de $h'^{-1}$, les structures de groupes commutatifs de $S^+/H$ et de $O^+$, et nous noterons additivement les groupes $\mathfrak{A}_0$ et $\mathfrak{A}$ ainsi obtenus. Si l'on désigne par D, D′, D″ des droites (resp. demi-droites) d'origine 0 de E, on a par définition

$$(9) \qquad (\widehat{D, D''}) = (\widehat{D, D'}) + (\widehat{D', D''}) \qquad \text{(relation de Chasles)} ;$$

on en déduit

$$(10) \qquad (\widehat{D, D}) = 0, \qquad (\widehat{D, D'}) = -(\widehat{D', D}).$$

*Remarques.* — 1) L'ensemble L des droites (resp. demi-droites) d'origine 0 de E est un espace homogène du groupe abélien $S^+/H$ (resp. $O^+$) tel que l'élément neutre soit le seul opérateur laissant invariants tous les éléments de L. On peut donc appliquer à L les formules du chap. II, 2e éd., App. II, n° 1 ; la prop. 8 est ainsi un cas particulier de la « règle du parallélogramme », et les formules (9) et (10) des cas particuliers des formules (2) (*ibid.*).

2) Dans la définition du groupe des angles de droites, on peut, au lieu du groupe $S^+/H$, utiliser le groupe $O^+/\{-1, 1\}$ qui lui est canoniquement isomorphe (prop. 7). L'homomorphisme canonique de $O^+$ sur $O^+/\{-1, 1\}$ correspond ainsi à un homomorphisme de $\mathfrak{A}$ sur $\mathfrak{A}_0$, à savoir celui qui, à l'angle des deux demi-droites $\Delta$, $\Delta'$, fait correspondre l'angle des droites D, D′ contenant respectivement $\Delta$, $\Delta'$. *Dans le cas où le corps A est le corps des nombres réels, le groupe $\mathfrak{A}$ est ainsi un *revêtement* d'ordre 2 du groupe $\mathfrak{A}_0$.*

D'après la prop. 8, tous les angles de droites (resp. demi-droites) de la forme $(\widehat{D', D''})$ où D′ et D″ sont orthogonales (resp.

de la forme $(\widehat{D, -D})$) sont égaux : ceci résulte en effet de la Remarque 2 du nº 1 (resp. est évident). Cet angle de droites (resp. de demi-droites) s'appelle l'*angle droit* (resp. l'*angle plat*) ; c'est un élément d'ordre 2 de $\mathfrak{A}_0$ (resp. de $\mathfrak{A}$).

Proposition 9. — *On suppose que le corps* A *est ordonné maximal, et que* $\Phi$ *est une forme positive. Pour tout entier* $n > 1$, *le nombre des éléments* $\theta$ *du groupe* $\mathfrak{A}_0$ *des angles de droites* (resp. $\mathfrak{A}$ *des angles de demi-droites*) *tels que* $n\theta = 0$ *est égal à* $n$.

Comme $\mathfrak{A}_0$, $S^+/H$, $\mathfrak{A}$ et $O^+$ sont isomorphes (prop. 3), il suffit de faire la démonstration pour $O^+$, c'est-à-dire montrer qu'il y a exactement $n$ rotations $v$ telles que $v^n = 1$. Or, comme A est un corps ordonné maximal et que $A(\Phi)$ est un surcorps de degré 2 de A (prop. 1 *a*)), $A(\Phi)$ est un corps algébriquement clos (chap. VI, § 2, nº 6, th. 3). Donc les racines $n$-ièmes de l'unité dans $A(\Phi)$ forment un groupe cyclique d'ordre $n$ (chap. V, § 11, nº 1, th. 1). Comme on a $N(u) = u\bar{u} \geqslant 0$ pour tout $u \in A(\Phi)$, la relation $u^n = 1$ entraîne que l'on a $N(u) = 1$, donc que $u$ est une rotation (nº 1, Remarque 1). Ceci démontre notre assertion.

Corollaire. — *L'angle droit* (resp. *plat*) *est le seul élément d'ordre* 2 *du groupe* $\mathfrak{A}_0$ (resp. $\mathfrak{A}$).

Nous supposerons enfin que le plan E est *orienté*.

*Lemme* 1. — *Soit* $u$ *une similitude directe de* E ; *tous les bivecteurs de la forme* $x \wedge u(x)$ *appartiennent à la même demi-droite fermée de* $\bigwedge^2 E$.

Le cas où $u$ est une homothétie est trivial. Dans le cas contraire on a $x \wedge u(x) \neq 0$ pour tout $x \neq 0$ ; soient $x$, $y$ deux vecteurs de E ($x \neq 0$, $y \neq 0$) ; il existe $v \in S^+$ tel que $y = v(x)$, d'où $y \wedge u(y) = v(x) \wedge uv(x) = v(x) \wedge v(u(x)) = (\det v)(x \wedge u(x))$ ; en prenant une base orthonormale de E, on voit que $\det v$ est positif (prop. 1 *b*)) ; d'où notre assertion.

Ceci étant, parmi les deux générateurs $w$ de $A(\Phi)$ tels que $w^2 = -1$, il en existe un et un seul tel que le bivecteur $x \wedge w(x)$ soit *positif* pour tout $x \in E$. C'est ce générateur que nous choisirons pour définir les fonctions $c_w$, $s_w$ et $t_w$ (n° 2). Soient $h$ et $h'$ les bijections canoniques ci-dessus définies du groupe $\mathfrak{A}_0$ des angles de droites sur $S^+/H$ et du groupe $\mathfrak{A}$ des angles de demi-droites sur $O^+$. Les applications composées $t_w \circ h$ de $\mathfrak{A}_0$ dans le corps projectif $\tilde{A}$, $c_w \circ h'$ et $s_w \circ h'$ de $\mathfrak{A}$ dans le corps A se notent respectivement tg, cos et sin, et s'appellent les *fonctions tangente*, *cosinus et sinus*. L'application $\varphi \to 1/\mathrm{tg}\,\varphi$ de $\mathfrak{A}_0$ dans $\tilde{A}$ se note cotg et s'appelle la *fonction cotangènte*. On dit que les fonctions cosinus, sinus, tangente et cotangente sont les *fonctions trigonométriques*. Les applications composées $\mathrm{tg} \circ p$ et $\mathrm{cotg} \circ p$, où $p$ désigne l'homomorphisme canonique de $\mathfrak{A}$ sur $\mathfrak{A}_0$ (Remarque 2 ci-dessus) se notent encore tg et cotg par abus de langage.

Les formules (2), (8), (3), (4), (5) et (7) du n° 2 donnent, puisqu'on a ici $\delta = -1$

$$\mathrm{tg}\,(\varphi + \varphi') = (\mathrm{tg}\,\varphi + \mathrm{tg}\,\varphi')/(1 - \mathrm{tg}\,\varphi\;\mathrm{tg}\,\varphi') \tag{11}$$

$$\mathrm{tg}\,(2\varphi) = 2\,\mathrm{tg}\,\varphi/(1 - \mathrm{tg}^2\,\varphi) \tag{12}$$

pour $\varphi$, $\varphi'$ dans $\mathfrak{A}_0$ ;

$$\cos^2\theta + \sin^2\theta = 1 \tag{13}$$

$$\cos\,(\theta + \theta') = \cos\theta\cos\theta' - \sin\theta\sin\theta' \tag{14}$$

$$\sin\,(\theta + \theta') = \sin\theta\cos\theta' + \cos\theta\sin\theta' \tag{15}$$

$$\begin{cases} \sin\,(2\theta) = 2\,\mathrm{tg}\,\theta/(1 + \mathrm{tg}^2\,\theta), \\ \cos\,(2\theta) = (1 - \mathrm{tg}^2\,\theta)/(1 + \mathrm{tg}^2\,\theta) \end{cases} \tag{16}$$

pour $\theta$, $\theta'$ dans $\mathfrak{A}$. D'autre part on a, par définition ou comme conséquence facile des formules précédentes :

$$\mathrm{tg}\,\theta = \sin\theta/\cos\theta, \qquad \mathrm{cotg}\,\theta = \cos\theta/\sin\theta \tag{17}$$

$$1 + \mathrm{tg}^2\,\theta = 1/\cos^2\theta, \qquad 1 + \mathrm{cotg}^2\,\theta = 1/\sin^2\theta \tag{18}$$

pour $\theta \in \mathfrak{A}$.

Étant donnés deux vecteurs non nuls $x$, $y$ de E, on appelle *angle* de ces deux vecteurs (pris dans cet ordre), et on note $(\widehat{x, y})$, l'angle des demi-droites auxquelles ils appartiennent. Pour tout vecteur $x$ de E on appelle *longueur* de $x$, et on note $|x|$, l'élément $\Phi(x, x)^{1/2}$ de A.

Proposition 10. — *On suppose que le corps* A *est ordonné maximal, que le plan* E *est orienté, et que la forme* $\Phi$ *est positive. Pour tout couple de vecteurs non nuls* $x$, $y$ *de* E *on a*

$$\cos(\widehat{x, y}) = \Phi(x, y)/|x|.|y| \tag{19}$$

$$\sin(\widehat{x, y}).e = (x \wedge y)/|x|.|y|, \tag{20}$$

*où* $e$ *désigne le bivecteur positif tel que* $\Phi_{(2)}(e, e) = 1$.

En effet, comme les vecteurs $x' = x/|x|$ et $y' = y/|y|$ sont tous deux de longueur 1, il existe une rotation $v$ et une seule telle que $v(x') = y'$ (n° 1, cor. 2 de la prop. 1). Si l'on pose $v = a + bw$ ($a$, $b$ dans A), on a par définition $a = \cos(\widehat{x, y})$ et $b = \sin(\widehat{x, y})$. La relation $y' = v(x') = ax' + bw(x')$ donne $\Phi(x', y') = a\Phi(x', x') = a$ puisque $x'$ et $w(x')$ sont orthogonaux (Remarque 2 du n° 1) ; ceci démontre (19). D'autre part cette relation donne aussi $x' \wedge y' = bx' \wedge w(x') = b.e$ d'après la définition de l'extension $\Phi_{(2)}$ de $\Phi$ à $\bigwedge^2 E$ (§ 1, n° 9, formule (37)) et le choix de $w$; ceci démontre (20).

*Remarques.* — 3) Étant données deux droites (resp. demi-droites) D, D′ d'un *plan affine* L attaché à E, on appelle angle de D et D′, et on note $(\widehat{D, D'})$, l'angle que font leurs directions dans E (resp. les demi-droites d'origine 0 de E correspondant à D et D′) (chap. II, 2e éd., App. II, n° 1 et n° 3).

4) Soient F un espace vectoriel *de dimension quelconque* sur le corps ordonné maximal A, et $\Psi$ une forme bilinéaire symétrique positive non dégénérée sur F. Étant donnés deux vecteurs $x$, $y$ linéairement indépendants de F, soit F′ le plan vectoriel qu'ils engendrent ; on appelle *angle* de $x$ et $y$ l'angle de $x$ et $y$ considérés comme éléments du plan F′ ; on le note $(\widehat{x, y})$. Le cosinus de cet angle est, en vertu de (19), donné par

$$\cos(\widehat{x, y}) = \Psi(x, y)/|x|.|y| \tag{21}$$

(où $|x| = \Psi(x, x)^{1/2}$ est encore appelé la *longueur* du vecteur $x$), et est donc *indépendant de l'orientation choisie* sur F′ ; le sinus et la tangente de $(\widehat{x, y})$ changent de signe si l'on change l'orientation de F′. Étant donnés deux vecteurs non nuls et proportionnels $x$, $y$ de F, on pose $(\widehat{x, y}) = 0$ par convention.

## 4. *Secteurs angulaires.*

Nous supposerons d'abord, sans autre hypothèse, que E est un plan *orienté* sur le corps *ordonné* A. On dira que trois demi-droites $D_0$, $D_1$, $D_2$ (d'origine 0) de E forment une *suite directe* si, pour $x_i \in D_i$, $x_i \neq 0$ $(i = 0, 1, 2)$, deux au moins des bivecteurs $x_0 \wedge x_1$, $x_1 \wedge x_2$, $x_2 \wedge x_0$ sont $> 0$; dans ce cas les suites $D_1$, $D_2$, $D_0$ et $D_2$, $D_0$, $D_1$ sont aussi directes. Il est clair que trois demi-droites formant une suite directe sont distinctes. Étant données deux demi-droites $D_1$, $D_2$ de E, on appelle *secteur angulaire ouvert* (resp. *fermé*) d'origine $D_1$ et d'extrémité $D_2$, l'ensemble (ou, par abus de langage, la réunion) des demi-droites D telles que la suite $D_1$, D, $D_2$ soit directe (resp. telles que $D = D_1$ ou $D = D_2$ ou que la suite $D_1$, D, $D_2$ soit directe).

Proposition 11. — *Soient* E *un plan orienté sur un corps ordonné* A, $D_0$ *une demi-droite de* E, *et* G *l'ensemble des demi-droites de* E *distinctes de* $D_0$. *La relation*

« $D_1 = D_2$, *ou la suite* $D_0$, $D_1$, $D_2$ *est directe* »

*entre éléments* $D_1$, $D_2$ *de* G *est une relation d'ordre total dans* G.

En effet les axiomes des relations d'ordre total se vérifient trivialement, à l'exception de la transitivité. Soient $D_1$, $D_2$, $D_3$ trois demi-droites telles que les suites, $D_0$, $D_1$, $D_2$ et $D_0$, $D_2$, $D_3$ soient directes ; nous allons montrer que la suite $D_0$, $D_1$, $D_3$ est directe. Pour cela prenons un vecteur $x_i \neq 0$ dans $D_i$ $(i = 0, 1, 2, 3)$, choisissons un bivecteur $e > 0$ et posons $x_i \wedge x_j = a_{ij}e$ $(a_{ij} \in A)$. En écrivant $e = x_0 \wedge y$ $(y \in E)$, et en prenant $(x_0, y)$ pour base de E, on vérifie aisément la relation

$$a_{01}a_{23} + a_{02}a_{31} + a_{03}a_{12} = 0. \tag{22}$$

Ceci étant, si $a_{01} \leqslant 0$, on a $a_{12} > 0$ et $a_{20} > 0$ (puisque la première suite est directe), puis $a_{23} > 0$ et $a_{30} > 0$ (puisque $a_{02} < 0$ et que la seconde suite est directe), d'où $a_{13} > 0$ (en vertu de (22)) ; donc la suite $(D_0, D_1, D_3)$ est directe dans ce cas. Supposons désormais $a_{01} > 0$. Si $a_{30} \leqslant 0$, on a $a_{02} > 0$ et $a_{23} > 0$ (puisque la seconde suite est directe), puis $a_{12} > 0$ (puisque $a_{20} < 0$ et que la première suite est directe), d'où $a_{13} > 0$ (d'après (22)), et la suite $(D_0, D_1, D_3)$ est directe. Enfin il en est évidemment de même si $a_{01} > 0$ et $a_{30} > 0$. CQFD.

COROLLAIRE. — *Soient* $D_1$ *et* $D_2$ *deux demi-droites distinctes de* E. *Pour toute demi-droite* $D_0$ *de* E *telle que la suite* $D_0, D_1, D_2$ *soit directe, l'ensemble des demi-droites* D *de* E *telles que* $D_1 < D < D_2$ (*pour la relation d'ordre total définie par* $D_0$) *est égal au secteur angulaire ouvert d'origine* $D_1$ *et d'extrémité* $D_2$.

En effet, étant donnée une demi-droite $D_3$, il s'agit de montrer que les relations « la suite $D_1, D_3, D_2$ est directe » et « les suites $D_0, D_1, D_3$ et $D_0, D_3, D_2$ sont directes » sont équivalentes. Pour abréger notons $(ijk)$ la relation « la suite $(D_i, D_j, D_k)$ est directe ». D'après la prop. 11, la conjonction de (132) et (120) entraîne (130) ; de même la conjonction de (201) et de (213) entraîne (203) ; d'où la moitié de notre assertion. Réciproquement supposons (012), (013) et (032) ; comme la conjonction de (312) et (320) entraîne (310) (prop. 11), et que (310) et (013) sont incompatibles, (312) est fausse ; ceci démontre (132) et achève la démonstration.

En vertu du corollaire qui précède, le secteur angulaire ouvert (resp. fermé) d'origine $D_1$ et d'extrémité $D_2$ est noté $]D_1, D_2[$ (resp. $[D_1, D_2]$), étant entendu qu'il s'agit d'*intervalles* pour la structure d'ordre définie par n'importe quelle demi-droite $D_0$ telle que la suite $D_0, D_1, D_2$ soit directe.

PROPOSITION 12. — *Soient* A *un corps ordonné maximal,* E *un plan orienté sur* A, $D_0$ *une demi-droite de* E *et* G *l'ensemble des demi-droites de* E *distinctes de* $D_0$. *Les ensembles totalement ordonnés* A *et* G (prop. 11) *sont isomorphes.*

Soit, en effet, $(x, y)$ une base de E telle que $x \in -D_0$ et le bivecteur $x \wedge y$ soit $> 0$. A tout élément $t$ de A faisons correspondre la demi-droite $f(t)$ à laquelle appartient le vecteur $(1-t^2)x + 2ty$. Il est clair que $f(A) \subset G$. Montrons que $f$ est *strictement croissante.* En effet, pour que la suite $D_0, f(t), f(t')$ ($t, t'$ dans A) soit directe, il faut et il suffit, par définition, que deux au moins des éléments

$$-2t, \qquad (1-t^2)2t' - (1-t'^2)2t, \qquad 2t'$$

soient $>0$. Or le second est égal à $2(t'-t)(1+tt')$. Donc, si $t<t'$, on a, soit $tt'\geqslant 0$, donc $t'>0$ ou $-t>0$, soit $tt'<0$, donc $-t>0$ et $t'>0$; en tous cas $D_0$, $f(t)$, $f(t')$ est directe. Comme A est totalement ordonné, $f$ est un isomorphisme de A sur l'ensemble ordonné $f(A)$ (*Ens*, chap. III, § 1, n° 14, prop. 13).

Il reste à montrer que $f$ est *surjective*. Pour cela considérons la forme positive $\Phi$ sur E telle que $(x, y)$ soit une base orthonormale pour $\Phi$. Pour toute demi-droite $D \in G$, il existe un angle $\varphi$ et un seul tel que $2\varphi = (\widehat{-D_0, D})$ (n° 1, prop. 3) ; comme $(\widehat{-D_0, D})$ n'est pas l'angle plat, $\varphi$ n'est pas l'angle droit, et $\operatorname{tg}\varphi$ est donc fini. Alors, en vertu des formules (16) (n° 3), on a $D = f(\operatorname{tg}\varphi)$. Ceci termine la démonstration.

*Exercices.* — 1) Avec les notations du n° 1, on pose $Q(x) = \Phi(x, x)$ ; l'espace vectoriel E s'identifie canoniquement à $C^-(Q)$ (§ 9, n° 1). Pour tout $z \in C^+(Q)$, et tout $x \in E$, on a $zx \in E$ ; montrer que $x \to zx$ est un élément de $A(\Phi)$, et que $z \to s_z$ est un isomorphisme de $C^+(Q)$ sur l'algèbre $A(\Phi)$.

2) Les hypothèses et notations sont celles du n° 1 et de l'exerc. 1.

*a*) Soit C l'ensemble des $x \in E$ tels que $\Phi(x, x) = 1$ (« *cercle unité* »), et soit $\mathfrak{D}$ l'ensemble des droites D dont l'intersection avec C n'est pas vide (et par suite formée de deux éléments opposés de E). On appelle *droite pointée* tout couple $\Delta = (D, z)$ formé d'une droite $D \in \mathfrak{D}$ et d'un des points $z \in D \cap C$. Montrer que si $\Delta_1 = (D_1, z_1)$, $\Delta_2 = (D_2, z_2)$ sont deux droites pointées, il existe une rotation $u$ et une seule telle que $u(z_1) = z_2$ (et par suite $u(D_1) = D_2$), ce qu'on exprime en écrivant $u(\Delta_1) = \Delta_2$. Dans l'ensemble des couples $(\Delta_1, \Delta_2)$ de droites pointées, la relation « il existe une rotation $u$ telle que $u(\Delta_1) = \Delta'_1$ et $u(\Delta_2) = \Delta'_2$ » est une relation d'équivalence. L'ensemble $\mathfrak{A}_1$ des classes d'équivalence de droites pointées suivant cette relation est appelé l'ensemble des *angles de droites pointées*, et la classe d'équivalence à laquelle appartient un couple $(\Delta_1, \Delta_2)$ de droites pointées est appelée l'*angle* de ce couple et notée $(\widehat{\Delta_1, \Delta_2})$ ; la relation $(\widehat{\Delta_1, \Delta_2}) = (\widehat{\Delta'_1, \Delta'_2})$ est équivalente à $(\widehat{\Delta_1, \Delta'_1}) = (\widehat{\Delta_2, \Delta'_2})$ et la rotation qui transforme $\Delta_1$ en $\Delta_2$ est dite *rotation d'angle* $\theta = (\widehat{\Delta_1, \Delta_2})$ et notée $h_1(\theta)$ ; $h_1$ est une bijection de $\mathfrak{A}_1$ sur $O^+$ et on transporte à $\mathfrak{A}_1$ au moyen de $h_1^{-1}$ la structure de groupe commutatif de $O^+$, en notant additivement le groupe $\mathfrak{A}_1$ ainsi défini ; on appelle encore angle *plat* dans $\mathfrak{A}_1$ l'angle du couple formé d'une droite pointée $(D, z)$ et de la droite pointée « opposée » $(D, -z)$, qui correspond à la rotation $x \to -x$.

*b*) Dans l'ensemble $\mathfrak{D}_0 \supset \mathfrak{D}$ des droites non isotropes, on définit comme au n° 3 la notion d'*angle de droites*, le groupe $\mathfrak{A}_0$ (en utilisant le cor. 3 de la prop. 1 du n° 1), l'angle *droit* dans $\mathfrak{A}_0$, et la bijection canonique $h$ de

$\mathfrak{A}_0$ sur $S^+/H$. Avec les notations du cor. de la prop. 3, on pose $\bar{d} = h_1^{-1} \circ d \circ h$ et $\bar{i} = h^{-1} \circ i \circ h_1$, de sorte que $\bar{i}$ est un homomorphisme de $\mathfrak{A}_1$ dans $\mathfrak{A}_0$ et $\bar{d}$ un homomorphisme de $\mathfrak{A}_0$ dans $\mathfrak{A}_1$ ; $\bar{d}$ est bijectif, et le noyau de $\bar{i}$ est formé de 0 et de l'angle plat ; en outre on a $\bar{d}(\bar{i}(\theta)) = 2\theta$ pour $\theta \in \mathfrak{A}_1$ et $\bar{i}(\bar{d}(\varphi)) = 2\varphi$ pour $\varphi \in \mathfrak{A}_0$. Pour que $\bar{i}$ soit surjectif (autrement dit, pour que $\mathfrak{D}$ soit l'ensemble de toutes les droites non isotropes), il faut et il suffit que le corps A soit *pythagoricien* (chap. VI, § 2, exerc. 8 *d*)) et qu'il existe une base orthonormale pour $\Phi$ ; il revient au même de dire que $\Phi(x, x)$ est un *carré* pour tout $x \in E$.

3) Les hypothèses et notations sont celles de l'exerc. 2.

*a*) Soit $s$ une symétrie par rapport à une droite non isotrope D (§ 6, n° 4). Pour toute droite pointée $\Delta_1 = (D_1, z_1)$, soit

$$\Delta_2 = s(\Delta_1) = (s(D_1), s(z_1)),$$

et soit $\varphi = \widehat{(D_1, D)}$ ; montrer que l'on a $\widehat{(\Delta_1, \Delta_2)} = \bar{d}(\varphi)$.

*b*) Montrer que toute transformation orthogonale de déterminant $-1$ est une symétrie $s$ par rapport à une droite non isotrope (cf. § 6, exerc. 15 *e*)) ; pour toute rotation $u$, on a $sus^{-1} = u^{-1}$.

*c*) Si $x$, $y$ sont deux points quelconques de E tels que $\Phi(x, x) = \Phi(y, y) \neq 0$, il existe une symétrie et une seule par rapport à une droite non isotrope, qui transforme $x$ en $y$.

*d*) Soient $s$, $s'$ les symétries par rapport à deux droites non isotropes D, D', et soit $\varphi = \widehat{(D, D')}$ ; pour que $s's$ soit une rotation d'angle $\theta$, il faut et il suffit que $\bar{d}(\varphi) = \theta$.

*e*) Montrer que le groupe des commutateurs du groupe orthogonal $\mathbf{O}(Q)$ est l'image de $\mathfrak{A}_1$ par l'homomorphisme $\theta \to h_1(2\theta)$ (§ 6, exerc. 17 *a*)) ; pour que cette image soit égale à $O^+$, il faut et il suffit que l'homomorphisme $\bar{i}$ soit surjectif (exerc. 2 *b*)).

4) Les hypothèses et notations sont celles de l'exerc. 2. Soient $a$, $b$ deux points du cercle C, $\Delta_a$, $\Delta_b$ les droites pointées passant par $a$ et $b$ (et par 0) respectivement, et soit $\theta = \widehat{(\Delta_a, \Delta_b)}$. Pour tout $x \in E$, distinct de $a$ et $b$, soit $D_{xa}$ (resp. $D_{xb}$) la droite affine passant par $a$ et $x$ (resp. $b$ et $x$), et soit $D'_{xa}$ (resp. $D'_{xb}$) la direction de $D_{xa}$ (resp. $D_{xb}$) ; montrer que pour que $x \in C$ ($x$ distinct de $a$ et $b$), il faut et il suffit que l'angle $\varphi = \widehat{(D'_{xa}, D'_{xb})}$ soit tel que $\bar{d}(\varphi) = \theta$ (utiliser l'exerc. 3). Comment se modifie ce résultat lorsque $x = a$ ou $x = b$ (cf. § 6, exerc. 25 *a*)) ?

5) Avec les notations des n$^{os}$ 1 et 2 et de l'exerc. 2, on suppose que $\Phi$ est d'indice 1, autrement dit que $\delta$ est un carré $\gamma^2$ dans A ; on désigne par $D_1$, $D_2$ les droites isotropes de E, contenant respectivement les vecteurs $e_1 - \frac{1}{\gamma}e_2$ et $e_1 + \frac{1}{\gamma}e_2$.

*a*) Montrer que le groupe des rotations $O^+$ est isomorphe au groupe multiplicatif $A^*$ du corps A.

*b*) Pour tout angle $\theta \in \mathfrak{A}_1$, on pose $e_w(\theta) = c_w(h_1(\theta)) + \gamma s_w(h_1(\theta))$. Montrer que $\theta \to e_w(\theta)$ est un isomorphisme de $\mathfrak{A}_1$ sur le groupe $A^*$.

*c*) Soient D, D′ deux droites quelconques, et soit $\varphi = (\widehat{D, D'})$. Montrer que le birapport $\begin{bmatrix} D_1 & D_2 \\ D' & D \end{bmatrix}$ (chap. II, 2e éd., App. III, exerc. 5) est égal à $e_w(\bar{d}(\varphi))$ (« *formule de Laguerre* »). (Remarquer que $D_1$ et $D_2$ sont invariantes par toute similitude directe, et en utilisant l'exerc. 4 *c*) du chap. II, 2e éd., App. III, se ramener au cas où $D = Ae_1$.)

6) On suppose que A est un corps ordonné.

*a*) Soient $D_1$, $D_2$ deux demi-droites non isotropes d'origine 0. Montrer qu'il existe une similitude directe $u$ telle que $u(D_1) = D_2$; toute autre similitude directe ayant cette propriété est de la forme $v = su$, où $s$ est une homothétie de rapport $> 0$.

*b*) Dans l'ensemble des couples $(D_1, D_2)$ de demi-droites non isotropes, la relation « il existe une similitude directe $u$ telle que $u(D_1) = D'_1$ et $u(D_2) = D'_2$ » est une relation d'équivalence. L'ensemble $\mathfrak{A}$ des classes d'équivalence de demi-droites non isotropes, suivant cette relation, est appelé l'ensemble des *angles de demi-droites* (non isotropes) et la classe d'équivalence d'un couple $(D_1, D_2)$ de telles demi-droites est appelée l'*angle* de ce couple et notée $(\widehat{D_1, D_2})$; si $\theta = (\widehat{D_1, D_2})$, on dit que $\theta$ est l'*angle* de toute similitude directe transformant $D_1$ en $D_2$; soit $h_2(\theta)$ la classe mod. $H^+$ de ces similitudes, de sorte que $h_2$ est une bijection de l'ensemble $\mathfrak{A}$ sur le groupe $S^+/H^+$; on transporte à $\mathfrak{A}$ au moyen de $h_2^{-1}$ la structure de groupe commutatif de $S^+/H^+$, en notant additivement le groupe $\mathfrak{A}$ ainsi défini. Définir une injection canonique $\bar{j}$ du groupe $\mathfrak{A}_1$, des angles de droites pointées (exerc. 2) dans le groupe $\mathfrak{A}$, telle que $h_2 \circ \bar{j} \circ h_2^{-1}$ soit l'injection canonique $j$ de $O^+$ dans $S^+/H^+$. Pour que $\bar{j}$ soit surjective, il faut et il suffit que l'homomorphisme $\bar{i}$ de $\mathfrak{A}_1$ dans $\mathfrak{A}_0$ (exerc. 2 *b*)) soit surjectif.

*c*) Montrer que dans $\mathfrak{A}$ l'équation $2\theta = 0$ a 2 solutions si $\delta < 0$ et 4 solutions si $\delta > 0$. Dans le premier cas, la solution $\varpi \neq 0$ de cette équation est encore appelée l'angle *plat*.

¶ 7) Les hypothèses et notations étant celles de l'exerc. 6, on suppose l'homomorphisme $\bar{j}$ bijectif ; on définit alors cos θ et sin θ pour tout $\theta \in \mathfrak{A}$ comme au nº 3. Soit T l'ensemble des $\theta \in A$ tels que $\sin \theta \geqslant 0$.

*a*) Montrer que pour tout $\theta \in T$, il existe un angle $\theta' \in T$ et un seul tel que $2\theta' = \theta$ ; on pose $\theta' = \theta/2$.

*b*) Soit L le **Z**-module des combinaisons linéaires formelles des éléments de T à coefficients dans **Z** (chap. II, § 1, nº 8) ; on désigne par $\xi \dotplus \eta$ et $\dot{-}\, \xi$ la somme et l'opposé dans L. Soit N le sous-module de L engendré par les éléments de L de la forme $\xi \dotplus \eta \,\dot{-}\, (\xi + \eta)$ pour tous les couples $(\xi, \eta)$ d'éléments de T tels que $\xi + \eta \in T$ (somme prise dans le groupe $\mathfrak{A}$). Soient $\dot{f}$ l'homomorphisme de L dans $\mathfrak{A}$ qui prolonge l'injection canonique de T dans $\mathfrak{A}$, et $\dot{g}$ l'endomorphisme de L qui prolonge l'application $\theta \to \theta/2$ de T dans lui-même. On a $\dot{f}(N) = \{0\}$ et $\dot{g}(N) \subset N$; par passage aux quotients, on déduit de $\dot{f}$ un homomorphisme $f$ de $M = L/N$ dans $\mathfrak{A}$, et de $\dot{g}$ un endomorphisme $g$ de M ; on pose $g(\mu) = \mu/2$ et si $g^m$

est le $m$-ème itéré de $g$, $g^m(\mu) = 2^{-m}\mu$ ; on a $2^m(2^{-m}\mu) = \mu$ pour tout $\mu \in M$.

*c*) Montrer que la restriction à T de l'application canonique $\psi$ de L sur $M = L/N$ est injective, ce qui permet d'identifier T à une partie de M au moyen de $\psi$. Montrer que, si $\lambda_1, \ldots, \lambda_m$ sont des éléments $\neq 0$ de T, la somme $\lambda_1 + \lambda_2 + \cdots + \lambda_m$ ne peut être 0 dans M (considérer l'élément $2^{-m}(\lambda_1 + \cdots + \lambda_m)$ et raisonner par récurrence sur $m$, en remarquant que ces éléments appartiennent à T).

*d*) Soit $M_+$ l'ensemble des sommes finies (dans M) d'éléments de T ; montrer que $M_+ \cap (-M_+) = \{0\}$ et $M = M_+ \cup (-M_+)$, et par suite que $M_+$ est l'ensemble des éléments $\geqslant 0$ pour une structure de *groupe totalement ordonné* sur M (on notera que pour tout $\mu \in M_+$, il existe un entier $m$ tel que $2^{-m}\mu \in T$) ; on dit que ce groupe totalement ordonné est le *groupe des mesures des angles de demi-droites*. Montrer que l'homomorphisme $f$ de M dans $\mathfrak{A}$ est surjectif, et que son noyau est l'ensemble des multiples entiers de $2\varpi$, où $\varpi$ est l'angle plat (exerc. 6 *c*)). Prouver que T s'identifie à l'intervalle $[0, \varpi]$ dans M (établir par récurrence sur $m$ que si $\mu, \lambda_1, \ldots, \lambda_m$ appartiennent à T et si on a $\lambda_1 + \cdots + \lambda_m \leqslant \mu$, alors $\lambda_1 + \cdots + \lambda_m \in T$). Montrer que dans T (ainsi identifié à un intervalle de M), la fonction $\theta \rightarrow \cos\theta$ est strictement décroissante.

*e*) Pour que le groupe totalement ordonné M soit archimédien (chap. VI, § 1, exerc. 31), il faut et il suffit que le groupe additif du corps A soit archimédien. (Pour voir que la condition est nécessaire, remarquer que si $\sin\theta$ est infiniment petit par rapport au sous-corps $\mathbf{Q}$ de A (chap. VI, § 2, exerc. 1), il en est de même de $\sin n\theta$ pour tout entier $n$. Pour voir que la condition est suffisante, remarquer que si $0 \leqslant \theta \leqslant \varpi/4$, on a $\sin 2\theta \geqslant \sqrt{2}\sin\theta$).

8) Soit E un plan orienté sur un corps ordonné A. Soient D′, D″ deux demi-droites distinctes ; soit $x'$ (resp. $x''$) un vecteur $\neq 0$ dans D′ (resp. D″) ; on dit que le secteur angulaire (ouvert ou fermé) d'origine D′ et d'extrémité D″ est *saillant* (resp. *rentrant*, *plat*) si $x' \wedge x'' > 0$ (resp. $x' \wedge x'' < 0$, $x' \wedge x'' = 0$).

*a*) Pour qu'il existe un automorphisme de l'espace vectoriel E transformant un secteur angulaire ouvert (resp. fermé) $\Sigma_1$ en un secteur angulaire ouvert (resp. fermé) $\Sigma_2$, il faut et il suffit que $\Sigma_1$ et $\Sigma_2$ soient tous deux saillants, ou tous deux rentrants, ou tous deux plats.

*b*) Montrer que l'ensemble ordonné $[D', D'']$ est isomorphe à l'intervalle $[0, 1]$ de A (considérer d'abord le cas d'un secteur saillant et remarquer que, dans A, deux intervalles fermés bornés quelconques sont des ensembles ordonnés isomorphes).

*c*) Avec les notations et hypothèses de l'exerc. 7, définir une application bijective canonique de l'ensemble T sur un secteur angulaire plat, et montrer que cette application est un isomorphisme pour les structures d'ordre.

9) Soient A un corps ordonné pythagoricien, E un espace vectoriel sur A de dimension finie, Q une forme quadratique positive non dégéné-

rée sur E, pour laquelle E admet une base orthonormale (autrement dit, $Q(x)$ est un carré dans A pour tout $x \in E$). Montrer que le groupe des commutateurs $\Omega(Q)$ du groupe orthogonal $\mathbf{O}(Q)$ est le groupe des rotations $\mathbf{O}^+(Q) = \mathbf{SO}(Q)$ (utiliser l'exerc. 3 *e*) du § 10 et l'exerc. 17 *a*) du § 6).

10) Soient A un corps ordonné maximal, E un espace vectoriel de dimension finie sur A, Q une forme quadratique positive non dégénérée sur E. Pour toute transformation orthogonale $u \in \mathbf{O}(Q)$, montrer qu'il existe une décomposition de E en somme directe de sous-espaces deux à deux orthogonaux P, N, $R_i$ ($1 \leqslant i \leqslant r$) ayant les propriétés suivantes : 1° $u(x) = x$ dans P, $u(x) = -x$ dans N ; 2° chacun des $R_i$ est de dimension 2, on a $u(R_i) = R_i$ et la restriction de $u$ à $R_i$ est une rotation d'angle $\theta_i$, distinct de 0 et de l'angle plat. En outre, pour deux décompositions de cette nature, les sous-espaces P et N sont les mêmes, ainsi que la suite des éléments $\cos \theta_i$, à l'ordre près (cf. § 7, n° 3, cor. 2 du th. 2). En déduire que toute rotation $u \in \mathbf{O}^+(Q)$ est un commutateur $tst^{-1}s^{-1}$, où $s$ et $t$ sont dans $\mathbf{O}(Q)$ et $s^2 = 1$ (cf. exerc. 3 *d*)).

11) Soient A un corps ordonné maximal, L le corps des quaternions sur A (relatif au couple $(-1, -1)$), E le sous-espace (de dimension 3) de L formé des quaternions purs (§ 9, exerc. 15 *a*)) ; tout quaternion s'écrit donc d'une seule manière $s = \alpha.1 + v$, où $\alpha \in A$ et $v \in E$ ; on a $\alpha^2 - v^2 = \rho.1$, où $\rho \in A$ et $\rho \geqslant 0$ ; on pose $\|v\| = \sqrt{\rho}$.

*a*) Soit $\varphi(s)$ la rotation $x \rightarrow sxs^{-1}$ dans E, pour la forme quadratique positive non dégénérée $x \rightarrow \|x\|^2$ sur E (§ 9, n° 5, th. 4 et exerc. 15). Montrer que si $v \neq 0$, les vecteurs de la droite $D \subset E$ contenant $v$ sont invariants par $\varphi(s)$ ; la restriction de $\varphi(s)$ au plan orthogonal $P = D^0$ est une rotation d'angle $\theta$ telle que (pour une orientation convenable de P) on ait $\operatorname{tg} \frac{\theta}{2} = \|v\|/\alpha$. (Si $(1, i, j, k)$ est la base canonique de L sur A, se ramener au cas où $v = \beta i$, $\beta \in A$, et calculer alors $sjs^{-1}$).

*b*) Montrer que tout quaternion de norme 1 peut s'écrire $tst^{-1}s^{-1}$, où $s \in L$, $t \in E$ (cf. exerc. 10), et que, si $a$, $b$ sont deux quaternions purs de norme 1, il existe un quaternion $s$ tel que $b = sas^{-1}$.

*c*) Pour que deux quaternions $s = \alpha + v$, $t = \beta + w$, où $\alpha$, $\beta$ sont dans A, $v$, $w$ dans E, soient permutables, il faut et il suffit que $v = \lambda w$, $\lambda \in A$ ; pour que $st = -ts$, il faut et il suffit que $\alpha = \beta = 0$ et que les vecteurs $v$ et $w$ dans E soient orthogonaux (cf. § 3, exerc. 10).

12) Soient A un corps ordonné maximal, L un espace euclidien de dimension $n$ sur A, dont la forme métrique $\Phi$ est positive non dégénérée ; on désigne par $d(x, y)$ la distance $\sqrt{\Phi(x-y, x-y)}$ de deux points de L (§ 7, n° 1, *Remarque*). Pour tout point $c \in L$ et tout élément $\rho > 0$ de A, on appelle *sphère* de *centre* $c$ et de *rayon* $\rho$ l'ensemble des $x \in L$ tels que $d(x, c) = \rho$ ; les sphères sont donc des quadriques affines non dégénérées dans L, admettant un centre (§ 6, exerc. 25).

*a*) Montrer qu'en tout point $x$ d'une sphère S de centre $c$, l'hyperplan tangent à S en $x$ (§ 6, exerc. 25) est perpendiculaire (§ 6, exerc. 22) à la droite passant par $c$ et $x$.

*b*) Soient S une sphère de centre $c$ et de rayon $\rho$, $a$ un point de L, D une droite passant par $a$ et rencontrant S en deux points distincts $x_1$, $x_2$ (resp. tangente à S en un point $x$). Montrer que l'on a

$$\Phi(x_1 - a, x_2 - a) = (d(a, c))^2 - \rho^2 \qquad (\text{resp. } (d(x, a))^2 = (d(a, c))^2 - \rho^2).$$

L'élément $(d(a, c))^2 - \rho^2$ de A est appelé la *puissance* de $a$ par rapport à S.

*c*) Soient $S_1$, $S_2$ deux sphères n'ayant pas même centre ; montrer que l'ensemble des points de L dont les puissances par rapport à $S_1$ et $S_2$ sont égales, est un hyperplan perpendiculaire à la droite passant par les centres des deux sphères, et contenant l'intersection $S_1 \cap S_2$ ; on dit que cet hyperplan est l'*hyperplan radical* de $S_1$ et $S_2$.

*d*) Soient $S_1$, $S_2$ deux sphères de centres respectifs $c_1$, $c_2$, de rayons respectifs $\rho_1$, $\rho_2$. Montrer que les propriétés suivantes sont équivalentes :

$\alpha$) L'intersection $S_1 \cap S_2$ n'est pas vide et, pour tout point de cette intersection, les hyperplans tangents à $S_1$ et $S_2$ en ce point sont perpendiculaires.

$\beta_1$) La puissance de $c_1$ par rapport à $S_2$ est $\rho_1^2$.

$\beta_2$) La puissance de $c_2$ par rapport à $S_1$ est $\rho_2^2$.

$\gamma_1$) L'hyperplan radical de $S_1$ et $S_2$ est l'hyperplan polaire (§ 6, exerc. 25) de $c_1$ par rapport à $S_2$.

$\gamma_2$) L'hyperplan radical de $S_1$ et $S_2$ est l'hyperplan polaire de $c_2$ par rapport à $S_1$.

Lorsque ces propriétés sont vérifiées, on dit que les sphères $S_1$, $S_2$ sont *orthogonales*.

*e*) Soient $S_1$, $S_2$ deux sphères orthogonales, $c_1$, $c_2$ leurs centres. Montrer que si $\varpi_1$, $\varpi_2$ sont les puissances d'un point $x$ par rapport à $S_1$, $S_2$ respectivement, on a $\varpi_1 + \varpi_2 = 2\Phi(x - c_1, x - c_2)$. Réciproque.

13) Les hypothèses et notations sont les mêmes que dans l'exerc. 12. Étant donnés un point $c \in L$ et un élément $\alpha \neq 0$ de A, on appelle *inversion* de *pôle* $c$ et de *puissance* $\alpha$ la permutation involutive $u$ de l'ensemble $L - \{c\}$ qui est telle que, pour tout $x \in L - \{c\}$, $u(x)$ appartienne à la droite passant par $c$ et $x$ et vérifie la relation $\Phi(x - c, u(x) - c) = \alpha$. Par abus de langage, on dit que $u$ est une inversion *dans* L.

*a*) Si $u$, $v$ sont deux inversions de même pôle $c$ et de puissances $\alpha$, $\beta$, $uv^{-1}$ est la restriction à $L - \{c\}$ de l'homothétie (chap. II, 2e éd., App. II, exerc. 6) de centre $c$ et de rapport $\alpha\beta^{-1}$.

*b*) Soit S une sphère (exerc. 12) contenant $c$. Montrer que l'image de $S - \{c\}$ par une inversion de pôle $c$ est un hyperplan perpendiculaire à la droite joignant $c$ au centre de S (on dit par abus de langage que cet hyperplan est l'image de S par l'inversion considérée). Réciproque.

*c*) Soit S une sphère ne contenant pas $c$. Montrer que, si $\varpi$ est la puissance de $c$ par rapport à S (exerc. 12 *b*)), l'image de S par une inversion de pôle $c$ et de puissance $\alpha$ est l'image de S par une homothétie de centre $c$ et de rapport $\alpha/\varpi$. Si $n = 2$ et si, pour tout $x \in S$, on désigne par T (resp. T′) la tangente à S (resp. $u(S)$) au point $x$ (resp. $u(x)$), par D la droite passant par $c$, $x$ et $u(x)$, montrer que l'on a $\widehat{(D, T)} = \widehat{(T', D)}$.

*d*) Soient $S_1$, $S_2$ deux sphères orthogonales (exerc. 12 *d*)), $S'_1$, $S'_2$ leurs images par une inversion de pôle $c$. Si $c$ n'appartient pas à $S_1$ ni à $S_2$, montrer que $S'_1$ et $S'_2$ sont des sphères orthogonales. Si $c \in S_1$ et $c \notin S_2$, $S'_1$ est un hyperplan contenant le centre de $S'_2$. Si $c \in S_1 \cap S_2$, $S'_1$ et $S'_2$ sont des hyperplans perpendiculaires (§ 6, exerc. 22). Réciproques.

*e*) Soient $u$ une inversion de pôle $c$ et de puissance $\alpha = \rho^2 > 0$ et C la sphère de centre $c$ et de rayon $\rho$. Si $x_1$, $x_2$ sont deux points distincts situés sur une droite passant par $c$, et distincts de $c$, les propriétés suivantes sont équivalentes : $\alpha$) $x_1$ et $x_2$ sont transformés l'un de l'autre par $u$ ; $\beta$) $x_1$ et $x_2$ sont conjugués par rapport à C (§ 6, exerc. 25) ; $\gamma$) toute sphère contenant $x_1$ et $x_2$ est orthogonale à C. On dit encore que $u$ est l'*inversion de sphère* C.

¶ 14) Les hypothèses et notations étant les mêmes que dans l'exerc. 12, on prend une origine 0 dans L. Soit $E_1$ l'espace vectoriel somme directe de L et d'un espace $Af_1$ de dimension 1 ; on désigne par $Q_1$ la forme quadratique sur $E_1$ telle que pour $x \in L$ et $\eta \in A$, on ait

$$Q_1(x + \eta f_1) = Q(x) + \eta^2,$$

forme qui est positive et non dégénérée ; on désigne par C la sphère de centre 0 et de rayon 1 dans $E_1$ (pour $Q_1$).

Dans l'espace euclidien $E_1$, soit $s$ l'inversion de pôle $-f_1$ et de puissance 2 (exerc. 13) ; sa restriction $s_0$ à L transforme L en $C - \{-f_1\}$ ; $s_0$ (resp. $s_0^{-1}$) est appelée, par abus de langage, la *projection stéréographique* de L sur C (resp. de C sur L) de *point de vue* $-f_1$. Pour toute inversion $u$ *dans* L, de pôle $c$, $s_0 u s_0^{-1}$ est une permutation involutive du complémentaire dans C de l'ensemble $\{s_0(c), -f_1\}$ ; on la prolonge en une permutation involutive $u'$ de $c$ en posant $u'(s_0(c)) = -f_1$, $u'(-f_1) = s_0(c)$, et on dit que $u'$ est une *inversion dans* C. De même, pour toute symétrie $v$ *dans* L par rapport à un hyperplan, $s_0 v s_0^{-1}$ est une permutation involutive du complémentaire dans C de l'ensemble $\{-f_1\}$ ; on la prolonge en une permutation involutive $v'$ de C en posant $v'(-f_1) = -f_1$ et on dit que $v'$ est une *symétrie* dans C. Le groupe des permutations de C engendré par les inversions et symétries est appelé le *groupe conforme* de C (ou de L par abus de langage).

*a*) Montrer que le groupe conforme de C est engendré par les symétries $v'$ et les inversions $u'$ correspondant aux inversions $u$ dans L, de puissance $> 0$. (Utiliser l'exerc. 13 *a*) et remarquer que dans L toute translation, ainsi que l'homothétie $x \rightarrow -x$, sont des produits de symétries par rapport à des hyperplans).

*b*) Soit $u$ une inversion dans L de puissance $> 0$ ; montrer que l'inversion correspondante $u'$ dans C est la restriction à C d'une transformation bien déterminée $u'_1$ qui est, soit une inversion de puissance $> 0$ dans $E_1$, dont la sphère (exerc. 13 *e*)) est orthogonale à C, soit une symétrie par rapport à un hyperplan de $E_1$ passant par 0 (considérer dans $E_1$ l'inversion $u_1$ de même pôle et de même puissance que $u$). Formuler la proposition correspondante pour la symétrie $v'$ dans C correspondant à une symétrie $v$ dans L par rapport à un hyperplan.

*c*) Dans l'espace vectoriel $E_2 = A \times E_1$, on considère la forme quadratique $Q_2$ telle que, pour $\zeta \in A$, $y \in E_1$, on ait

$$Q_2((\zeta, y)) = \zeta^2 - Q_1(y),$$

forme qui est non dégénérée et de signature $(1, n + 1)$. On identifie $E_1$ à son image canonique dans l'espace projectif $\mathbf{P}(E_2)$ (chap. II, 2e éd., App. III, n° 4). Montrer (avec les notations de *b*)) que $u'$ est aussi la restriction à C d'une application linéaire projective $\overline{u}''$ provenant par passage aux quotients d'une transformation $u''$ du groupe orthogonal $\mathbf{O}(Q_2)$, qui est une symétrie par rapport à un hyperplan non isotrope dans $E_2$. Formuler la proposition correspondante pour $v'$. En déduire que le groupe conforme de L est isomorphe au quotient du groupe $\mathbf{O}(Q_2)$ par son centre (utiliser la prop. 5 et l'exerc. 17 *c*) du § 6). Conclure de là que toute transformation du groupe conforme est produit d'au plus $n + 2$ transformations qui sont des inversions ou des symétries dans L (cf. § 6, exerc. 15 *e*)).

*d*) Soit $\Sigma$ l'ensemble dont les éléments sont les sphères et les hyperplans dans l'espace affine L. Déduire de *b*) qu'il existe une bijection de $\Sigma$ sur le complémentaire, dans $\mathbf{P}(E_2)$ de l'ensemble des $x \in E_1$ tels que $Q_1(x) \leqslant 1$, de sorte qu'à deux sphères orthogonales correspondent deux points conjugués par rapport à C.

15) Généraliser les définitions et résultats des exerc. 12 à 14 au cas où A est un corps pythagoricien et où il existe une base orthonormale pour $\Phi$.

16) Soient A un corps commutatif, V un espace vectoriel sur A de dimension impaire $2r + 1$, F l'espace produit $A \times V$, $\Psi$ une forme alternée non dégénérée sur F ; dans l'espace projectif $\mathbf{P}(F)$, de dimension $2r + 1$, on dit que l'ensemble $C_0$ des droites qui sont les images canoniques des plans totalement isotropes de F (pour $\Psi$) est le *complexe linéaire* (*projectif*) associé à $\Psi$.

On suppose dans ce qui suit que A est ordonné maximal ; soit $\Phi$ une forme symétrique positive non dégénérée sur V. Soit D la droite orthogonale à V (pour $\Psi$) dans F, qui est contenue dans V, et soit H l'hyperplan orthogonal à D (pour $\Phi$) dans V ; dans F, H est un sous-espace non isotrope pour $\Psi$, dont l'orthogonal pour $\Psi$ est donc un plan P supplémentaire de H et contenant D. Dans l'espace affine $E = \{1\} \times V \subset F$, on dit encore que l'ensemble C des intersections avec E des plans totalement isotropes de F (pour $\Psi$) non contenues dans V, est le *complexe linéaire* (*affine*) associé à $\Psi$ ; la droite $\Delta = P \cap E$ est appelée l'*axe* du complexe linéaire C (pour la structure d'espace euclidien définie sur E par la forme métrique $\Phi$).

*a*) Montrer que, dans E, toute translation égale à un vecteur directeur de $\Delta$ (chap. II, 2e éd., App. II, n° 3) laisse C invariant (cf. § 4, exerc. 6).

*b*) Soit $(e_i)_{0 \leqslant i \leqslant 2r}$ une base orthonormale de V pour $\Phi$, telle que $e_0 \in D$ et que l'on ait $\Psi(e_{2i-1}, e_{2i}) = \rho_i > 0$ pour $1 \leqslant i \leqslant r$, $\Psi(e_j, e_k) = 0$ pour les couples d'indices qui ne sont pas de la forme $(e_{2i-1}, e_{2i})$ ou $(e_{2i}, e_{2i-1})$

(§ 7, n° 3, prop. 6). On prend dans l'espace affine E une origine $a \in \Delta$, et on pose $\Psi(a, e_0) = \rho_0$. Soit $x$ un vecteur appartenant au plan engendré par $e_{2i-1}$ et $e_{2i}$, et soit $y$ le vecteur de ce même plan tel que $\Phi(x, y) = 0$, $\Phi(y, y) = 1$ et que $x \wedge y = \lambda e_{2i-1} \wedge e_{2i}$ avec $\lambda > 0$. Soit $E_i$ la variété linéaire affine de dimension 3 engendrée par les points $a$, $a + e_0$, $a + e_{2i-1}$, $a + e_{2i}$ dans E, et soit $R_x$ l'intersection de $E_i$ et de l'hyperplan affine (dans E) engendré par les droites de C contenant le point $a + x$. Montrer que la direction des droites orthogonales (pour $\Phi$) au plan $R_x$ dans $E_i$ est une droite $L_x$ du plan $Ae_0 + Ay$, telle que si $\theta = (\widehat{D, L_x})$, on ait

$$\operatorname{tg} \theta = \frac{\rho_i}{\rho_0}\sqrt{\Phi(x, x)}$$

lorsque le plan $Ae_0 + Ay$ est orienté de sorte que $e_0 \wedge y$ soit positif.

¶ 17) *a*) Soient A un corps commutatif, $J : \xi \rightarrow \bar{\xi}$ un automorphisme involutif de A, E un espace vectoriel de dimension 2 sur A, $\Phi$ une forme sesquilinéaire hermitienne (non alternée) non dégénérée sur E, $(e_1, e_2)$ une base orthogonale de E pour $\Phi$ (§ 6, n° 1, th. 1), telle que

$$\Phi(\xi_1 e_1 + \xi_2 e_2, \eta_1 e_1 + \eta_2 e_2) = \alpha \xi_1 \bar{\eta}_1 + \beta \xi_2 \bar{\eta}_2$$

($\alpha$ et $\beta$ appartenant au corps K des invariants de J) ; on pose $\gamma = \beta/\alpha$. On identifie le point $\xi_1 e_1 + \xi_2 e_2 \in E$ à l'élément $\xi_1 + \xi_2 \rho$ de l'anneau B défini par les conditions $\rho^2 = -\gamma$, $\rho\xi = \bar{\xi}\rho$ pour $\xi \in A$ (§ 3, exerc. 4 *a*)). Pour tout $x = \xi_1 + \xi_2\rho \in B$, on pose $\tilde{x} = \bar{\xi}_1 - \xi_2\rho$ et $N(x) = x\tilde{x} = \tilde{x}x$, de sorte que $x \rightarrow \tilde{x}$ est un antiautomorphisme involutif de l'algèbre B (sur K) et que l'on a $\Phi(x, x) = \alpha N(x)$. Montrer que toute similitude pour $\Phi$ dont le déterminant est égal au multiplicateur (appelée encore similitude *directe*) s'écrit d'une seule manière $x \rightarrow xy$, où $y$ est un vecteur non isotrope de E, et que son multiplicateur est $N(y)$.

*b*) On suppose d'abord que J est l'identité, donc K = A. Si A est de caractéristique $\neq 2$, retrouver ainsi les résultats du n° 1. Développer la théorie correspondante lorsque A est de caractéristique 2 (cf. § 4, exerc. 14 ; on distinguera deux cas, suivant que $\gamma$ est ou non un carré dans A).

*c*) On suppose $J \neq 1$, de sorte que A est une extension quadratique séparable de K. Alors $\Phi$ vérifie nécessairement la condition (T) (§ 4, n° 2 et exerc. 1) ; si $\Phi$ est d'indice 0, B est un corps réflexif de centre K (chap. VIII, § 11, exerc. 4), et si $\Phi$ est d'indice 1, B est isomorphe à $\mathbf{M}_2(K)$.

*d*) On suppose $J \neq 1$ et A de caractéristique $\neq 2$ ; on a alors $A = K(\theta)$ avec $\theta^2 = -\delta \in K$. Si S est le groupe des similitudes directes pour $\Phi$, H le groupe des homothéties dans E, de rapport $\neq 0$ et appartenant à K (groupe isomorphe à $K^*$), montrer que le groupe S/H est isomorphe au groupe des rotations $O^+(Q)$, où Q est une forme quadratique non dégénérée sur un espace vectoriel F de dimension 3 sur K, telle qu'il existe une base orthogonale $(f_1, f_2, f_3)$ de F pour laquelle on ait

$$Q(\zeta_1 f_1 + \zeta_2 f_2 + \zeta_3 f_3) = \gamma\zeta_1^2 + \delta\zeta_2^2 + \gamma\delta\zeta_3^2$$

(cf. § 9, exerc. 15).

¶ 18) *a*) Soient A un corps commutatif, $\xi \rightarrow \bar{\xi}$ un automorphisme involutif de A, E un espace vectoriel de dimension paire $2m$ sur A, $\Phi$ une forme hermitienne non dégénérée et d'indice 0 sur E, satisfaisant à la condition (T), $\Delta$ le discriminant de $\Phi$ par rapport à une base de E. Soit $M(\Phi)$ le groupe des multiplicateurs des similitudes pour $\Phi$ (§ 4, exerc. 8). Montrer que $M(\Phi)$ est un sous-groupe du groupe multiplicatif des éléments de A de la forme $\alpha\bar{\alpha} - (-1)^m\beta\bar{\beta}\Delta$. (Raisonner par récurrence sur $m$, en utilisant l'exerc. 17, ainsi que les deux remarques suivantes : 1° si $u$ est une similitude de multiplicateur $\mu$, $x$ un vecteur de E, $y = u(x)$ et $z = u(y)$, il existe une transformation unitaire $v$ telle que $v(y) = y$ et $v(z) = \mu x$ ; 2° si $\alpha$, $\beta$, $\lambda$ sont trois éléments $\neq 0$ de A tels qu'ils existe $a, b, c, d$ dans A vérifiant les conditions $\lambda = a\bar{a} + \alpha c\bar{c}$, $\lambda = b\bar{b} + \beta d\bar{d}$, alors il existe $s, t$ dans A vérifiant la condition $\lambda = s\bar{s} - \alpha\beta t\bar{t}$).

*b*) Soient K un corps ordonné maximal, $K_1 = K((t_1))$ le corps des séries formelles par rapport à une indéterminée $t_1$, à coefficients dans K (chap. IV, § 5, n° 7), $A = K_1((t_2))$ le corps des séries formelles par rapport à une seconde indéterminée $t_2$, à coefficients dans $K_1$. Soient E un espace vectoriel de dimension 6 sur A, Q une forme quadratique non dégénérée sur E, telle qu'il existe une base orthogonale $(e_i)$ pour laquelle on ait

$$Q(\sum_{i=1}^{6} \xi_i e_i) = \xi_1^2 + \xi_2^2 + \xi_3^2 + \xi_4^2 + t_1\xi_5^2 + t_2\xi_6^2.$$

Montrer qu'il n'existe aucune similitude pour Q, de multiplicateur $t_1 t_2$.

# NOTE HISTORIQUE

(N.-B. — Les chiffres romains renvoient à la bibliographie placée à la fin de cette note.)

La théorie des formes quadratiques, sous son aspect moderne, ne remonte guère au-delà de la seconde moitié du XVIII$^{e}$ siècle, et, comme nous le verrons, elle s'est développée surtout pour répondre aux besoins de l'Arithmétique, de l'Analyse et de la Mécanique. Mais les notions fondamentales de cette théorie ont en réalité fait leur apparition dès les débuts de la géométrie « euclidienne », dont elles forment l'armature. Pour cette raison, on ne peut en retracer l'histoire sans parler, au moins de façon sommaire, du développement de la « géométrie élémentaire » depuis l'antiquité. Bien entendu, nous ne pourrons nous attacher qu'à l'évolution de quelques idées générales, et le lecteur ne doit pas s'attendre à trouver ici de renseignements précis sur l'histoire de tel ou tel théorème particulier, au sujet desquels il nous suffira de renvoyer aux ouvrages historiques ou didactiques spécialisés (*). Il va de soi aussi, lorsque nous parlons ci-dessous des diverses interprétations possibles d'un même théorème dans divers langages algébriques ou géométriques, que nous n'entendons nullement dire que ces « traductions » aient été de tout temps aussi familières qu'aujourd'hui ; bien au contraire, c'est le principal but de cette Note que de faire voir comment, très graduellement, les mathématiciens ont pris conscience de ces parentés entre questions d'aspect souvent très différent ; nous aurons aussi à montrer comment, ce faisant, ils ont été amenés à mettre quelque cohérence dans l'amas des théorèmes de géométrie légués par les anciens, et finalement à essayer de délimiter exactement ce qu'il fallait entendre par « géométrie ».

---

(*) Voir (II), ainsi que E. Kötter, *Die Entwickelung der synthetischen Geometrie*, Leipzig (Teubner), 1901 (= *Jahresber. der Deutschen Math. Verein.*, t. V, 1tes Heft), et l'*Enzyklopädie der Math. Wiss.*, 1re éd., t. III.

Si l'on met à part la découverte, par les Babyloniens, de la formule de résolution de l'équation du second degré ((I), p. 183-189), c'est donc sous leur déguisement géométrique qu'il faut noter la naissance des principaux concepts de la théorie des formes quadratiques. Celles-ci se présentent d'abord comme carrés de distances (dans le plan ou l'espace à trois dimensions) et la notion d' « orthogonalité » correspondante s'introduit au moyen de l'angle droit, défini par Euclide comme moitié de l'angle plat (*Eléments*, Livre I, Déf. 10) ; les notions de distance et d'angle droit étant reliées par le théorème de Pythagore, clé de voûte de l'édifice euclidien (*). L'idée d'angle paraît s'être introduite très tôt dans la mathématique grecque (qui l'a sans doute reçue des Babyloniens, rompus à l'usage des angles par leur longue expérience astronomique). On sait qu'à l'époque classique, seuls les angles inférieurs à 2 droits sont définis (la « définition » d'Euclide est d'ailleurs aussi vague et inutilisable que celle qu'il donne pour la droite ou le plan) ; la notion d'orientation n'est pas dégagée, bien qu'Euclide utilise (sans axiome ni définition) le fait qu'une droite partage le plan en deux régions, qu'il distingue soigneusement lorsque cela est nécessaire (**). A ce stade, l'idée du groupe des rotations planes ne se fait donc jour que d'une manière très imparfaite, par l'addition (introduite, elle aussi, sans explication par Euclide) des angles non orientés de demi-droites, qui est seulement définie, en principe, lorsque la somme est au plus égale à deux droits (***). Quant à la trigonométrie,

---

(*) La plupart des civilisations antiques (Égypte, Babylonie, Inde, Chine) semblent être parvenues indépendamment à des énoncés couvrant au moins certains cas particuliers du « théorème de Pythagore », et les Hindous ont même eu l'idée de principes de démonstration de ce théorème, tout à fait distincts de ceux qu'on trouve chez Euclide (qui en donne deux démonstrations, l'une par construction de figures auxiliaires, l'autre utilisant la théorie des proportions) (cf. (II), t. IV, p. 135-144).

(**) La notion d'angle orienté, avec ses diverses variantes (angle de droites, angle de demi-droites) n'est apparue que très tardivement. En géométrie analytique, Euler ((VIII *a*), p. 217-239 et 305-307) introduit les coordonnées polaires, et la conception moderne d'un angle (mesuré en radians) prenant des valeurs arbitraires (positives ou négatives). L. Carnot (*Géométrie de Position*, Paris, 1803) inaugure la tendance qui opposera, pendant tout le XIX<sup>e</sup> siècle, géométrie « synthétique » à géométrie analytique ; cherchant à développer la première aussi indépendamment que possible, il est conduit, pour éviter les « cas de figure » des géomètres anciens, à introduire systématiquement les grandeurs orientées, longueurs et angles ; malheureusement, son ouvrage est considérablement compliqué par son parti pris de ne pas utiliser les nombres négatifs (qu'il tenait pour contradictoires !) et de les remplacer par un système peu maniable de « correspondance de signes » entre diverses figures. Il faut attendre Möbius (XIII *c*) pour que le concept d'angle orienté s'introduise dans les raisonnements de géométrie synthétique ; toutefois, de même que ses successeurs jusqu'à une époque toute récente, il ne sait introduire l'orientation que par un appel direct à l'intuition spatiale (règle dite « du bonhomme d'Ampère ») ; ce n'est qu'avec le développement de la géométrie $n$-dimensionnelle et de la topologie algébrique qu'on est enfin parvenu à une définition rigoureuse d'un « espace orienté ».

(***) On trouve cependant chez Euclide au moins deux passages où il parle d'angles dont la « somme » peut excéder 2 droits, savoir les inégalités satisfaites par les faces d'un trièdre (*Eléments*, Livre XI, prop. 20 et 21) (sans parler

elle est dédaignée des géomètres, et abandonnée aux arpenteurs et aux astronomes ; ce sont ces derniers (Aristarque, Hipparque, Ptolémée surtout (V)) qui établissent les relations fondamentales entre côtés et angles d'un triangle rectangle (plan ou sphérique) et dressent les premières tables (il s'agit de tables donnant la *corde* de l'arc découpé par un angle $\theta < \pi$ sur un cercle de rayon $r$, autrement dit le nombre $2r \sin \frac{\theta}{2}$; l'introduction du sinus, d'un maniement plus commode, est due aux mathématiciens hindous du Moyen Age) ; dans le calcul de ces tables, la formule d'addition des arcs, inconnue à cette époque, est remplacée par l'emploi équivalent du théorème de Ptolémée (remontant peut-être à Hipparque) sur les quadrilatères inscrits à une cercle (cf. *Esp. vect. top.*, chap. V, § 1, exerc. 5). Il faut noter aussi qu'Euclide et Héron donnent des propositions équivalentes à la formule

$$a^2 = b^2 + c^2 - 2bc \cos A$$

entre côtés et angles d'un triangle plan quelconque ; mais on ne peut guère y voir une première apparition de la notion de forme bilinéaire associée à une forme métrique, faute de l'idée d'un calcul vectoriel qui n'émergera qu'au XIXe siècle.

Les déplacements (ou mouvements, la distinction entre les deux notions n'étant pas claire dans l'antiquité — ni même beaucoup plus tard) sont connus d'Euclide ; mais, pour des raisons que nous ignorons, il semble éprouver une nette répugnance à en faire usage (par exemple dans les « cas d'égalité des triangles », où on a l'impression qu'il n'emploie la notion de déplacement que faute d'avoir su formuler un axiome approprié ((III *bis*), t. I, p. 225-227 et 249)) ; toutefois, c'est à la notion de déplacement (rotation autour d'un axe) qu'il a recours pour la définition des cônes de révolution et des sphères (*Eléments*, Livre XI, déf. 14 et 18), ainsi qu'Archimède pour celle des quadriques de révolution. Mais l'idée générale de transformation, appliquée à tout l'espace, est à peu près étrangère à la pensée mathématique avant la fin du XVIIIe siècle (*) ;

du « raisonnement » concernant la « mesure » des angles, qui est sans doute une interpolation (cf. Note hist. du Livre III, chap. VIII)) ; dans ces deux passages, Euclide paraît donc être entraîné par l'intuition au-delà de ce qu'autorisent ses propres définitions. Ses successeurs sont encore bien moins scrupuleux, et Proclus, par exemple (Ve siècle ap. J.-C.) n'hésite pas à énoncer le « théorème » général donnant la somme des angles d'un polygone convexe ((III *bis*), t. I, p. 322).

(*) On ne peut guère citer comme exemples d'une telle notion que les « projections » des cartographes et des dessinateurs; la projection stéréographique (§ 10, exerc. 14) est connue de Ptolémée (et au XVIe siècle on sait qu'elle conserve les angles), et la projection centrale joue un rôle de premier plan dans l'œuvre de Desargues (VI) ; mais il s'agit là de correspondance entre l'espace tout entier (ou une surface) et un plan. Une des propriétés de l'inversion, que nous exprimons aujourd'hui en disant que le transformé d'un cercle est un cercle ou une droite (cf. § 10, exerc. 13), est connue en substance de Viète, et utilisée par lui dans des problèmes de construction de cercles ; mais ni lui, ni Fermat qui étend ses constructions aux sphères, n'ont l'idée d'introduire l'inversion comme une transformation du plan ou de l'espace.

et avant le XVII^e siècle, on ne trouve pas trace non plus de la notion de composition des mouvements, ni à plus forte raison de composition des déplacements. Cela ne veut pas dire, bien entendu, que les Grecs n'aient pas été particulièrement sensibles aux « régularités » et « symétries » des figures, que nous rattachons maintenant à la notion de groupe des déplacements ; leur théorie des polygones réguliers et plus encore celle des polyèdres réguliers — un des chapitres les plus remarquables de toute leur mathématique — est là pour prouver le contraire (*).

Enfin, la dernière des contributions essentielles de la mathématique grecque, dans le domaine qui nous concerne, est la théorie des coniques (en ce qui concerne les quadriques, les Grecs ne connaissent que certaines quadriques de révolution, et n'en poussent pas très loin l'étude, la sphère exceptée). Il est intéressant de noter ici que, bien que les Grecs n'aient jamais eu l'idée du principe fondamental de la géométrie analytique (essentiellement faute d'une algèbre maniable), ils utilisaient couramment, pour l'étude de « figures » particulières, les « ordonnées » par rapport à deux (ou même plus de deux) axes dans le plan (en rapport étroit avec la figure, ce qui est un des points fondamentaux où leur méthode diffère de celle de Fermat et Descartes, dont les axes sont fixés indépendamment de la figure considérée). En particulier, les premiers exemples de coniques (autres que le cercle) qui s'introduisent à propos du problème de la duplication du cube, sont les courbes données par les équations $y^2 = ax$, $y = bx^2$, $xy = c$ (Ménechme, élève d'Eudoxe, milieu du IV^e siècle) (**) ; et c'est l'équation des coniques (d'ordinaire par rapport à deux axes obliques formés d'un diamètre et de la tangente en un de ses points de rencontre avec la courbe) qui est le plus souvent utilisée dans l'étude des problèmes relatifs à ces courbes (alors que les propriétés « focales » ne jouent qu'un rôle très effacé, contrairement à ce que pourraient faire croire des traditions scolaires ne remontant qu'au XIX^e siècle). De cette vaste théorie, il nous faut surtout retenir ici la notion de diamètres conjugués (déjà connue d'Archimède), et la propriété qui sert à présent de définition à la polaire d'un point, donnée par Apollonius (IV) lorsque le point est extérieur à la conique (la polaire étant donc pour lui la droite joignant les points de contact des tangentes issues de ce point) ; de notre point de vue, ce sont deux exemples d' « orthogonalité » par rapport à une forme quadratique distincte de la forme métrique, mais bien entendu le lien entre ces notions et la notion classique de perpendiculaires ne pouvait absolument pas être conçu à cette époque.

Il n'y a guère d'autre progrès à signaler avant Descartes et Fermat ; mais dès les débuts de la géométrie analytique, la théorie algébrique des

---

(*) Voir là-dessus A. Speiser, *Theorie der Gruppen von endlicher Ordnung*, Basel (Birkhäuser), 4^e édit., 1956, où on trouvera aussi d'intéressantes remarques sur les rapports entre la théorie des groupes de déplacements et les divers types d'ornements imaginés par les civilisations de l'antiquité et du moyen âge.

(**) Il semble que l'idée de considérer ces courbes comme sections planes de cônes à base circulaire (due aussi à Ménechme) soit *postérieure* à leur définition au moyen des équations précédentes (cf. (IV), p. XVII-XXX).

formes quadratiques commence à se dégager de sa gangue géométrique : Fermat sait qu'une équation du second degré dans le plan représente une conique ((VII *a*), p. 100-102) et ébauche des idées analogues sur les quadriques (VII *b*). Avec le développement de la géométrie analytique à 2 et 3 dimensions au cours du XVIII^e siècle apparaissent (surtout à propos des coniques et des quadriques) deux des problèmes centraux de la théorie : la réduction d'une forme quadratique à une somme de carrés et la recherche de ses « axes » par rapport à la forme métrique. Pour les coniques, ces deux problèmes sont trop élémentaires pour susciter d'importants progrès algébriques ; pour un nombre quelconque de variables, le premier est résolu par Lagrange en 1759, à propos des maxima de fonctions de plusieurs variables (IX *a*). Mais ce problème est presque aussitôt éclipsé par celui de la recherche des axes, avant même que l'on n'eût formulé l'invariance du rang (*) ; quant à la loi d'inertie, elle n'est découverte qu'autour de 1850 par Jacobi (XIX *b*), qui la démontre par le même raisonnement qu'à présent, et Sylvester (XX) qui se borne à l'énoncer comme quasi-évidente (**).

Le problème de la réduction d'une quadrique à ses axes présente déjà des difficultés algébriques sensiblement plus grandes que le problème analogue pour les coniques ; et Euler, qui est le premier à l'aborder, n'est pas en état de prouver la réalité des valeurs propres, qu'il admet après une ébauche de justification sans valeur probante ((VIII *a*), p. 379-392) (***). Si ce point est correctement établi vers 1800, il faut attendre Cauchy pour démontrer le théorème correspondant pour les formes à un nombre $n$ quelconque de variables (XIV *b*). C'est aussi Cauchy qui, vers la même époque, démontre que l'équation caractéristique donnant les valeurs propres est invariante par tout changement d'axes rectangulaires ((XIV *a*), p. 252) (****) ; mais pour $n = 2$ ou $n = 3$, cette inva-

---

(*) Traitant d'un problème indépendant, par sa nature, du choix des axes de coordonnées, Lagrange ne pouvait manquer d'observer que son procédé présentait beaucoup d'arbitraire, mais il manque encore des notions permettant de préciser cette idée : « *Au reste* », dit-il, « *pour ne pas se méprendre dans ces recherches, il faut remarquer que les transformées* [en somme de carrés] *pourraient bien venir différentes de celles que nous avons données ; mais, en examinant la chose de plus près, on trouvera infailliblement que, quelles qu'elles soient, elles pourront toujours se réduire à celles-ci, ou au moins y être comprises* [?] » ((IX *a*), p. 8).

(**) Gauss était parvenu de son côté à ce résultat, et le démontrait dans ses cours sur la méthode des moindres carrés, au témoignage de Riemann, qui suivit ces cours en 1846-47 (B. Riemann, *Gesammelte Werke*, *Nachträge*, Leipzig (Teubner), 1902, p. 59).

(***) Il est plus heureux dans la détermination des axes principaux d'inertie d'un solide : ayant ramené le problème à une équation du troisième degré, il observe qu'une telle équation a au moins une racine réelle, donc qu'il y a au moins un axe d'inertie ; prenant cet axe comme axe de coordonnées, il est ensuite ramené au problème plan, de solution facile ((VIII *b*), p. 200-202).

(****) Il faut noter que, jusque vers 1930, on n'entend jamais par « forme quadratique », qu'un polynôme homogène du second degré par rapport aux coordonnées prises relativement à un système d'axes donné. Il semble que ce soit seulement la théorie de l'espace de Hilbert qui ait conduit à une conception « intrinsèque » des formes quadratiques, même dans les espaces de dimension finie.

riance était intuitivement « évidente » en raison de l'interprétation géométrique des valeurs propres au moyen des axes de la conique ou de la quadrique correspondante. D'ailleurs, au cours des recherches à ce sujet, les fonctions symétriques élémentaires des valeurs propres s'étaient aussi présentées de façon naturelle (avec diverses interprétations géométriques, en relation notamment avec les théorèmes d'Apollonius sur les diamètres conjugués), et en particulier le discriminant, qui (connu de longue date pour $n = 2$ en liaison avec la théorie de l'équation du second degré) apparaît pour la première fois pour $n = 3$ chez Euler ((VIII *a*) p. 382) ; ce dernier le rencontre à propos de la classification des quadriques (en exprimant la condition pour qu'une quadrique n'ait pas de point à l'infini) et n'en mentionne pas l'invariance vis-à-vis des changements d'axes rectangulaires. Mais un peu plus tard, avec les débuts de la théorie arithmétique des formes quadratiques à coefficients entiers, Lagrange note (pour $n = 2$) un cas particulier d'invariance du discriminant par changement de variables linéaire mais non orthogonal ((IX *b*), p. 699), et Gauss établit, pour $n = 3$, la « covariance » du discriminant pour toute transformation linéaire ((XI *a*), p. 301-302) (*). Une fois démontrée, par Cauchy et Binet, la formule générale de multiplication des déterminants, l'extension de la formule de Gauss à un nombre quelconque de variables était immédiate ; c'est elle qui, vers 1845, va donner la première impulsion à la théorie générale des invariants.

Aux deux notions qui, chez les Grecs, tenaient lieu de la théorie des déplacements — celle de mouvement et celle de « symétrie » d'une figure — vient s'en ajouter une troisième aux XVII^e^ et XVIII^e^ siècles avec le problème du changement d'axes rectangulaires, qui est substantiellement équivalent à cette théorie. Euler consacre plusieurs travaux à cette question, s'attachant surtout à obtenir des représentations paramétriques maniables pour les formules du changement d'axes. On sait quel usage la Mécanique devait faire des trois angles qu'il introduit à cet effet pour $n = 3$ ((VIII *a*), p. 371-378). Mais il ne se borne pas là, envisage en 1770 le problème général des transformations orthogonales pour $n$ quelconque, remarque qu'on parvient ici au but en introduisant $n(n-1)/2$ angles comme paramètres, et enfin, pour $n = 3$ et $n = 4$, donne pour les rotations des représentations *rationnelles* (en fonction, respectivement, de 4 paramètres homogènes et de 8 paramètres homogènes liés par une relation), qui ne sont autres que celles obtenues plus tard au moyen de la théorie des quaternions (cf. § 9, exerc. 15 et 16), et dont il n'indique pas l'origine (VIII *c*) (**).

(*) C'est aussi à propos de ces recherches que Gauss définit l'inverse d'une forme quadratique ((XI *a*), p. 301) et obtient la condition de positivité d'une telle forme (§ 7, n° 1, prop. 3) faisant intervenir une suite de mineurs principaux du discriminant (*ibid.*, p. 305-307).

(**) Euler ne donne d'ailleurs pas la formule de composition des rotations exprimée à l'aide de ces paramètres ; pour $n = 3$, on ne la trouve pas avant une note de Gauss (non publiée de son vivant (XI *b*)) et un travail d'Olinde Rodrigues de 1840, qui retrouve la représentation paramétrique d'Euler, à peu près tombée dans l'oubli à cette époque.

D'autre part, Euler indique aussi comment traduire analytiquement la recherche des « symétries » des figures planes, et c'est à ce propos qu'il est amené à démontrer, en substance, qu'un déplacement plan est une rotation, ou une translation, ou une translation suivie d'une symétrie ((VIII *a*), p. 197-199). L'essor de la Mécanique à cette époque mène d'ailleurs à l'étude générale des déplacements ; mais tout d'abord il n'est question que des déplacements « infiniment petits » tangents aux mouvements continus : ce sont apparemment les seuls qui interviennent dans les recherches de Torricelli, Roberval et Descartes sur la composition des mouvements et le centre instantané de rotation pour les mouvements plans (cf. Note hist. du Livre IV, chap. I-II-III). Ce dernier est défini de façon générale par Johann Bernoulli ; d'Alembert en 1749, Euler l'année suivante, étendent cette notion en démontrant l'existence d'un axe instantané de rotation pour les mouvements laissant un point fixe. Le théorème analogue pour les déplacements finis n'est énoncé qu'en 1775 par Euler (VIII *d*), dans un mémoire où il découvre en même temps que le déterminant d'une rotation est égal à 1 ; l'année suivante, il démontre l'existence d'un point fixe pour les similitudes planes (VIII *e*). Mais il faudra attendre les travaux de Chasles, à partir de 1830 (XV *a*), pour avoir enfin une théorie cohérente des déplacements finis et infiniment petits.

***

Nous arrivons ainsi à ce qu'on peut appeler l'âge d'or de la géométrie, qui s'insère *grosso modo* entre les dates de publication de la *Géométrie descriptive* de Monge (1795) (X) et du « programme d'Erlangen » de F. Klein (1872) (XXV *b*). Les progrès essentiels que nous devons à ce brusque renouveau de la géométrie sont les suivants :

A) La notion d'élément à l'infini (point, droite ou plan), introduite par Desargues au XVII^e^ siècle (VI), mais qui ne se manifeste guère au XVIII^e^ siècle que comme abus de langage, est réhabilitée et systématiquement utilisée par Poncelet (XII) qui fait ainsi de l'espace projectif le cadre général de tous les phénomènes géométriques.

B) En même temps, avec Monge, et surtout Poncelet, s'effectue le passage à la géométrie projective *complexe*. La notion de point imaginaire, sporadiquement utilisée au cours du XVIII^e^ siècle, est ici exploitée (concurremment avec celle de point à l'infini) pour donner des énoncés indépendants des « cas de figure » de la géométrie affine réelle. Si tout d'abord les justifications apportées à l'appui de ces innovations restent fort embarrassées (surtout de la part des tenants de l'école de géométrie « synthétique », où l'emploi des coordonnées en arrive à être regardé comme une souillure), on ne saurait manquer de reconnaître là, sous le nom de « principe des relations contingentes » chez Monge, ou de « principe de continuité » chez Poncelet, le premier germe de l'idée de « spécialisation » de la géométrie algébrique moderne (*).

---

(*) Ces « principes » se justifient bien entendu (comme l'avait déjà remarqué Cauchy) par application du principe de prolongement des identités algébriques,

Un des premiers résultats découlant de ces conceptions est la remarque que, dans l'espace projectif complexe, toutes les coniques (resp. quadriques) non dégénérées sont de même nature ; ce qui amène Poncelet à la découverte des éléments « isotropes » : « *Des cercles placés arbitrairement sur un plan* », dit-il, « *ne sont donc pas tout à fait indépendants entre eux, comme on pourrait le croire au premier abord, ils ont idéalement deux points imaginaires communs à l'infini* » ((XII), p. 48). Plus loin, il introduit de même l' « ombilicale », conique imaginaire à l'infini commune à toutes les sphères ((XII), p. 370) ; et s'il ne parle pas particulièrement des génératrices isotropes de la sphère, du moins souligne-t-il explicitement l'existence de génératrices rectilignes, réelles ou imaginaires, pour toutes les quadriques (*ibid.*, p. 371) (*) ; notions dont ses continuateurs (notamment Plücker et Chasles), plus encore que lui-même, font grand usage, en particulier dans l'étude des propriétés « focales » des coniques et des quadriques.

C) Les notions de *transformation ponctuelle* et de composition des transformations sont, elles aussi, formulées de façon générale et introduites systématiquement comme moyens de démonstration. En dehors des déplacements et des projections, on ne connaissait jusque-là que quelques transformations particulières : certaines transformations projectives planes, du type $x' = a/x$, $y' = y/x$, utilisées par La Hire et Newton, l' « affinité » $x' = ax$, $y' = by$ de Clairaut et Euler, et enfin quelques transformations quadratiques particulières, chez Newton encore, Maclaurin et Braikenridge. Monge, dans sa *Géométrie descriptive*, montre tout l'usage qu'on peut tirer des projections planes dans la géométrie à 3 dimensions. Chez Poncelet, un des procédés systématiques de démonstration, employé à satiété, consiste à ramener par projection les propriétés des coniques à celles du cercle (méthode déjà appliquée à l'occasion par Desargues et Pascal) ; et pour pouvoir passer de même d'une quadrique à une sphère, il invente le premier exemple de transformation projective dans l'espace, l' « homologie » ((XII), p. 357) ; enfin c'est lui aussi qui introduit les premiers exemples de transformations birationnelles d'une courbe en elle-même. En 1827, Möbius ((XIII *a*), p. 217) (et indépendamment Chasles en 1830 (XV *b*)) définissent les transformations linéaires projectives les plus générales ; à la même époque apparaissent l'inversion (cf. § 10, exerc. 13) et d'autres types de transformations quadratiques, dont l'étude va inaugurer la théorie des transformations birationnelles, qui se développera dans la seconde moitié du XIXᵉ siècle.

D) La notion de *dualité* apparaît en pleine lumière et se trouve consciemment rattachée à la théorie des formes bilinéaires. La théorie des

---

en raison du fait que les géomètres « synthétiques » ne considèrent jamais que des propriétés qui se traduisent analytiquement en identités de cette nature.

(*) La première mention des génératrices rectilignes des quadriques semble due à Wren (1669), qui remarque que l'hyperboloïde de révolution à une nappe peut être engendré par la rotation d'une droite autour d'un axe non dans le même plan ; mais leur étude fut seulement développée par Monge et son école.

pôles et polaires par rapport aux coniques, qui, depuis Apollonius, n'avait fait quelque progrès que chez Desargues et La Hire, est étendue aux quadriques par Monge, qui, ainsi que ses élèves, aperçoit la possibilité de transformer par ce moyen des théorèmes connus en résultats nouveaux (*). Mais c'est encore à Poncelet que revient le mérite d'avoir érigé ces remarques en méthode générale dans sa théorie des transformations « par polaires réciproques », et d'en avoir fait un outil de découverte particulièrement efficace. Un peu plus tard, notamment avec Gergonne, Plücker, Möbius et Chasles, la notion générale de dualité se dégage du lien avec les formes quadratiques, encore trop étroit chez Poncelet. En particulier, Möbius, en examinant les diverses possibilités de dualité dans l'espace à 3 dimensions (définie par une forme bilinéaire), découvre en 1833 la dualité par rapport à une forme bilinéaire alternée (XIII *b*) (**), surtout étudiée, au XIX^e siècle, sous forme de la théorie des « complexes linéaires » (cf. § 10, exerc. 16) et développée en relation avec la « géométrie des droites » et les « coordonnées plückeriennes » introduites par Cayley, Grassmann et Plücker aux environs de 1860.

E) Dès les débuts de la géométrie projective, l'étude intensive des propriétés de la géométrie classique dans leurs rapports avec l'espace projectif avait rapidement amené à les diviser en « propriétés projectives » et « propriétés métriques » ; et il n'est sans doute pas exagéré de voir dans cette séparation une des plus nettes manifestations, à cette époque, de ce qui devait devenir la notion moderne de structure. Mais Poncelet, qui introduit le premier cette distinction et cette terminologie, a déjà conscience de ce qui relie ces deux types de propriétés ; et, abordant dans son *Traité* les problèmes concernant les angles, dont les propriétés « *ne semblent pas faire partie de celles que nous avons appelées projectives..., elles découlent néanmoins d'une manière si simple* », dit-il, « *des principes qui font la base* [de cet ouvrage]..., *que je ne crois pas qu'aucune autre théorie géométrique puisse y conduire d'une manière à la fois plus directe et plus simple. On n'en sera nullement étonné, si l'on considère que les propriétés projectives des figures sont nécessairement les plus générales de celles qui peuvent leur appartenir ; en sorte qu'elles doivent comprendre, comme simples corollaires, toutes les autres propriétés ou relations particulières de l'étendue* » ((XII), p. 248). A vrai dire, après cette déclaration, on est un peu surpris de le voir aborder les questions d'angles de façon très détournée, en les rattachant aux propriétés focales des coniques, au lieu de faire intervenir directement les points cycliques ; et en fait, ce n'est que 30 ans plus tard que Laguerre (encore élève à l'École Polytechnique) donna l'expression d'un angle de droites à l'aide du birapport de ces droites et des droites isotropes de même origine (cf. § 10, exerc. 5) ((XXI), t. II, p. 13). Enfin, avec Cayley (XVIII *d*) s'exprime claire-

(*) Le plus connu est le théorème de Brianchon (1810), transformé du théorème de Pascal par dualité.

(**) En 1828, Giorgini avait déjà rencontré la polarité par rapport à une forme alternée, à propos d'un problème de Statique (*Mem. Soc. Ital. Modena*, t. XX (1828), p. 243-254).

ment l'idée fondamentale que les propriétés « métriques » d'une figure plane ne sont autres que les propriétés « projectives » de la figure augmentée des points cycliques — jalon décisif vers le « programme d'Erlangen ».

F) La *géométrie non-euclidienne hyperbolique*, qui voit le jour aux environs de 1830, reste d'abord un peu à l'écart du mouvement dont nous retraçons les grandes lignes. Issue de préoccupations d'ordre essentiellement logique touchant les fondements de la géométrie classique, cette nouvelle géométrie est présentée par ses inventeurs (*) sous la même forme axiomatique et « synthétique » que la géométrie d'Euclide, et sans lien avec la géométrie projective (dont l'introduction suivant le modèle classique paraissait même exclue *a priori*, puisque la notion de parallèle unique disparaît dans cette géométrie) ; c'est sans doute pour cela qu'elle n'attire guère, pendant longtemps, l'intérêt des écoles française, allemande et anglaise de géométrie projective. Aussi, lorsque Cayley, dans le mémoire fondamental cité plus haut (XVIII *d*) a l'idée de remplacer les points cycliques (considérés comme conique « dégénérée tangentiellement ») par une conique quelconque (qu'il nomme « absolu »), il ne songe nullement à relier cette idée à la géométrie de Lobatschevsky-Bolyai, bien qu'il indique comment sa conception conduit à de nouvelles expressions pour la « distance » de deux points, et qu'il mentionne ses liens avec la géométrie sphérique. La situation change vers 1870, lorsque les géométries non-euclidiennes, à la suite de la diffusion des œuvres de Lobatschevsky, et de la publication des œuvres de Gauss et de la leçon inaugurale de Riemann, sont venues au premier plan de l'actualité mathématique. Suivant la voie tracée par Riemann, Beltrami, sans connaître le travail de Cayley, retrouve en 1868 les expressions de la distance données par ce dernier, mais dans un tout autre contexte, en considérant l'intérieur d'un cercle comme une image d'une surface à courbure constante, dans laquelle les géodésiques sont représentées par des droites (XXIV) ; c'est Klein qui, deux ans plus tard, fait (indépendamment de Beltrami) la synthèse de ces divers points de vue, qu'il complète par la découverte de l'espace non euclidien elliptique (XXV *a*) (**).

G) Dans la seconde moitié de l'époque que nous considérons ici, s'instaure une période de réflexion critique, au cours de laquelle les partisans de la géométrie « synthétique », non contents d'avoir banni les coordonnées de leurs démonstrations, prétendent se passer des nombres

(*) On sait que Gauss, dès 1800, s'était convaincu de l'impossibilité de démontrer le postulat d'Euclide, et de la possibilité logique de développer une géométrie où ce postulat ne serait pas vérifié. Mais il ne publia pas ses résultats sur cette question, et ceux-ci ne furent retrouvés indépendamment que par Lobatschevsky en 1829 et Bolyai en 1832. Pour plus de détails, voir F. Engel-P. Stäckel, *Die Theorie der Parallellinien von Euklid bis auf Gauss*, Leipzig (Teubner), 1895, et *Urkunden zur Geschichte der nichteuklidischen Geometrien*, 2 vol., Leipzig (Teubner), 1898-1913.

(**) L'exemple de la géométrie sphérique avait fait croire pendant quelque temps que, dans un espace à courbure constante positive, il existe toujours des couples de points par lesquels passe plus d'une géodésique.

réels jusque dans les axiomes de la géométrie. Le principal représentant de cette école est von Staudt, qui parvint essentiellement à réaliser ce tour de force (XXIII), très admiré de son temps et même bien avant dans le xx$^{e}$ siècle ; et si aujourd'hui on n'attribue plus la même importance aux idées de cet ordre, dont les possibilités d'application fructueuse se sont révélées assez minces, il faut cependant reconnaître que les efforts de von Staudt et de ses disciples ont contribué à éclaircir les idées sur le rôle des « scalaires » réels ou complexes dans la géométrie classique, et à introduire par là même la conception moderne des géométries sur un corps de base arbitraire.

Vers 1860, la géométrie « synthétique » est à son apogée, mais la fin de son règne approche à grands pas. Restée lourde et disgracieuse pendant tout le xviii$^{e}$ siècle, la géométrie analytique, entre les mains des Lamé, Bobillier, Cauchy, Plücker et Möbius, acquiert enfin l'élégance et la concision qui vont lui permettre de lutter à armes égales avec sa rivale. Surtout, à partir de 1850 environ, les idées de groupe et d'invariant, formulées enfin de façon précise, envahissent peu à peu la scène, et on s'aperçoit que les théorèmes de géométrie classique ne sont pas autre chose que l'expression de relations identiques entre invariants ou covariants du groupe des similitudes (*), de même que ceux de géométrie projective expriment les identités (ou « syzygies ») entre covariants du groupe projectif. C'est la thèse qui est magistralement exposée par F. Klein dans le célèbre « programme d'Erlangen » (XXV *b*), où il préconise l'abandon des controverses stériles entre la tendance « synthétique » et la tendance « analytique » ; si, dit-il, l'accusation portée contre cette dernière de donner un rôle privilégié à un système d'axes arbitraires « *n'était que trop souvent justifiée en ce qui concerne la façon défectueuse dont on se servait autrefois de la méthode des coordonnées, elle s'effondre lorsqu'il s'agit d'une application rationnelle de cette méthode... Le domaine de l'intuition spatiale n'est pas interdit à la méthode analytique...* », et il souligne que « *l'on ne doit pas sous-estimer l'avantage qu'un formalisme bien adapté apporte aux recherches ultérieures, en ce qu'il devance pour ainsi dire la pensée* » ((XXV *b*), p. 488-490).

On aboutit ainsi à une classification rationnelle et « structurale » des théorèmes de « géométrie » suivant le groupe dont ils relèvent : groupe linéaire pour la géométrie projective, groupe orthogonal pour les questions métriques, groupe symplectique pour la géométrie du « complexe linéaire ». Mais sous cette impitoyable clarté, la géométrie classique — exceptions faites de la géométrie algébrique et de la géométrie différentielle (**), désormais constituées en sciences autonomes — se fane brus-

(*) Par exemple, les premiers membres des équations des trois hauteurs d'un triangle sont des covariants des trois sommets du triangle pour le groupe des similitudes, et le théorème affirmant que ces trois hauteurs ont un point commun équivaut à dire que les trois covariants en question sont linéairement dépendants.

(**) Nous n'avons pas ici à faire l'histoire de ces deux disciplines ni à examiner en détail l'influence du « programme d'Erlangen » sur leur développement

quement et perd tout son éclat. Déjà la généralisation des méthodes fondées sur l'usage des transformations avait rendu quelque peu mécanique la formation de nouveaux théorèmes : « *Aujourd'hui* », dit Chasles en 1837 dans son *Aperçu historique*, « *chacun peut se présenter, prendre une vérité quelconque connue, et la soumettre aux divers principes généraux de transformation ; il en retirera d'autres vérités, différentes ou plus générales ; et celles-ci seront susceptibles de pareilles opérations ; de sorte qu'on pourra multiplier, presque à l'infini, le nombre des vérités nouvelles déduites de la première... Peut donc qui voudra, dans l'état actuel de la science, généraliser et créer en Géométrie ; le génie n'est plus indispensable pour ajouter une pierre à l'édifice* » ((XV *b*), p. 268-269). Mais la situation devient bien plus nette avec les progrès de la théorie des invariants, qui parvient enfin (tout au moins pour les groupes « classiques ») à formuler des méthodes générales permettant en principe d'écrire *tous* les covariants algébriques et *toutes* leurs « syzygies » de façon purement automatique ; victoire qui, du même coup, marque la mort, comme champ de recherches, de la théorie classique des invariants elle-même, et de la géométrie « élémentaire », qui en est devenue pratiquement un simple dictionnaire. Sans doute, rien ne permet de prévoir *a priori*, parmi l'infinité de « théorèmes » que l'on peut ainsi dérouler à volonté, quels seront ceux dont l'énoncé, dans un langage géométrique approprié, aura une simplicité et une élégance comparables aux résultats classiques et il reste là un domaine restreint où continuent à s'exercer avec bonheur de nombreux amateurs (géométrie du triangle, du tétraèdre, des courbes et surfaces algébriques de bas degré, etc.). Mais pour le mathématicien professionnel, la mine est tarie, puisqu'il n'y a plus là de problèmes de structure, susceptibles de retentir sur d'autres parties des mathématiques ; et ce chapitre de la théorie des groupes et des invariants peut être considéré comme clos jusqu'à nouvel ordre. (*)

***

Ainsi, après le programme d'Erlangen, les géométries euclidienne et non euclidiennes, du point de vue purement algébrique, sont devenues de simples langages, plus ou moins commodes, pour exprimer les résultats

---

ultérieur. Mentionnons seulement que la géométrie algébrique, après plus de 100 ans de recherches, est plus activement étudiée que jamais ; quant à la géométrie différentielle, après une brillante floraison avec Lie, Darboux et leurs disciples, elle semblait menacée de la même sclérose que la géométrie élémentaire classique, lorsque les travaux contemporains (prenant surtout leur origine dans les idées de E. Cartan) sur les espaces fibrés et les problèmes « globaux » sont venus lui redonner toute sa vitalité.

(*) Bien entendu, cette inéluctable déchéance de la géométrie (euclidienne ou projective), qui semble évidente à nos yeux, est pendant longtemps restée inaperçue des contemporains, et jusque vers 1900, cette discipline a continué à faire figure de branche importante des mathématiques, ainsi qu'en témoigne par exemple la place qu'elle occupe dans l'*Enzyklopädie* ; jusqu'à ces dernières années, elle occupait encore cette place dans l'enseignement des Universités.

de la théorie des formes bilinéaires, dont les progrès vont de pair avec ceux de la théorie des invariants (*). Tout ce qui concerne la notion de *rang* d'une forme bilinéaire et les rapports entre ces formes et les transformations linéaires est définitivement éclairci par les travaux de Frobenius (XXVII *a*). C'est aussi à Frobenius qu'est due l'expression canonique d'une forme alternée sur un **Z**-module libre (§ 5, n° 1, th. 1) (XXVII *b*) ; toutefois, les déterminants symétriques gauches étaient déjà apparus chez Pfaff, au début du siècle, à propos de la réduction des formes différentielles à une forme normale ; Jacobi, qui, en 1827, reprend ce problème (XIX *a*), sait qu'un déterminant symétrique gauche d'ordre impair est nul, et c'est lui qui forme l'expression du pfaffien et montre que c'est un facteur du déterminant symétrique gauche d'ordre pair ; mais il n'avait pas aperçu que ce dernier est le carré du pfaffien, et ce point ne fut établi que par Cayley en 1849 (XVIII *b*). La notion de forme bilinéaire symétrique associée à une forme quadratique est le cas le plus élémentaire du processus de « polarisation », un des outils fondamentaux de la théorie des invariants. Sous le nom de « produit scalaire », cette notion connaîtra une fortune immense, d'abord avec les vulgarisateurs du « calcul vectoriel », puis, à partir du XX$^e$ siècle, grâce à la généralisation insoupçonnée qu'en apporte la théorie de l'espace de Hilbert (voir Note hist. du Livre V). C'est aussi cette dernière théorie qui mettra en lumière la notion d'adjoint d'un opérateur (qui auparavant ne s'était guère manifestée que dans la théorie des équations différentielles linéaires, et, en calcul tensoriel, par la valse des indices co- et contravariants sous la baguette du tenseur métrique) ; c'est elle enfin qui donnera tout son relief à la notion de forme hermitienne, introduite d'abord par Hermite en 1853 à propos de recherches arithmétiques ((XXII), p. 237), mais restée un peu en marge des grands courants mathématiques jusque vers 1925 et les applications des espaces hilbertiens complexes aux théories quantiques.

L'étude du groupe orthogonal et du groupe des similitudes — clairement conçus et traités comme tels depuis le milieu du XIX$^e$ siècle, et devenus le cœur de la théorie des formes quadratiques — ainsi que des autres groupes « classiques » (groupe linéaire, groupe symplectique et groupe unitaire), prend d'autre part une importance de plus en plus grande. Nous ne pouvons que mentionner ici le rôle essentiel joué par ces groupes, dans la théorie des groupes de Lie et la géométrie différentielle d'une part, la théorie arithmétique des formes quadratiques (voir par exemple (XXXIII) et (XXXV)) de l'autre (**) ; à cette circonstance, ainsi qu'à

(*) En particulier, l'intérêt qui s'attache à la géométrie non-euclidienne provient, non de cet aspect algébrique banal, mais bien de ses relations avec la géométrie différentielle et la théorie des fonctions de variables complexes ; c'est pourquoi, dans cet ouvrage, les notions et définitions élémentaires de géométrie non-euclidienne ne seront introduites que dans les parties qui traiteront de ces théories.

(**) Sans parler des théories quantiques, où les représentations linéaires des groupes orthogonaux sont fort utilisées, ni de la théorie de la relativité, qui attira l'attention sur le « groupe de Lorentz » (groupe orthogonal pour une forme de signature (3, 1)).

l'extension du concept de dualité aux questions les plus diverses, est dû le fait qu'il n'est plus guère de théorie mathématique moderne où les formes bilinéaires n'interviennent d'une façon ou d'une autre. Nous devons en tout cas noter que c'est l'étude du groupe des rotations (à trois dimensions) qui conduisit Hamilton à la découverte des quaternions (XVII) ; cette découverte est généralisée par W. Clifford qui, en 1876, introduit les algèbres qui portent son nom, et prouve que ce sont des produits tensoriels d'algèbres de quaternions, ou d'algèbres de quaternions et d'une extension quadratique (XXVIII). Retrouvées quatre ans plus tard par Lipschitz (XXIX) qui les utilise pour donner une représentation paramétrique des transformations orthogonales à $n$ variables (généralisant celles que Cayley avait obtenues pour $n = 3$ (XVIII *a*) et $n = 4$ (XVIII *c*) par la théorie des quaternions (cf. § 9, exerc. 15 et 16)), ces algèbres, et la notion de « spineur » qui en dérive (voir (XXXII) et (XXXIV)), devaient aussi connaître une grande vogue à l'époque moderne en vertu de leur utilisation dans les théories quantiques.

Il nous reste enfin à dire un mot de l'évolution des idées qui a conduit à l'abandon à peu près total de toute restriction sur l'anneau des scalaires dans la théorie des formes sesquilinéaires — tendance commune à toute l'algèbre moderne, mais qui s'est peut-être manifestée ici plus tôt qu'ailleurs. Nous avons déjà signalé l'introduction fructueuse de la géométrie sur le corps des nombres complexes (qui d'ailleurs, pendant tout le XIX<sup>e</sup> siècle, n'allait pas sans une confusion perpétuelle et parfois périlleuse entre cette géométrie et la géométrie réelle) ; la clarté ici provient surtout des études axiomatiques de la fin du XIXe siècle sur les fondements de la géométrie (XXX). Au cours de ces recherches, Hilbert et ses émules, notamment, en examinant les relations entre les divers axiomes, furent amenés à construire des contre-exemples appropriés, où le « corps de base » (commutatif ou non) possédait des propriétés plus ou moins pathologiques, et ils accoutumèrent ainsi les mathématiciens à des « géométries » d'un type tout nouveau. Du point de vue analytique, Galois avait déjà considéré des transformations linéaires où coefficients et variables prenaient leurs valeurs dans un corps premier fini ((XVI), p. 27) ; en développant ces idées, Jordan (XXVI) est amené de façon naturelle à envisager les groupes classiques sur ces corps, groupes dont l'intervention se manifeste dans des domaines variés des mathématiques. Dickson, vers 1900, étendit les recherches de Jordan à tous les corps finis, et plus récemment, on s'est aperçu qu'une grande partie de la théorie de Jordan-Dickson s'étend au cas d'un « corps de base » absolument quelconque ; ceci est dû essentiellement aux propriétés générales des vecteurs isotropes et au théorème de Witt, qui, triviaux dans les cas classiques, n'ont été établis pour un corps de base arbitraire qu'en 1936 (XXXI) (*).

Mais en poussant ainsi vers une « abstraction » toujours plus grande l'étude des formes sesquilinéaires, il s'est avéré extrêmement suggestif de

(*) Pour plus de détails sur ces questions, voir J. Dieudonné, La géométrie des groupes classiques (*Erg. der Math.*, Neue Folge, Heft 5, Berlin-Göttingen-Heidelberg (Springer), 1955).

conserver telle quelle la terminologie qui, dans le cas des espaces à 2 et 3 dimensions, provenait de la géométrie classique, et de l'étendre au cas $n$-dimensionnel et même aux espaces de dimension infinie. Dépassée en tant que science autonome et vivante, la géométrie classique s'est ainsi transfigurée en un langage universel de la mathématique contemporaine, d'une souplesse et d'une commodité incomparables.

# BIBLIOGRAPHIE


(I) O. Neugebauer, *Vorlesungen über Geschichte der antiken mathematischen Wissenschaften, Bd. I : Vorgrieschische Mathematik*, Berlin (Springer), 1934.

(II) J. Tropfke, *Geschichte der Elementar-Mathematik*, vol. IV-VI, Berlin-Leipzig (de Gruyter), 1923-24.

(III) *Euclidis Elementa*, 5 vol., éd. J. L. Heiberg, Lipsiae (Teubner), 1883-88.

(III *bis*) T. L. Heath, *The thirteen books of Euclid's Elements...*, 3 vol., Cambridge, 1908.

(IV) T. L. Heath, *Apollonius of Perga, Treatise on conic sections*, Cambridge (Univ. Press), 1896.

(V) *Ptolemaei Cl. Opera*, éd. J. L. Heiberg, 2 vol., Lipsiae (Teubner), 1898-1903.

(VI) G. Desargues, *Œuvres...*, t. I, Paris (Leiber), 1864 : Brouillon proiect d'une atteinte aux éuénements des rencontres d'un cône auec un plan, p. 103-230.

(VII) P. Fermat, *Œuvres*, t. I, Paris (Gauthier-Villars), 1891 : *a*) Ad locos planos et solidos Isagoge, p. 91-110 (trad. française, *ibid.*, t. III, p. 84-101) ; *b*) Isagoge ad locos ad superficiem, p. 111-117 (trad. française, *ibid.*, t. III, p. 102-108).

(VIII) L. Euler : *a*) *Introductio in Analysin Infinitorum* (*Opera Omnia* (1), t. IX, Zürich-Leipzig-Berlin (O. Füssli et B. G. Teubner), 1945) ; b) *Theoria motus corporum solidorum seu rigidorum* (*Opera Omnia* (2), t. III, Zürich-Leipzig-Berlin (O. Füssli et B. G. Teubner), 1948) ; *c*) Problema algebraicum ob affectiones prorsus singulares memorabile (*Opera Omnia*, (1), t. VI, Leipzig-Berlin (Teubner), 1921, p. 287-315) ; *d*) Formulae generales pro translatione quacunque corporum rigidorum, *Novi Comm. Acad. Sc. imp. Petrop.*, t. XX (1776), p. 189-207 ; *e*) De centro similitudinis. (*Opera Omnia* (1), t. XXVI, Zürich (O. Füssli), 1956, p. 276-285).

(IX) J. L. Lagrange, *Œuvres*, Paris (Gauthier-Villars), 1867-1892 : *a*) Recherches sur la méthode de maximis et minimis, t. I, p. 3-20 ; *b*) Recherches d'arithmétique, t. III, p. 695-795.

(X) G. Monge, *Géométrie descriptive*, Paris, 1798.

(XI) C. F. Gauss, *Werke* : *a*) *Disquisitiones arithmeticae*, t. I, Göttingen, 1870 ; *b*) Mutationen des Raumes, t. VIII, Göttingen, 1900, p. 357-362.

(XII) J.-V. Poncelet, *Traité des propriétés projectives des figures*, t. I, 2e éd., Paris (Gauthier-Villars), 1865.

(XIII) A. F. Möbius, *Gesammelte Werke*, Leipzig (Hirzel), 1885-87 : *a*) Der barycentrische Calcul, t. I, p. 1-388 ; *b*) Ueber eine besondere Art dualer Verhältnisse zwischen Figuren im Raume, t. I, p. 489-515 (= *J. de Crelle*, t. X, 1833) ; *c*) Ueber eine neue Behandlungsweise der analytischen Sphärik, t. II, p. 1-54.

(XIV) A.-L. CAUCHY : a) *Leçons sur les applications du calcul infinitésimal à la géométrie* (*Œuvres complètes*, (2), t. V, Paris (Gauthier-Villars), 1903) ; *b*) Sur l'équation à l'aide de laquelle on détermine les inégalités séculaires des planètes (*Œuvres complètes* (2), t. IX, Paris (Gauthier-Villars), 1891, p. 174-195).

(XV) M. CHASLES : *a*) Note sur les propriétés générales du système de deux corps, *Bull. de Férussac*, t. XIV (1830), p. 321-326 ; b) *Aperçu historique sur l'origine et le développement des méthodes en géométrie*, Bruxelles, 1837.

(XVI) E. GALOIS, *Œuvres mathématiques*, Paris (Gauthier-Villars), 1897.

(XVII) W. R. HAMILTON, *Lectures on Quaternions*, Dublin, 1853.

(XVIII) A. CAYLEY, *Collected Mathematical Papers*, Cambridge, 1889-1898 : *a*) On certain results relating to quaternions, t. I, p. 123-126 (= *Phil. Mag.*, 1845) ; *b*) Sur les déterminants gauches, t. I, p. 410-413 (= *J. de Crelle*, t. XXXVIII (1848)) ; *c*) Recherches ultérieures sur les déterminants gauches, t. II, p. 202-215 (= *J. de Crelle*, t. L (1855)) ; *d*) A sixth memoir on quantics, t. II, p. 561-592 (= *Phil. Trans.*, 1859).

(XIX) C. G. J. JACOBI, *Gesammelte Werke*, Berlin (G. Reimer), 1881-1891 : *a*) Ueber die Pfaffsche Methode..., t. IV, p. 17-29 ; *b*) Ueber einen algebraischen Fundamentalsatz und seine Anwendungen, t. III, p. 593-598.

(XX) J. J. SYLVESTER, *Collected Mathematical Papers*, vol. I, Cambridge, 1904 : A demonstration of the theorem that every homogeneous quadratic polynomial is reducible by real orthogonal substitution to the form of a sum of positive and negative squares, p. 378-381 (= *Phil. Mag.*, 1852).

(XXI) E. LAGUERRE, *Œuvres*, t. II, Paris (Gauthier-Villars), 1905.

(XXII) C. HERMITE, *Œuvres*, t. I, Paris (Gauthier-Villars), 1905 : Sur la théorie des formes quadratiques, p. 200-263 (= *J. de Crelle*, t. XLVII (1854)).

(XXIII) K. G. V. von STAUDT, *Beiträge zur Geometrie der Lage*, Nürnberg, 1856.

(XXIV) E. BELTRAMI : *a*) Saggio di interpretazione della geometria non-euclidea, *Giorn. di Mat.*, t. VI (1868), p. 284-312 ; *b*) Teoria fondamentale degli spazii di curvatura costante, *Ann. di Mat.* (2), t. II (1868-69), p. 232-255.

(XXV) F. KLEIN, *Gesammelte mathematische Abhandlungen*, t. I, Berlin (Springer), 1921 : *a*) Ueber die sogenannte Nicht-Euklidische Geometrie, p. 254-305 (= *Math. Ann.*, t. IV (1871)) ; b) *Vergleichende Betrachtungen über neuere geometrische Forschungen*, p. 460-497 (= *Math. Ann.*, t. XLIII (1893)).

(XXVI) C. JORDAN, *Traité des substitutions et des équations algébriques*, Paris (Gauthier-Villars), 1870.

(XXVII) G. FROBENIUS ; *a*) Ueber lineare Substitutionen und bilineare Formen, *J. de Crelle*, t. LXXXIV (1878), p. 1-63 ; *b*) Theorie der linearen Formen mit ganzen Coefficienten, *J. de Crelle*, t. LXXXVI (1879), p. 146-208.

(XXVIII) W. K. CLIFFORD, *Mathematical Papers*, London (Macmillan), 1882 : *a*) On the classification of geometric algebras, p. 397-401 ; *b*) Applications of Grassmann's extensive algebras, p. 266-276 (= *Amer. Journ. of Math.*, t. I (1878)).

(XXIX) R. LIPSCHITZ, *Untersuchungen ueber die Summen von Quadraten*, Bonn, 1886.

(XXX) D. HILBERT, *Grundlagen der Geometrie*, Leipzig (Teubner), 1899.

(XXXI) E. WITT, Theorie der quadratischen Formen in beliebigen Körpern, *J. de Crelle*, t. CLXXVI (1937), p. 31-44.

(XXXII) E. CARTAN, *Leçons sur la théorie des spineurs*, *Actual. Sci. et Industr.*, n[os] 643 et 701, Paris (Hermann), 1938.

(XXXIII) C. L. SIEGEL, Symplectic Geometry, *Amer. Journ. of Math.*, t. LXV (1943), p. 1-86.

(XXXIV) C. CHEVALLEY, *The algebraic theory of spinors*, New York (Columbia Univ. Press), 1954.

(XXXV) M. EICHLER, *Quadratische Formen und orthogonale Gruppen*, Berlin-Göttingen-Heidelberg (Springer), 1952.

# INDEX DES NOTATIONS

Les chiffres de référence indiquent successivement le paragraphe et le numéro (ou, exceptionnellement, l'exercice).


$d_\Phi, s_\Phi$ : 1, 1 et 6.
$b^J, b^{J'}$ : 1, 2.
$F^J$ (J antiautomorphisme de l'anneau B des scalaires du module à droite F) : 1, 2.
$N^0, M^0$ (N, M sous-modules) : 1, 3.
$\hat{\Phi}$ : 1, 7.
$u^*$ ($u$ homomorphisme) : 1, 8.
$\Phi_{(m)}$ : 1, 9.
$M(x)$, $\mathbf{x}$ ($x$ élément d'un module libre) : 1, 10.
$M(u)$ ($u$ homomorphisme d'un module libre dans un module libre) : 1, 10.
${}^tM, M^J$ ($M$ matrice) : 1, 10.
$D_\Phi(x_1, \ldots, x_n), D_\Phi(S)$ : 2.
$\bar{\alpha}$ ($\alpha$ scalaire) : 3.
$\mathrm{Pf}(R)$ : 5, 2.
$\mathbf{Sp}(\Phi), \mathbf{Sp}(2m, A), \mathbf{Sp}_{2m}(A)$ : 5, 3.
$\mathbf{U}(\Phi), \mathbf{SU}(\Phi)$ ($\Phi$ forme hermitienne) : 6, 2.
$\mathbf{O}(Q), \mathbf{SO}(Q)$ (Q forme quadratique) : 6, 2.
$\mathbf{U}(n, A), \mathbf{SU}(n, A), \mathbf{O}(n, A), \mathbf{SO}(n, A)$ : 6, 2.
$Q \mathbin{\mathrm{T}} Q', Q \sim Q'$ (Q, Q' formes quadratiques) : 8, 1.
$\theta(Q)$ (Q forme quadratique) : 8, 1.
$T + T', a.T$ (T, T' types de formes quadratiques) : 8, 2.
$\delta(Q)$ (Q forme quadratique) : 8, 2.
$Q \otimes Q'$ (Q, Q' formes quadratiques) : 8, 3.
$TT'$ (T, T' types de formes quadratiques) : 8, 3.
$T^h, T^+, T^-$ : 9, 1.
$C(Q), I(Q), \rho_Q, \rho, C^+(Q), C^-(Q), C^+, C^-$ (Q forme quadratique) : 9, 1.
$\alpha, \beta, C(f)$ : 9, 1.
$e_x, i_f, i_x^F, \lambda_F$ : 9, 2.
$\bar{\lambda}_F$ : 9, 3.
$G, G^+, G_0^+, \mathbf{O}^+(Q), \mathbf{O}_0^+(Q), N(s)$ (Q forme quadratique, $s$ élément inversible du groupe de Clifford spécial $G^+$) : 9, 5.
$A(\Phi)$ ($\Phi$ forme bilinéaire symétrique sur un espace vectoriel de dimension 2) : 10, 1.
$S, S^+, H, O^+$ : 10, 1.
$\bar{u}$ ($u$ similitude directe), $i, d$ : 10, 1.
$c_w, s_w, t_w, c, s, t$ : 10, 2.
$H^+$ : 10, 3.

# INDEX TERMINOLOGIQUE

Les chiffres de référence indiquent successivement le paragraphe et le numéro (ou exceptionnellement, l'exercice).

# TABLE DES MATIÈRES

# DÉFINITIONS DU CHAPITRE IX

*Formes sesquilinéaires* :

Soient A un anneau, $\xi \to \bar{\xi}$ un *antiautomorphisme involutif* de A, c'est-à-dire une bijection de A sur lui-même telle que $\overline{(\xi + \eta)} = \bar{\xi} + \bar{\eta}$, $\overline{(\xi\eta)} = \bar{\eta}.\bar{\xi}$, $\bar{\bar{\xi}} = \xi$ quels que soient $\xi, \eta$ dans A. Une *forme sesquilinéaire* $\Phi$ sur un A-module à gauche E est une application de $E \times E$ dans A telle que

$$\Phi(x + x', y) = \Phi(x, y) + \Phi(x', y), \qquad \Phi(x, y + y') = \Phi(x, y) + (x,\Phi\, y')$$
$$\Phi(\alpha x, y) = \alpha\Phi(x, y), \qquad \Phi(x, \alpha y) = \Phi(x, y)\bar{\alpha}$$

quels que soient $\alpha \in A$, $x, x', y, y'$ dans E.

Soit $\varepsilon$ un élément du centre de A. On dit qu'une forme sesquilinéaire $\Phi$ sur E est *$\varepsilon$-hermitienne* si $\Phi(y, x) = \varepsilon\overline{\Phi(x, y)}$ quels que soient $x \in E$, $y \in E$ ; si $\varepsilon = 1$ (resp. $\varepsilon = -1$) on dit que $\Phi$ est *hermitienne* (resp. *antihermitienne*).

Lorsque l'antiautomorphisme $\xi \to \bar{\xi}$ est l'identité (ce qui implique que l'anneau A est *commutatif*), les formes sesquilinéaires correspondantes sont les *formes bilinéaires*. On dit alors « *symétrique* » au lieu de « hermitienne », et « *antisymétrique* » au lieu de « antihermitienne » (cf. chap. III). Une forme bilinéaire $\Phi$ telle que $\Phi(x, x) = 0$ est dite *alternée* ; elle est alors antisymétrique, et la réciproque est vraie lorsque A est un corps de caractéristique $\neq 2$ (cf. chap. III).

On dit qu'une forme $\varepsilon$-hermitienne satisfait à la *condition* (T) si pour tout $x \in E$, il existe $\lambda \in A$ tel que $\Phi(x, x) = \lambda + \varepsilon\bar{\lambda}$. Cette condition est toujours remplie lorsque $\varepsilon = 1$ et que A est un corps de caractéristique $\neq 2$, ou lorsque $\Phi$ est alternée.

*Formes quadratiques* :

Soient A un anneau commutatif. Une *forme quadratique* Q sur un A-module E est une application de E dans A telle que $Q(\alpha x) = \alpha^2 Q(x)$ pour $\alpha \in A$, $x \in E$, et que l'application

$$(x, y) \to \Phi(x, y) = Q(x + y) - Q(x) - Q(y)$$

soit une forme bilinéaire (nécessairement symétrique), dite *associée* à la forme quadratique Q. On a $\Phi(x, x) = 2Q(x)$ ; inversement, pour toute forme bilinéaire $\Psi$ sur E, $x \to \Psi(x, x)$ est une forme quadratique sur E ;

lorsque A est un corps de caractéristique $\neq 2$, formes quadratiques et formes bilinéaires symétriques sur E se correspondent donc biunivoquement.

*Eléments orthogonaux* :

Soit $\Phi$ une forme $\varepsilon$-hermitienne sur un A-module à gauche E. On dit que deux éléments $x$, $y$ de E sont *orthogonaux* (pour $\Phi$) si $\Phi(x, y) = 0$ ; cette relation est symétrique en $x$ et $y$. Pour tout sous-module M de E, l'ensemble des $x \in E$ qui sont orthogonaux à tous les éléments de M est un sous-module noté $M^0$ et appelé l'*orthogonal* du sous-module M. On dit que $\Phi$ est *non dégénérée* si $E^0 = \{0\}$. Lorsque E est un espace vectoriel de dimension finie et que $\Phi$ est non dégénérée, on a $\operatorname{codim} M^0 = \dim M$ et $M^{00} = M$ pour tout sous-espace M de E ; en outre, pour tout couple de sous-espaces M, N de E, on a

$$(M + N)^0 = M^0 \cap N^0, \qquad (M \cap N)^0 = M^0 + N^0.$$

Supposons l'anneau A commutatif, et soient Q une forme quadratique sur le A-module E, $\Phi$ la forme bilinéaire associée à Q. On dit que deux éléments de E sont *orthogonaux* (pour Q) s'ils sont orthogonaux pour $\Phi$ ; l'*orthogonal* d'un sous-module M (pour Q) est l'orthogonal $M^0$ de M pour $\Phi$. On dit que Q est *non dégénérée* si $\Phi$ est non dégénérée.

*Eléments isotropes et éléments singuliers* :

Soit $\Phi$ une forme $\varepsilon$-hermitienne sur un A-module à gauche E. On dit qu'un élément $x \in E$ est *isotrope* si $\Phi(x, x) = 0$ ; on dit qu'un sous-module M de E est *isotrope* si $M \cap M^0 \neq \{0\}$ (autrement dit si la restriction de $\Phi$ à M est dégénérée) ; on dit que M est *totalement isotrope* si $M \subset M^0$ (autrement dit si la restriction de $\Phi$ à M est nulle). Pour tout sous-module M de E, $M \cap M^0$ est totalement isotrope. Si E est un espace vectoriel de dimension finie et si $\Phi$ est non dégénérée, les trois conditions suivantes sont équivalentes pour un sous-espace M de E : 1° M est non isotrope ; 2° $M^0$ est non isotrope ; 3° E est somme directe de M et de $M^0$.

Supposons l'anneau A commutatif, et soient Q une forme quadratique sur un A-module E, $\Phi$ la forme bilinéaire associée à Q. On dit qu'un élément $x \in E$ est *singulier* si $Q(x) = 0$ ; on dit qu'un sous-module M de E est *singulier* (resp. *totalement singulier*) si $M \cap M^0$ contient un élément singulier $\neq 0$ (resp. si la restriction de Q à M est nulle). Tout élément singulier (resp. sous-module singulier, sous-module totalement singulier) est isotrope (resp. isotrope, totalement isotrope); la réciproque est vraie lorsque A est un corps de caractéristique $\neq 2$.